無料ではじめる

Blender CGイラストテクニック

ブレンダー

大澤龍一・著

「Blender（ブレンダー）」は、モデリング、レンダリング、アニメーションから映像の編集までこなせるオープンソースの3DCG制作ソフトで、無料で使用することができます。
本書は、2016年6月時点での最新バージョンであるBlender2.77aを使用して解説しています。そのため、ご利用時には変更されている場合もあります。
ソフトウェアや紹介しているアドオンはバージョンアップされる可能性があり、バージョンが異なる場合は仕様や操作、インターフェイス等が変更されている場合があります。

Blender（2.77a）の対応OS

- Windows 10,8,7,Vista
- Mac OS X 10.6+

※本書はWindowsで動作確認をしております。本書内では解説しておりませんが、GNU/Linux環境でも動作します。
※Windowsでは、32bit、64bitでインストーラーが異なります。詳細は、開発元のBlenderFoundationのWebサイトをご確認ください（https://www.blender.org/）。
※新しいバージョンがリリースされた際には最新版のインストールをお勧めします。

本書の内容

本書の内容は、Blenderの機能すべてを解説していない点をご了承ください。
また、アニメーションについては紹介しておりません。

操作環境

本書の操作解説では、テンキーを使用します。テンキー付きキーボードや別売りのテンキーの使用を推奨します。また、おもな操作をキーボードショートカットで解説します。
マウスは中ボタン（ホイール）付きで、クリックできるタイプのマウスを推奨します。

免責

本書に記載された内容は、情報の提供のみを目的としています。
したがって、本書を用いた運用は、必ずお客様自身の責任と判断によって行ってください。
これらの情報の運用の結果について、技術評論社および著者はいかなる責任も負いません。

商標、登録商標について

［サポートページ］ 正誤表や補足情報は下記のWebページをご確認ください。
http://gihyo.jp/book/2016/978-4-7741-8278-0

はじめに

Blenderで絵作りしよう!

この本では、キャラクターに限らず、いろんな絵が作れるように、さまざまなテクニックを紹介しています。
キャラクターが作れると主役として活躍してくれるけど、絵として楽しめる作品を作るには、背景から伝わる情報がとっても大事。「この絵は何をしている場面だろう？」「ここはどこだろう？」「季節は？」「時間は？」「お天気は？」といった情報を盛り込んでいくことが大切です。
なので、何でも作れて、場面を演出できるようになる本を目標に執筆しました。

モデリングしたい物はみんなそれぞれ違うし、「○○の作り方」だと、それ以外の物を作るときに困ってしまう……。だから、「こういう形を作るときには、この機能を使ってモデリングしているよ」というようにゴールをひとつにしない紹介をして、応用の効く内容を心がけました。

上から見ると丸いモノ、ケーブルや柱のようなモノ、角ばったCGっぽいものetc.,……そしていま作ろうとしているものは、どういう特徴があるのか。それを見抜いて形にするための考え方も合わせて紹介します。

また、特徴を見抜いて、作り方を考えて、どんな形も自分のアイデアで作れるように、その章で紹介した機能のみを使用して作例をモデリングしています。そのため、「こういう形が作りにくいから、次はこの機能を紹介しよう」といった具合に、便利で応用範囲の広い機能だけを抜粋して紹介することができました。

この本には、「手順通りに同じものを作ろう」という紹介は、ほんの少ししか登場しません。なので、作例の真似でなく、自分のアイデアでどんどん遊んでください。作り方を理解して応用することが大事。ページを読み進めるほど使える技が増えて、いろんな物が作れるようになりますよ。これはワクワクしませんか？

では、絵作りの世界にようこそ！

2016年6月　大澤龍一

CONTENTS 01

CHAPTER 04

ポリゴンモデリング③

CHAPTER 05

カーブの基本モデリング

CHAPTER 06

カーブの応用モデリング

CHAPTER 07

スカルプトモデリング

CONTENTS 02

CHAPTER 08

CHAPTER 09

CHAPTER 10

CHAPTER 11

CHAPTER 12

ライティングの工夫

CHAPTER 13

カメラの設定

CHAPTER 14

作品を作る流れ

APPENDIX

この本の読み方

CHAPTER 01～04「モデリング」の章を読んで絵を作りたくなったら、
CHAPTER 10「マテリアル」や CHAPTER 12「ライティング」、
CHAPTER 13「カメラ」の章を先に読んで、どんどん作品を作りましょう。

サラッと全体に目を通したら、あとはBlenderを触って、作り方を知りたいときに
読めば大丈夫です。ぜひ、いつでも手にとれるところに置いておいてください。

この本が要らなくなるころには、きっと自由自在に絵作りできるようになっているはずです。

一度紹介した機能は、何度も操作方法を書きません。
ちょっと不親切に感じるかもしれないけれど、言われた通りに手を動かしていたら、
いつまでたっても覚えられず、自分で考えられなくなってしまいます。
「この機能はなんだっけ？ ショートカットは何だっけ？」となったときは、
少しページを戻ったり、索引をみてください。

また、各章で紹介した機能とショートカットキーは、
章の最後のページにまとめています。

各章のはじめには、その章で紹介する機能を使ってモデリングした作例を載せています。
マテリアルやテクスチャ、ライティングの章も参考にして、自分の作品を作ってみましょう！

LET'S TRY!

その章までで紹介した機能で作れる！

INTRO DUCTION

00

Blenderの基本

3DCGをはじめよう

3DCGはひとつの画材だと考えています。

模型を作って写真を撮るような作業を
コンピューターの中で行うのが特徴です。
写真同様、絵が上手じゃなくてもきれいに仕上げることが可能ですし、
写真と違って、存在しない物や景色を撮影することができます。

模型ではなかなか作れないような街や山といった
巨大なものの制作を可能とし、
巨大な宇宙船を内部の船室まで精巧に作ることもできます。
3D モデルはひとつ作ればいくらでも増やせますし、
どんなに巨大なものでも重さの影響を受けずに作業できます。
材質だって自由です。お菓子で作られた宇宙船、美しい氷の城、
そこに暮らすキャラクター、すべて Blender で描くことができます。
表現力がとてもゆたかな画材といえる Blender ですが、
作るのは人の手であることに変わりありません。
まずはシンプルな造形から練習してゆきましょう。

INTRO DUCTION 00

01 いちばん最初に設定すること

まずは「Blender」をダウンロードとインストールし、日本語インターフェースに変更することからはじめます。慣れないうちは、いくつかの設定切り替えを忘れてしまいがちなので、この本で学ぶのにおすすめの状態で初期設定を保存しておきましょう。

Blenderのダウンロードとインストール

最新のBlenderはツールの位置や操作方法が大きく更新されたため（2019年7月）、本書と同じBlender 2.77aで学習するためには、過去のバージョンをダウンロードする必要があります。

☑ ホームページからのダウンロード

STEP 01

Webブラウザで Blender ホームページ（https://www.blender.org/）へアクセスします。「Blender」と検索して見つけることもできます。
画面上部の[Download]をクリックすると、ダウンロードページに進みます❶。ダウンロードページをスクロールし、下部にある[Previous Versions]をクリックします❷。ページ文章の中から、[available for download.]をクリックします❸。

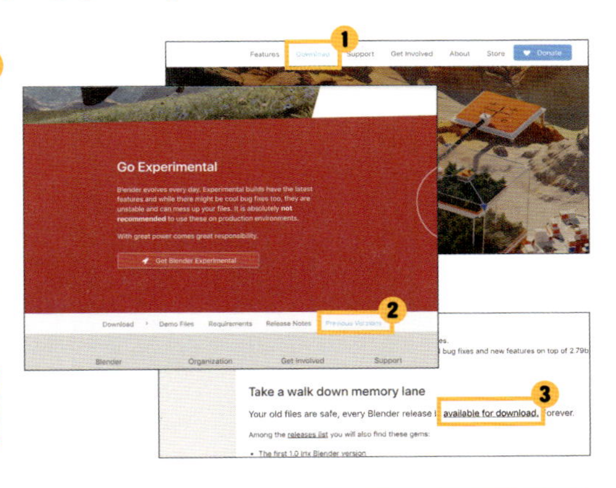

POINT 本書は執筆時の最新バージョンである2.77aをダウンロードしています。バージョンによって画面や操作は変わることがあります。

STEP 02

過去すべてのバージョンのリストが表示されますので、[Blender2.77/] をクリックします。
・Windowsの64bitでインストーラーを使う場合は、blender-2.77a-windows64.msi
・Windowsの64bitでZipを展開して使う場合は、blender-2.77a-windows64.zip
・Macの場合は、blender-2.77a-OSX_10.6-x86_64.zip
をクリックしてダウンロードします。

また、このページを直接開く場合には、
https://download.blender.org/release/Blender2.77/
へアクセスします。

Index of /release/Blender2.77/

../		
blender-2.77-OSX_10.6-x86_64.zip	18-Mar-2016 20:58	173294849
blender-2.77-linux-glibc211-i686.tar.bz2	19-Mar-2016 12:32	114773523
blender-2.77-linux-glibc211-x86_64.tar.bz2	19-Mar-2016 12:32	117313161
blender-2.77-windows32.msi	18-Mar-2016 20:58	70603185
blender-2.77-windows32.zip	18-Mar-2016 20:58	89619154
blender-2.77-windows64.msi	18-Mar-2016 20:58	83796432
blender-2.77-windows64.zip	18-Mar-2016 20:58	107936602
blender-2.77a-OSX_10.6-x86_64.zip	06-Apr-2016 11:53	166375788
blender-2.77a-linux-glibc211-i686.tar.bz2	06-Apr-2016 07:59	114886054
blender-2.77a-linux-glibc211-x86_64.tar.bz2	06-Apr-2016 08:00	117388777
blender-2.77a-windows32.msi	06-Apr-2016 11:29	70517045
blender-2.77a-windows32.zip	06-Apr-2016 11:29	89559257
blender-2.77a-windows64.msi	06-Apr-2016 11:29	83722580
blender-2.77a-windows64.zip	06-Apr-2016 11:29	107840769
release277.md5	19-Mar-2016 12:37	463
release277a.md5	06-Apr-2016 11:59	470

POINT 本書ではインストーラをダウンロードしています。インストーラを使えば、インストール先の指定、スタートメニューとデスクトップのショートカット作成、ファイル形式の関連付けを行ってくれる。画面にあるZIPを選択すれば、圧縮されたZIPファイルを解凍し て、USBメモリに入れることも可能。Mac用も同じく解凍するだけで使うことができる。

POINT Windows、Macのどちらの場 合 も、Blenderのファイルパスに日本語が含まれていると正常動作しないことがあるので気をつけよう(ダメな例 C:¥CGソフト専用ふぉるだー¥blender-2.77-windows64)。

☑ Blenderのインストール

STEP 01

本書では、インストーラをダウンロードした場合のインストール方法を解説します。
ダウンロードした場所からインストーラをダブルクリックします（画面はデスクトップにインストーラを保存した場合）。

STEP 02

インストーラが起動し、セットアップ画面が表示されます。［NEXT］ボタンをクリックすると❶、Blenderの使用許諾が英文で表示されます。内容を確認し、「I accept the terms in the License Agreement」にチェックを入れ❷、［NEXT］ボタンをクリックします❸。

POINT Windowsでは、インストーラーが起動する際に［ユーザーアカウント制御］画面が表示されることがあるので、［はい］ボタンをクリックしよう。

STEP 03

カスタムセットアップ画面が表示されます。［Location:］で、Blenderのインストール場所を指定します❶。デフォルトでは、ローカルディスク（C:）>「Program File」フォルダにインストールされます。必要な場合に変更しましょう。
［NEXT］ボタンをクリック❷、次の画面で［Install］ボタンをクリックするとインストールが開始されます❸。

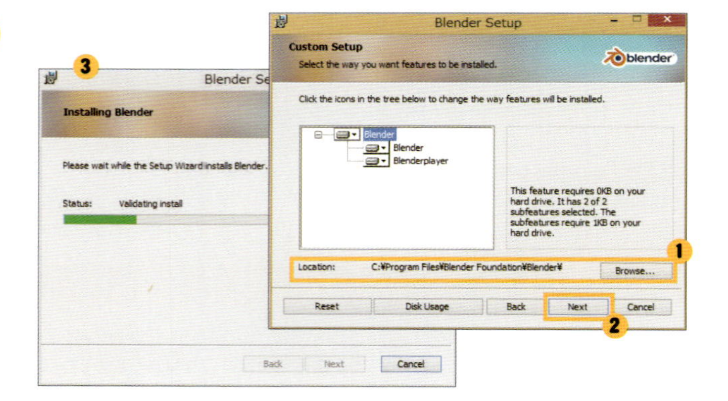

STEP 04

インストールが完了しました。
［Finish］ボタンをクリックします。

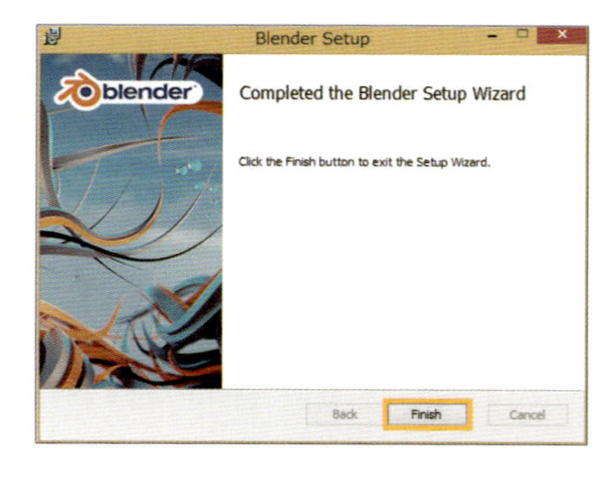

Blender の起動

STEP 01

「スタート」メニューから[すべてのアプリ]をクリックし、「blender」を選択します。

STEP 02

Blenderが起動します。画面内をクリックして、スプラッシュウィンドウを閉じます。

POINT Blenderをアンインストール(削除)したいときは、「スタート」メニュー-[すべてのアプリ]からBlenderのアイコン上で右クリックしてアンインストールを選択する。または、インストールした場所から「Blender Foundation」フォルダ-「Blender」フォルダ-「uninstall.exe」をクリック。Macの場合は、アプリケーションフォルダからゴミ箱へ入れます。

COLUMN

● Steam を利用したインストールもできる

「Steam」とは、パソコンゲームやソフトウェアなどのダウンロード販売を行っているプラットフォームです。購入したものがアカウントごとに管理されるため、どのパソコンからでもダウンロード、使用することができます。また、最新版への更新が自動で行われるなど便利なサービスです。

❶ Webブラウザで、Steamホームページ(http://store.steampowered.com/?l=japanese)にアクセスします。すでにSteamを利用している人は、ここから「Blender」をインストールもできます。
❷インストールします。Steam版Blenderをインストールすると、ライブラリのソフトウェアに追加されます。

POINT Steam版Blenderは、最新版がリリースされたときに自動でダウンロードし、インストールを済ませてくれるので便利。

Blenderの日本語化

ダウンロード後、インストールが終わったら最初に起動した際、Blenderの表示は英語の状態なので、馴染みやすい日本語に設定します。

☑ Blenderを日本語化する

STEP 01

Blenderを起動します。言語を英語から変更します。[File] ❶ - [User Preferences (ユーザー設定)] ❷ をクリックします。

STEP 02

ウィンドウが表示されます。ウィンドウ右上の[System] をクリックし❶、設定を変更していきます。画面を少し下へスクロールして、右下の[International Fonts] をチェックします❷。その下の[Interface] ボタンをクリックすれば❸、画面が日本語に変わります。[ToolTips (ツールチップ)] は、マウスを重ねたときに表示される説明なので、これもクリックしておきます❹。

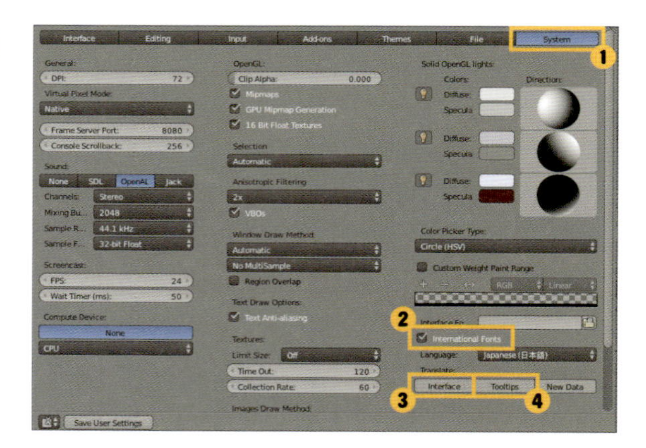

STEP 03

ウィンドウ左下、[ユーザー設定の保存] をクリックすることで、次回以降、Blenderはその設定で起動します。設定に何か変更を加えたら、クリックしておきましょう。

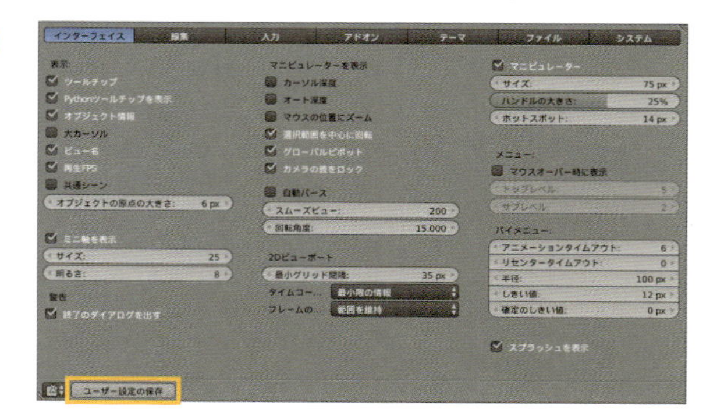

02 画面の見方

Blenderの日本語化まで終わりましたが、これではまだ右も左もわからないかもしれません。まずはよく使うところを知っておきましょう。

何がどこに配置されてるの？

はじめて使うツールは、目の前にわからないものがたくさん並んで居心地が悪いもの。まずは画面のレイアウトを知って、少しずつBlenderと仲良くなりましょう。

1 情報バー

右側にBlenderのバージョン、ポリゴン数やオブジェクト数、使用メモリなどの情報が表示されている。主に使うのは、[ファイル] - [新規]、[開く]、[名前をつけて保存] だ。

2 3Dビュー

3DCGを作るメインの場所。
左側に「ツールシェルフ」が表示されており、[ツール] [作成] [関係] [アニメーション] [物理演算] [グリースペンシル] の各タブで内容を切り替えて使う。
3Dビューの「ヘッダー」からモードを切り替えると、内容も変化する。

POINT ツールシェルフ下部の「オペレーター」には、いま行っている作業の細かい設定が表示される(例：円を作成するときには、頂点数、半径、面張りのタイプなど)。3Dビュー下部の「ヘッダー」には、[モードの切り換え] [表示方法の切り換え] [レイヤー] など、頻繁に切り換えるものが並ぶ。

POINT N キーを押すことで、右側に [プロパティシェルフが表示／非表示] される。普段は隠れているので、使うときにまた説明しよう。

3 アウトライナー

このシーンの中にあるオブジェクトやカメラ、ランプなどの名前が一覧され、ここから選択することもできる。

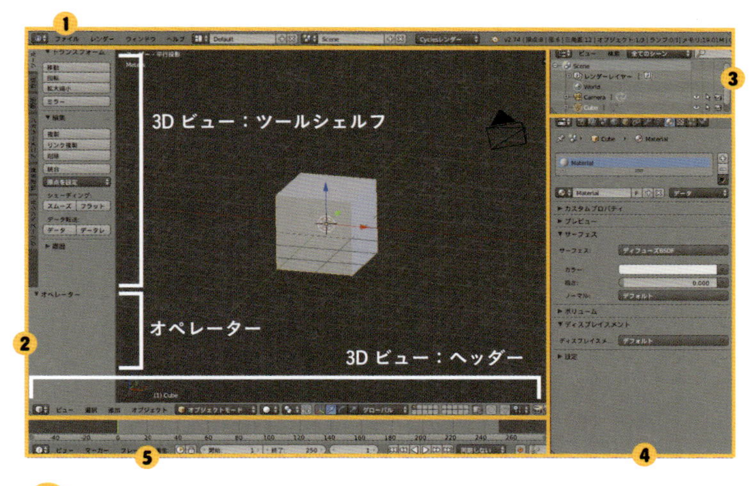

4 プロパティ

横並びのアイコンタブを切り替えることで内容が変化する。各タブには、引き出しのように必要な項目がまとまっていて便利。
また、選択したアイテムに特化したアイコンに置き換わる部分があるので、覚えておこう。

●オブジェクトを選択したとき

●カーブを選択したとき

●メタボールを選択したとき

●カメラを選択したとき

●ランプ(サン)を選択したとき

●アーマチュアを選択したとき

5 タイムライン

アニメーションを作るときに使う。
※この本ではアニメーションを扱わないので、使うことはない。

COLUMN

● よく使用するエリア

いろんなボタンがたくさんあるけれど、実際に使うところに色を付けると図のようになりました。
「あら、たったこれだけ！？」と思いましたか？
最初はこれだけで大丈夫なのです。他の部分は慣れてきてから必要に応じて覚えていけばいいのです。つまり、もっと複雑なものを作りたい！　と思ったときに頼れる武器がまだまだ隠れているというワケです。
この画面は「オブジェクトモード」ですが、ポリゴンを直接編集する「編集モード」を使うようになると、ツールシェルフの内容が変化します。

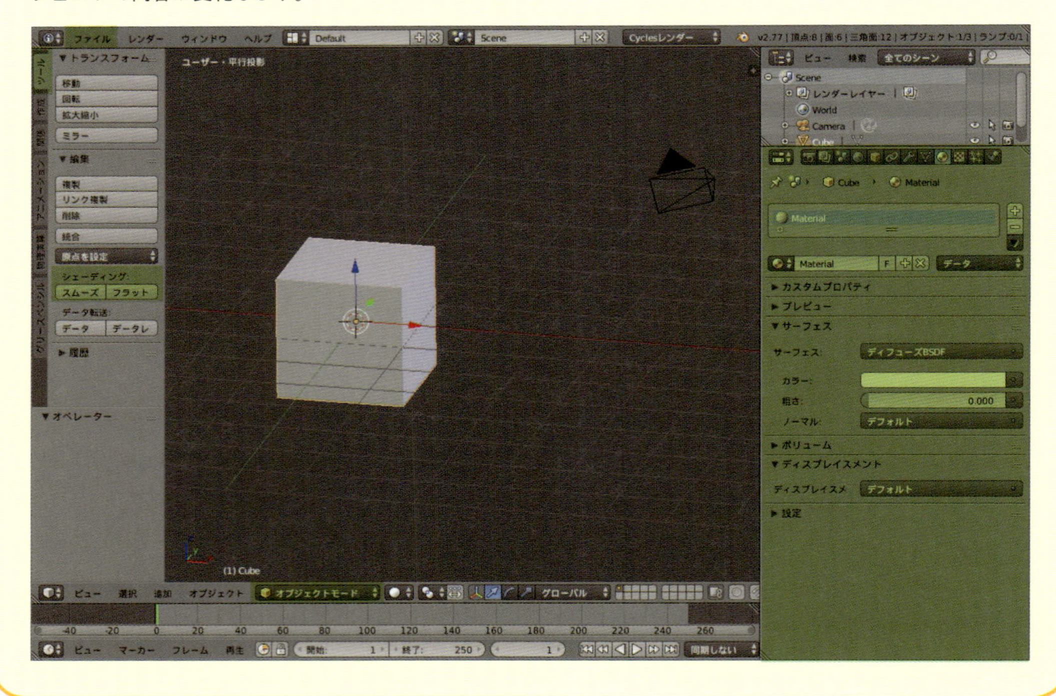

03 おすすめのユーザー設定

本書で学習していくのに適したユーザー設定を行います。
自分なりの使いやすい設定がわかるようになってきたら自由に変更して使いましょう。

各種ユーザー設定

インターフェイス

情報バーから［ファイル］-［ユーザー設定］をクリックし、表示されたウィンドウの［インターフェイス］タブをクリックします❶。［カーソル深度］のチェックを外し❷、［選択範囲を中心に回転］にチェックを入れます❸。

POINT ［カーソル深度］は3Dカーソルがオブジェクト表面の奥行きに移動する機能だが、中心に設定しにくくなるので外す。
［選択範囲を中心に回転］は、画面を回したときに選択しているオブジェクトを中心に回るようになる機能。見たいものを見失わずに済む。

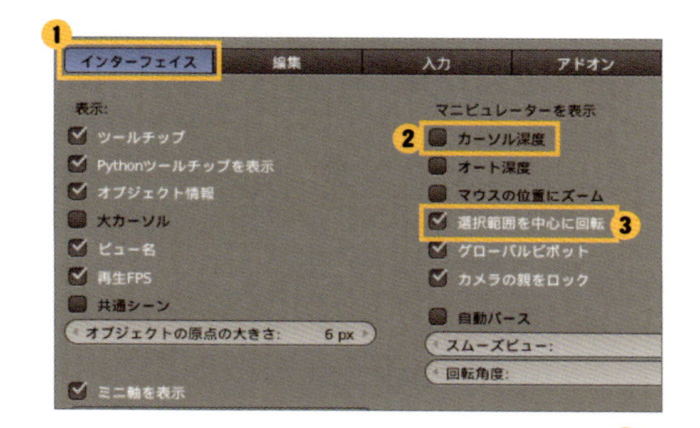

入力

［入力］タブをクリックします❶。テンキー、マウスホイール（中ボタン）がない場合は、［3ボタンマウスを再現］と［テンキーを模倣］❷にチェックを入れます。
中ボタンは Alt キー＋ドラッグに、テンキーは数字キーに、それぞれ操作が置き換わります。

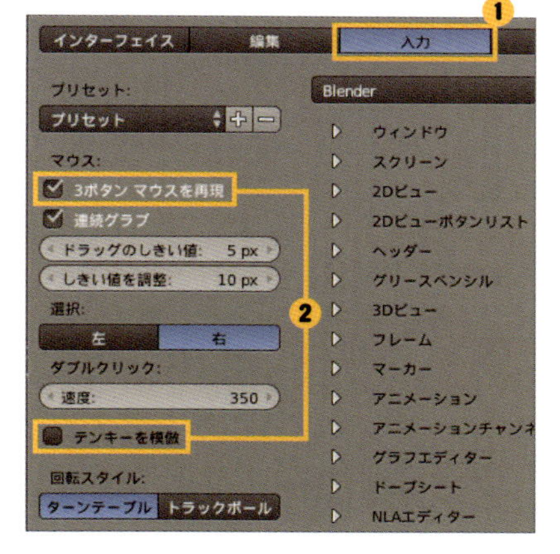

ファイル

［ファイル］タブをクリックします❶。［バージョンを保存］の設定をします❷。［上書き保存する］たびに、ひとつ古いファイルを.blend1、.blend2、.blend3……と、バックアップしてくれる機能です。読み込むときは拡張子を.blendに戻します。

POINT 自分でファイル名に連番を付ける場合は、［バージョンを保存］「0」にしよう（例：ファイル名_01.blendなど）。

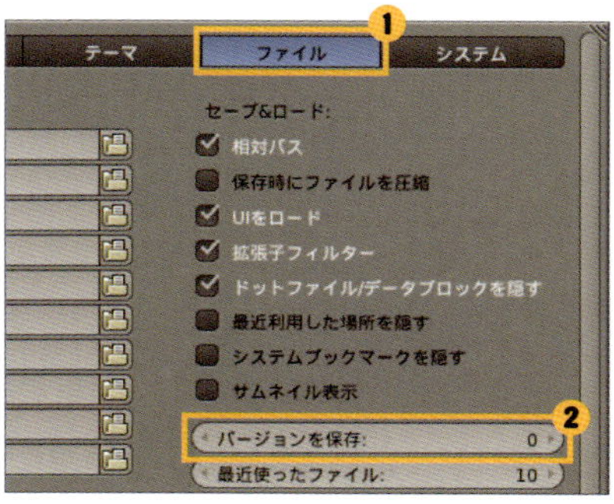

ここまでできたら、左下に表示される［ユーザー設定の保存］をクリックして閉じます（P.14）。

表示（3Dビュー）の各種設定

スタートアップファイルの保存

Blenderの表示に関する設定を行いますが、そのままでは次回起動時に元に戻ってしまいます。そこでまず、設定の保存方法から説明していきます。
情報バーから［ファイル］❶ -［スタートアップファイルを保存］をクリックします❷。確認が出るので、クリックして確定しましょう。

POINT あまりにもおかしな状態で保存してしまった場合は、ひとつ下の［初期設定を読み込む］をクリックして、日本語化から設定し直そう。

透視投影、平行投影

初期状態では、3Dビューに遠近感のついた状態で描写されています。しかし、この状態で作業すると正確な位置を把握しにくいので、ユーザービューを［平行投影］にしましょう。テンキー（P.20）の5を押すたびに切り替わります。
視点の方向も調整しておきましょう。緑が前後、赤が左右なので、わかりやすい向きに。マウスの中ボタンをドラッグで視点を回すことができます。

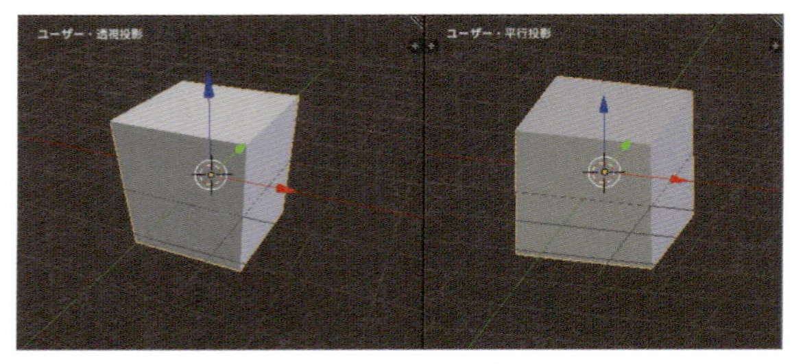

●透視投影　●平行投影

単位

オブジェクトの大きさなどを表示する単位が、初期状態では「Blender Unit」という独自単位なので、メートル単位に設定します。画面右プロパティの［シーン］タブをクリックして❶画面を切り替え、［▼単位］-［メートル法］❷をクリックします。

Cyclesレンダー

Blenderにはレンダリング（最終的な絵の描画）のための機能が２種類用意されています。この本では、「Cyclesレンダー」を使って説明していくので、情報バー（P.15）から選択して切り替えておきましょう。

Cycles用マテリアル

色や質感の設定のことを「マテリアル」と呼びます。最初に表示されているCube（立方体）には、Blenderレンダー用のマテリアルが設定されているため、この操作でCyclesレンダー用のマテリアルに切り替えます。今後、新しく作るマテリアルは最初からCycles用に作られるので、最初のひとつだけを切り替えればOKです。

[マテリアル] タブをクリックすると❶、左図のように [ノードを使用] ボタンがあります。クリックすると❷、右図のような表示に変わります❸。

ランプの設定

最初の状態で、ランプはポイントになっています。ランプを選択して❶、これを、より使用頻度の高い、太陽光の表現に適した [▼ランプ] -「サン」に切り替えておきます❷。
ランプの設定によって、上部のランプアイコンが以下のように変化します。

ポイント

サン

スポット

ヘミ

エリア

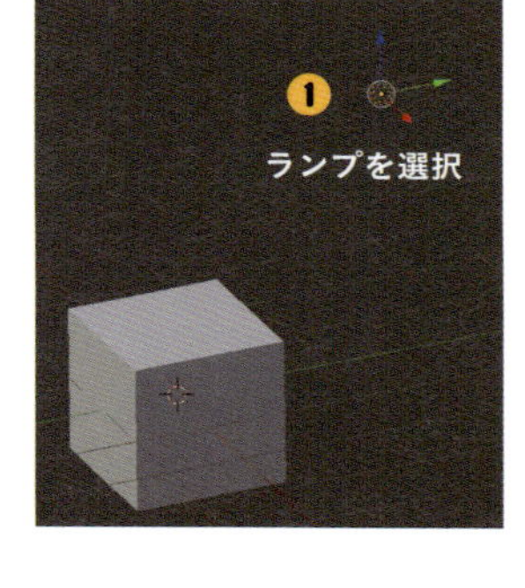

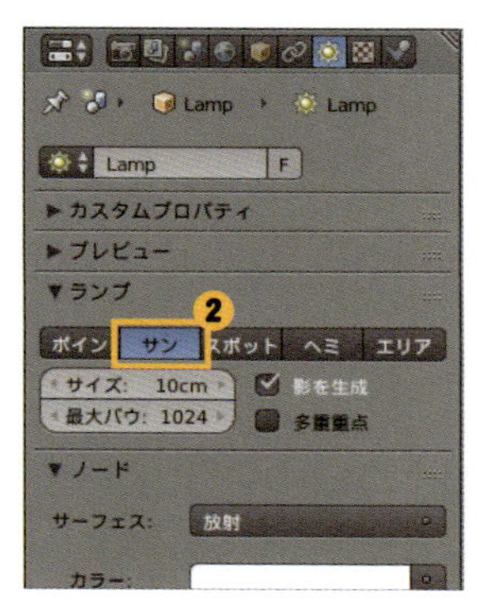

ここまで済んだら、P.18の [スタートアップファイルを保存] を忘れずに！

COLUMN

● バージョンアップ時の設定引き継ぎ

Blenderのバージョンが上がったときにはじめて起動すると、設定がすべて初期化されています。前のバージョンの設定を引き継ぐには、起動画面の [Copy Previous Settings] をクリックしてから、Blenderを一度終了して起動し直します。これを行わないまま、作ったものの保存、ユーザー設定の保存、スタートアップファイルの保存などを行うと、新たに設定ファイルが作られて、[Copy Previous Settings] ボタンは表示されなくなります。

INTRO DUCTION 00

04 画面の操作を覚えよう

画面の見方がわかってきたら、次は3Dビューの視点操作と画面レイアウトを使いやすく変更する技を習得しましょう。

視点操作とウィンドウの調整

ショートカットを多用するBlenderユーザーにとって、
キーボードは重要な仕事道具（ショートカットはP.24参照）。その選び方で特に大切なのがテンキーの有無です。
前述の通り、なければないで使える設定にはできるけれど、
テンキーのないノートパソコンにUSBキーボードを付けるくらい手放せない存在です。
テンキー付きキーボードや別売りテンキーをぜひ用意してください。

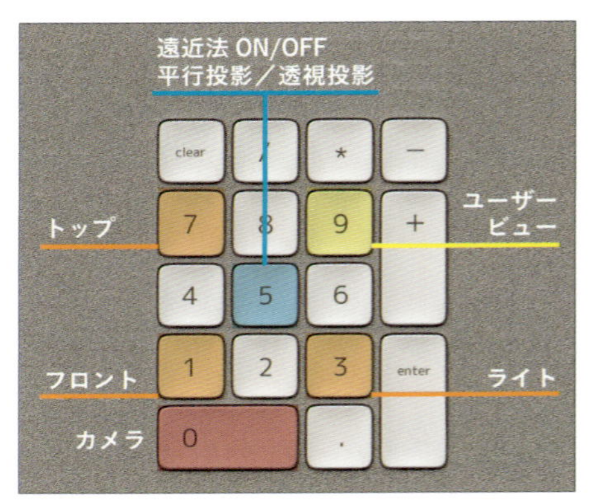

●テンキーの配置

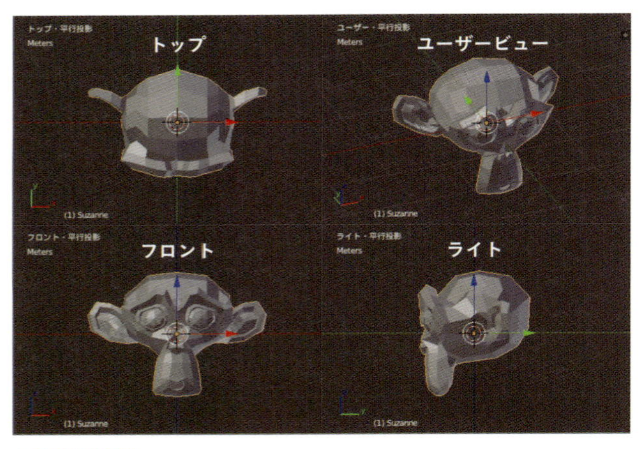

●三面図の配置

3Dビューの視点操作

テンキーの配置（上図左）と三面図の配置（上図右）を見比べてみましょう。左下フロント（正面図）が[1]、右下ライト（右面図）が[3]、左上トップ（上面図）が[7]。図のように関連付けられています。
たとえば、後ろから見たいときには、[Ctrl]キー＋[1]もしくは、[1]（正面図）に続いて[9]を押すことで反対側の背面図になります。さらに、中央の[5]が遠近法のON/OFFで、最下部の[0]がカメラビュー（ファインダーを覗いた状態）。数字ではなく、位置で覚えてしまうのがおすすめです。

ユーザービューの操作は、キーボードとマウスの中ボタン(ホイール)ドラッグのコンビネーションです。

●キーボードとマウス操作

[中]ボタン	▶視点を回転
[Ctrl]キー＋[中]ボタン	▶奥行き移動（ホイール付きマウスならホイールの回転でも）
[Shift]キー＋[中]ボタン	▶水平移動

そのほかの画面調整

作業によって、大きく見たいウィンドウが変わってきます。ここでウィンドウの広さの変更や、分割の方法も確認しておきましょう。

ウィンドウサイズの変更

表示面積が狭く使いにくい、一部のアイコンが隠れている、などといった場合には、境界線をドラッグしてウィンドウサイズを変更しましょう。画面の小さなノートパソコンには必須の調整です。

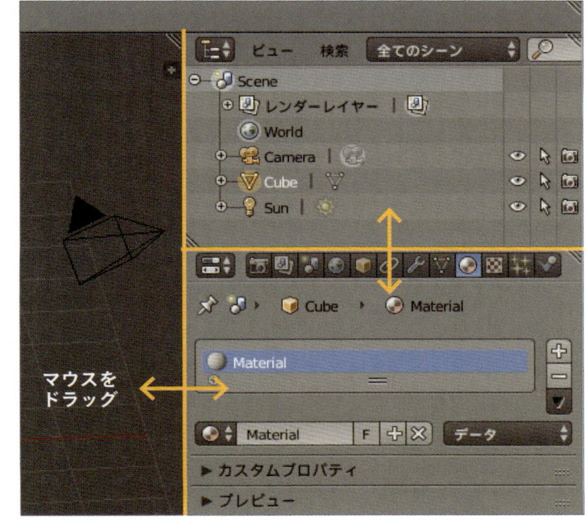

ウィンドウの分割

画面を分割したいときは、各ウィンドウの右上に表示されている斜線部をドラッグし、左か下へドラッグです。左右2分割して使うことも多いので、操作練習しておきましょう。

ウィンドウの結合

分割したウィンドウを結合したい場合は、同じく斜線部を右か上へドラッグしましょう。マウスボタンを離す前なら、結合する方向を選ぶことができます。そのまま反対側へドラッグすると矢印の向きが変わります。

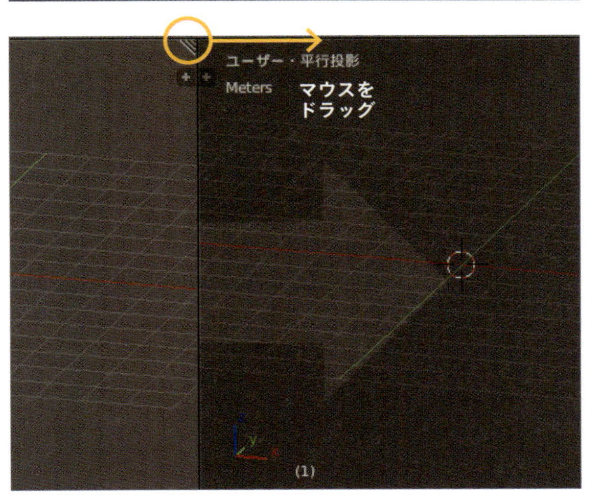

POINT 4分割画面

前ページで紹介した4分割画面には、Ctrl+Alt+Qキーで切り替えることができる。大きなディスプレイを使用しているなら便利かもしれません。

INTRO DUCTION 00

05 保存、開くの便利な機能

**Windowsとも Macとも異なる独自の画面に慣れましょう。
OSのエクスプローラー（Finder）とは異なる見た目だけれど、フォルダのブックマークが作れるなど、便利なファイルブラウザ。よく見れば、さほど混乱することもありません。**

保存するときの便利

情報バーの［ファイル］-［保存］または［名前をつけて保存］を選択します。表示される画面が切り替わります。［キャンセル］ボタンで元の画面に戻ります。
作品ごとにフォルダ分けして、ブックマークに設定しておくことで、毎回フォルダを探す手間が省けます。
また、最近利用したファイルという欄にも使用フォルダの履歴が残るので安心です。

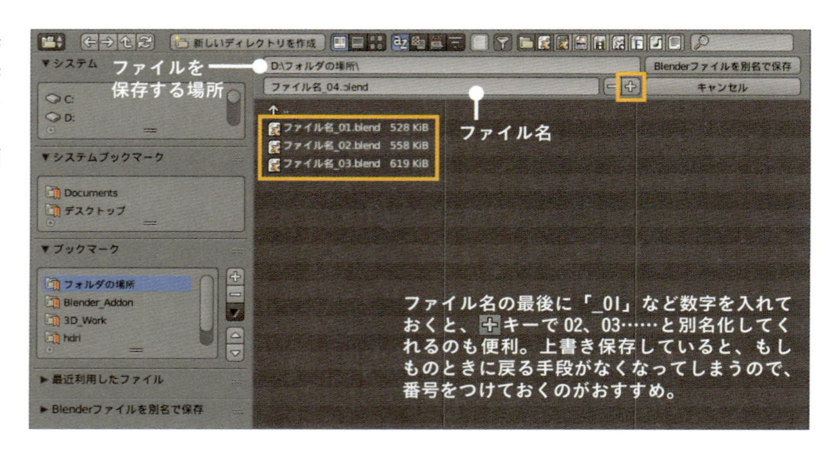

開くときの便利

情報バーの［ファイル］-［開く］を選択します。ファイルを選択して開きます。
すでに作成したBlenderファイルを開く場合にファイル名だけでは中身を思い出せないこともあります。そんなときは、Blendファイルの中身をカメラビューの画像で表示してくれるので、サムネイル表示が便利。［ファイルリストの表示モード］をサムネイルにしましょう。また、保存時同様に、ブックマークや最近使用したファイルも利用できるので、すぐに作品の続きを作りはじめられます。

INTRO DUCTION 00

06 3Dカーソルを上手に使う

Blenderの左クリック、3Dカーソルの使い道を知っておきましょう。

3Dカーソルとは？

図が3Dカーソルです。左クリックした場所へ移動します。Blenderの少し特殊な点ですが、オブジェクトを選択するときには、マウスの右クリックを使います。

Shift + S キーでカーソルの場所を選択物の位置や原点（XYZそれぞれ「0」の位置）へ移動させたり、選択物を3Dカーソルの位置に移動させたりできます。

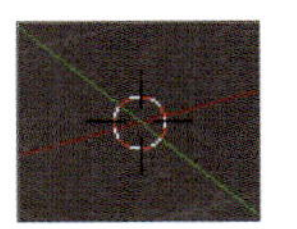

●3Dカーソル

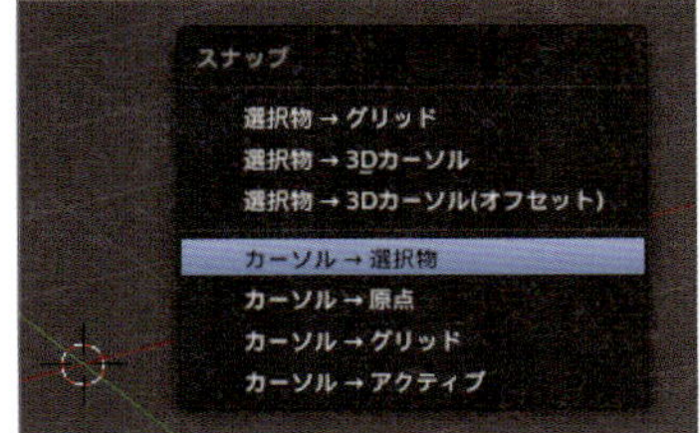

新しいオブジェクトが作られる位置になる

立方体や円柱など、新しいオブジェクトを作成するとき（P.28）、3Dカーソルの位置に作られます。原点に作ると作業しやすいので、カーソル→原点を頻繁に使います。

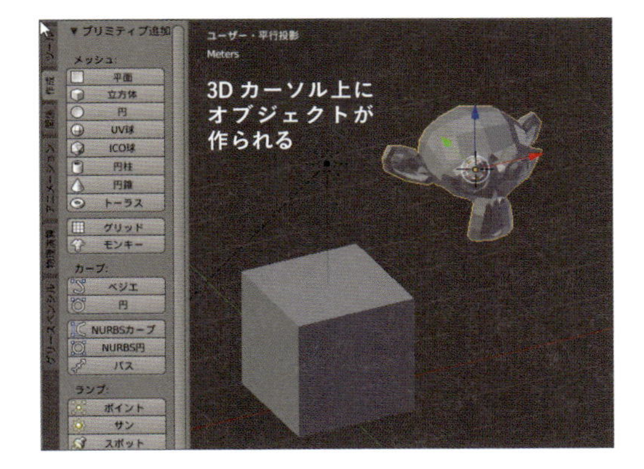

回転や拡大縮小の中心点にできる

一時的に回転中心を変えたい場合、3Dビューのヘッダーからピボットポイント（中心位置）の切り替えができます。

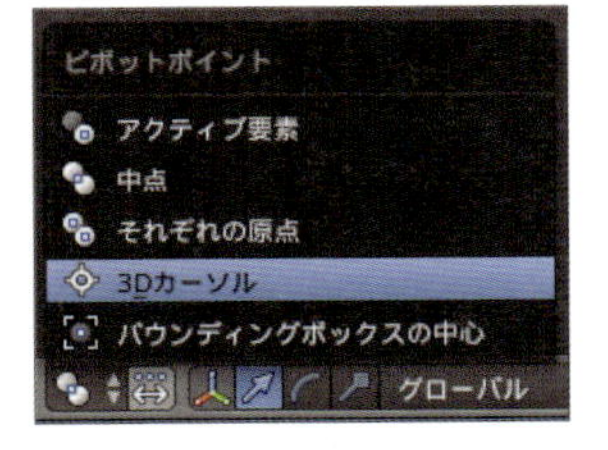

原点の移動に使える

ピボットポイントが3Dカーソル以外のときは、各オブジェクトの原点を中心に回転します（関節部など）。原点の位置を設定するときに3Dカーソルを利用することができます。

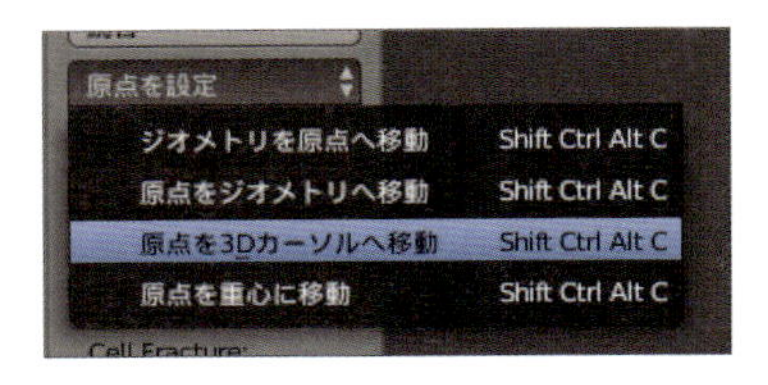

INTRO DUCTION 00

07 キーボードショートカットを使いこなす

とても多くてとても便利なショートカット。Blenderを使うとき、左手はキーボードに添えておきましょう。本書では、ショートカットの使用を基本に解説します。

ショートカット操作の特徴

無意識にショートカットが使えるようになると、作業をジャマしなくなります。よく使う機能は多少無理してでも最初にショートカットで使うようにしてみましょう。最初からショートカットで覚えるべきツールはショートカットキーで説明します。

マウスを重ねるとショートカットキーが表示される

キーボードショートカットを知りたいとき、あるいは忘れてしまったときは、マウスカーソルを重ねて少しじっとしていると、ツールの説明と、ショートカットキーが（あれば）表示されます。

メニュー内右側にショートカットキーが表示される

ボタンではなく、メニューの中に表示される機能は、それぞれ右側にキーボードショートカットが（あれば）表示されます。

2度3度押すと機能が切り替わるショートカット

たとえば回転のRキーを2度押すと、回転の仕方がトラックボールへと切り替わります。XYZ軸の指定は、押すたびに「グローバル」「ローカル」「軸固定なし」と切り替わっていきます。

●G、X（移動グローバルX軸）

●G、X、X（移動ローカルX軸）

Macのキーボード操作

WindowsとMacではキーボードが異なるため、一部のキー操作が異なります。

Windows	Mac
Alt	▶ option
Ctrl	▶ control
Back space	▶ Delete

CHAPTER 01

プリミティブモデリング

図形を組み合わせよう

最初のステップとして、基本図形の組み合わせで表現する
「プリミティブモデリング」からはじめてみよう。
簡単な形状に置き換えて観察する眼は、
複雑なものを作れるようになったときにもとても役立つはず！

この絵はすべて、Blenderに用意されたプリミティブだけで組み立てています。
ブロック遊びのように、似た形を使ったり、いくつか組み合わせてひとつの形を作ったり。
どんな絵を作るかさえ考えていれば、これだけでも立派に作品が仕上がります。

01 3DCG制作の流れと大事なこと

この章で、Blenderを使用した3DCGイラスト作りの最初から最後までをひと通り体験します。

3DCGを作る

3DCG制作の工程はおおまかに以下のような感じです。

粘土や模型に色を塗って、写真を撮る流れをすべてコンピューターの中で作るのが3DCGです。
では、さっそく作ってみましょう。作例とまったく同じにする必要はありません。
まずは、仕組みを理解するのが大事です。自分の作品を作って遊ぶところからはじめましょう。

1. **デザイン**　キャラクターや絵のアイデアを考える
2. **モデリング**　形を作る
3. **マテリアル**　色や質感を設定する
4. **カメラ**　絵の構図を決める
5. **ライティング**　光源を設置して絵を演出する
6. **レンダリング**　パソコンに計算させて絵に仕上げる
7. **画像の保存**　作成した画像を保存する

「移動、回転、拡大縮小」3つの大事な基本を覚える

**3DCG未経験の場合、なにをどうやって作るのか想像がつかないかもしれません。
便利な機能はたくさんあるけれど、形を作るのも動かすのも、基本的には移動、回転、拡大縮小です。**

- 箱や球体などオブジェクトを動かして組み立てる
- ポリゴンの面や辺、頂点を直接動かして造形する
- 移動、回転、拡大縮小を記録してアニメーションにする

これらの移動、回転、拡大縮小は、矢印の色を左クリックすることでも使用できますが、
頻繁に使うのでキーボードショートカットを使います。

●移動・回転・拡大縮小のショートカット

G	▶ 移動(Grab)
R	▶ 回転(Rotate)
S	▶ 拡大縮小(Scale)

POINT 頭文字がショートカットキーになっているから覚えやすい！

CHAPTER 01

02 形の基本、プリミティブを知ろう

プリミティブとは、立方体や球体など、あらかじめ用意された基本形状のことです。すべての形を作る元となります。

プリミティブを追加する

プリミティブを選ぶ

Blenderを起動し、情報バーから[ファイル] - [新規] を選択します❶。3Dビュー下を[オブジェクトモード] の状態にします❷。プリミティブは、ツールシェルフの[作成] タブ❸ - [▼プリミティブ追加] ❹から作ることができます。

POINT モンキーは別名スザンヌ。Blenderユーザー達は、何か試したいときや、仮のキャラクターを配置したいときに、愛らしいこのスザンヌをよく使う。顔を作る自信がなかったら、スザンヌを使って試してみよう。

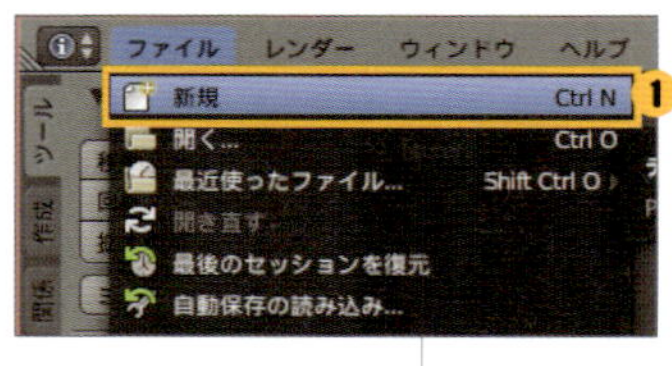

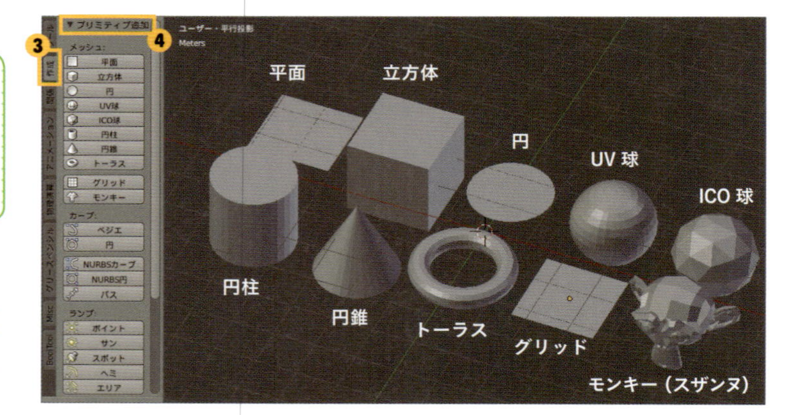

これらを組み合わせることで、キャラクターや舞台などさまざまなものを表現するのがプリミティブモデリングの考え方です。

COLUMN

● オペレーターで調整する

上のプリミティブを配置したときに、「円」のみ面が貼られません。
円を作るときは、ツールシェルフ下部の「オペレーター」で[面貼りのタイプ] を[Nゴン] に切り替えることで面を貼ることができます。
円柱やUV球など、頂点数の変更ができるものもあります。たとえば、「円柱」の頂点数を減らせば、三角柱や六角柱なども作成できます。[セグメント] や[リング] と表記されるものもありますが、これらも分割数を増減する項目です。

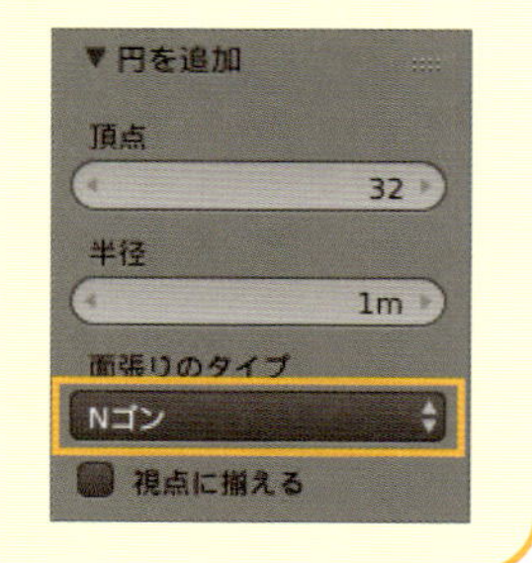

03 キャラクターを作ってみよう

簡単に作れる、シンプルなキャラクターからはじめてみましょう。
P.27 の 3DCG 制作の流れに沿っています。
特徴を出しやすいので動物がオススメ。
今回はプリミティブを使用した制作を想定しているので、四角や丸を組み合わせてデザインします。

1. デザイン　～まずはスケッチから

上手に描けなくても大丈夫。頭と身体のバランスや、手足の長さを変えたバリエーションをいっぱい描いてみましょう。

CGは鉛筆ほど直観的ではないので、作りたいイメージを簡単にでもスケッチしておいて、印象を近付けるように作るのがコツです。

2. モデリング　～形を組み合わせよう

オブジェクトの選択と移動

複数オブジェクトを作ったとき、どれを動かすか、まず選ぶ必要があります。

選択するとき、ほとんどのソフトでは左クリックを使いますが、前述の通り、左クリックは3Dカーソルの移動です。
そこで、Blenderでは選択に右クリックを使います。さらに、追加して選択するときには、Shift キー＋右クリックしましょう。

プリミティブを組み合わせます。まずは頭と胴体。ここでは立方体を作成しています。移動や拡大縮小を使って配置しましょう。3Dなので前からだけでなく、横からも見てチェックする必要があります。
まっすぐ上に移動したいときは、G キーのあとに Z キーでZ軸だけ移動できます。

●移動するキー

X	▶赤（左右）
Y	▶緑（前後）
Z	▶青（上下）

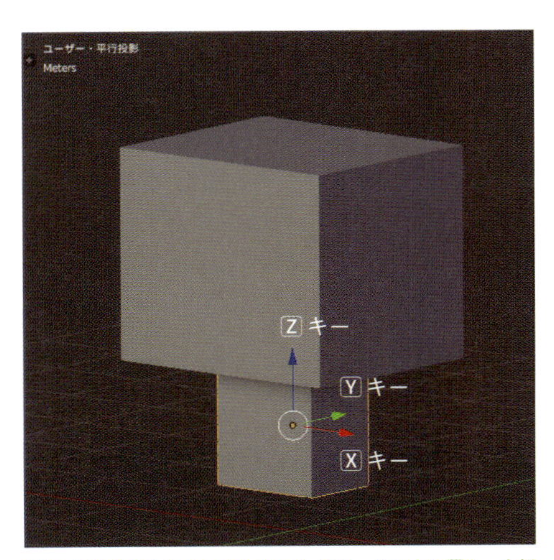

図は、胴体の厚みを少し減らすため、S キーのあとに Y キーを押して縮小した。
赤い矢印が X（左右）、緑の矢印が Y（前後）、青い矢印が Z（上下）だ。

POINT 3Dビューの左下に小さくXYZ軸が表示されているので、忘れてしまったらそこを見て確認しよう。

オブジェクトの複製

「脚や腕は、左右同じサイズに作りたい」。そこで、片方だけ作ったら複製します。
Shift+Dキーで選択物を複製できます。続けてXキーを押すことで、複製したものを真横に移動できます。
腕や耳、目や鼻など作ってみましょう。

POINT 操作に慣れるまでは難しく感じるかもしれませんが、珈琲でも飲みながらゆっくり楽しんで。

オブジェクトの削除

不要なオブジェクトがあったら、選択して、Xキーで削除します。Deleteキーでも消すことができますが、左手で押しやすい位置にある、Xキーがオススメ。

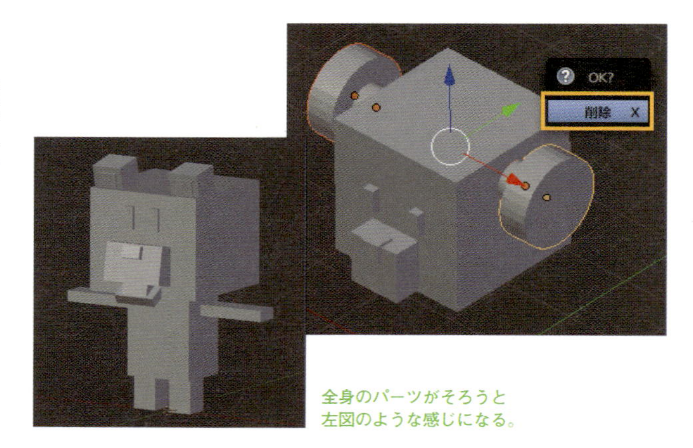

全身のパーツがそろうと左図のような感じになる。

3. マテリアル　～色を足す

色や質感の設定を「マテリアル」と呼びます。同じマテリアルを使えば同じ色質感になり、異なる色質感の場合は別のマテリアルを用意します。名前を変更しておくとわかりやすいでしょう。

色を付ける

［マテリアル］タブをクリックし❶、新規マテリアルを作って、カラーとビューの色に同じ色を選びます❷。ここではクマの口のオブジェクトを赤に設定しました。
ビューの色は最終結果に影響しない、マテリアルを区別するためだけの色ですが、同じ色にしておくと完成のイメージがつかみやすくなります。

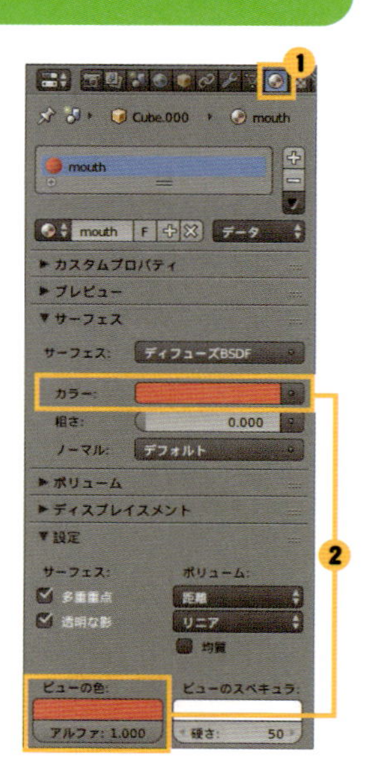

全身できあがり

全身できあがるころには、「オブジェクト作成」「移動・回転・拡大縮小」「複製」「マテリアル」までの操作、少しだけ慣れてきたはずです。

COLUMN

● ペアレント

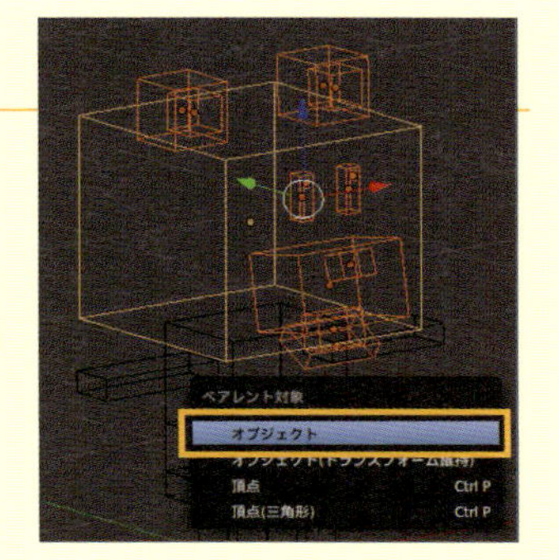

頭を動かすときに、顔のパーツが離れてしまうと不便なので、ペアレントを使って親子にしておきます。「親が動くと子も動くが、子が動いても親は動かない」という、アニメーションではよく使われる機能です。

Zキーで「3Dビューのシェーディング」をワイヤーフレーム表示（図）。Bキーで首から上を囲うなどして選択します。親になる頭オブジェクトをShiftキー+右クリックで選択して（ワイヤーフレームの選択色が他より明るい黄色になる）、Ctrl+Pキーでペアレントします。選択肢から「オブジェクト」を選択し、もう一度Zキーを押してソリッド表示に戻します。

これで、頭部を回転するときに顔パーツも一緒に付いてくるようになりました。身体の各パーツを回転、移動させて、かわいくポーズを決めてみましょう。

4. カメラ　～構図を決めよう

ポーズが決まったら、次はいちばん見映えよく写るアングルを探します。

ツールシェルフから［作成］タブ-［その他：］から［カメラ］をクリックすると、カメラが画面上に作成されます。
レンダリングに写るのはテンキーの0で表示されるカメラビューの点線の中です。プロパティシェルフ（Nキー）の［カメラをビューにロック］をチェックしておくと、枠線が赤く表示され、ユーザービューと同じ操作でカメラビューを操作できます。

POINT ［オブジェクトデータ］タブでは、［焦点距離］を変えることもできる（カメラを選択しているときにだけ表示）。数値をドラッグすると、デジカメのズームのように、画角が変化する。

5. ライティング　～光源を考えよう

「おすすめユーザー設定（P.19）」の中で、「ランプ」を「サン」に設定しました。このランプは、回転の角度だけで光の向きをコントロールします。
もうひとつ大切な光源が「背景」です。ここで設定した色はただの背景色ではなく、空全体から照らされる光の色で、影の部分にも光が回り込みます。

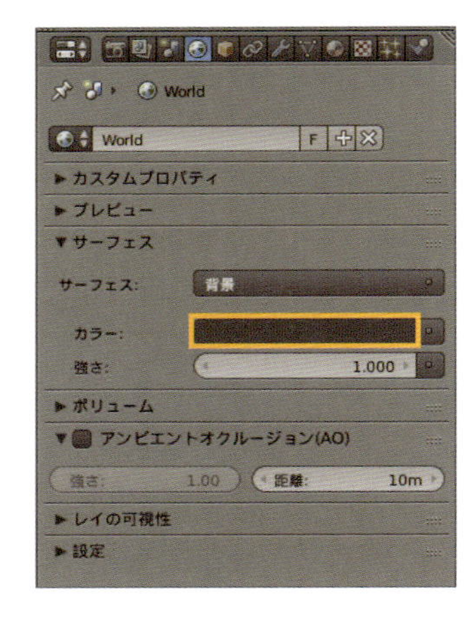

単色で空の色を選ぶ

標準ではグレーの単色が選択されています。[▼サーフェス] - [カラー：] 右をクリックして好きな色に変更してみましょう。

「大気テクスチャ」を使用する

[▼サーフェス] - [カラー：] を「大気テクスチャ」に切り替えると、空のグラデーションを再現できます。

レンダープレビュー

Blenderでは、実際のレンダリング結果を見ながらさまざまな調整ができます。
3Dビューのヘッダーから「3Dビューのシェーディング」を「レンダー」に切り替えて、ランプを選択、回転させてみましょう。光の当たる向き、影の落ちる方向が変化するはず。
「レンダー表示」では、ランプやカメラなど最終的に絵に写らないアイコンは表示されません。

そこで便利になるのが画面分割です（P.21）。レンダリング結果を確認するためのカメラビューと、操作をするためのもうひとつの画面を分割して使い分けてみましょう。

6. レンダリング　～出力する

**いままで設定してきた通りに画像を描かせるのがレンダリングという行程です。
できあがった画像を保存すればいよいよ完成！**

ここでは、レンダリングサイズの指定や品質、背景の透過などの設定を行います。
[レンダー] タブを開くと図のようにたくさんの設定が並んでいますが、ここで注目するのは❶～❹の 4 か所です。

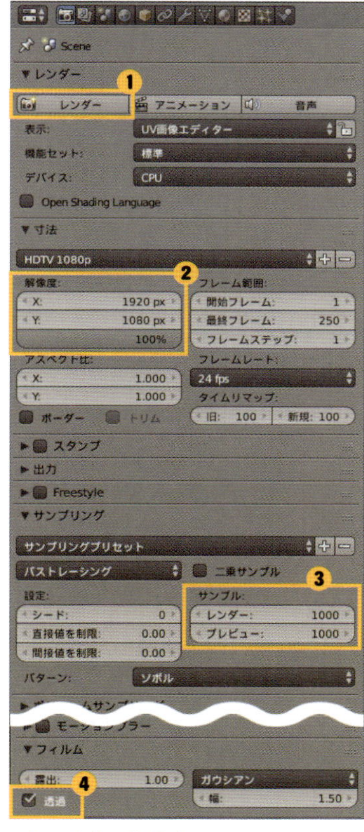

●[レンダー] タブの設定

❶ レンダーボタン

「レンダー」ボタンをクリックすると、レンダリングが開始される（ショートカットは F12 キー）。
3D ビューが「UV/ 画像エディター」に切り替わり、じわじわと画像ができあがる。画面分割している場合は、一番広いウィンドウが使用される。
途中で止めたい場合は Esc キーを押す。
できあがった画像を閉じて 3D ビューに戻したい、閉じた画像をもう一度表示したい、といった切り替えは F11 キー。
閉じるだけなら Esc キーでも 3D ビューに戻ることができる。

❷ 解像度

できあがる画像のサイズを設定する。
最初はハイビジョンテレビに合わせた設定になっているので、数値を変えて縦横比を自由に設定しよう。
上から 3 列目が 50%に設定されているのは、確認のためのレンダリングを短時間で行うため。本番のレンダリングでは図のように 100%にする。

❸ サンプル

[▼サンプリング] をクリックして展開する。
レンダリングをどの程度きれいに仕上げるかの値で、レンダーとプレビュー（3D ビューの「シェーディング」を「レンダー」にしたときの値）を別々に設定する。
最初は「10」に設定されているが、それでは画像のノイズが多く、粗くなってしまう。
まずはプレビューの値を上げて仕上がりを確認し、十分な値がわかったらレンダーにも同じ値を設定するといい。

❹ 透過

「ライティング（P.32）」で背景に「大気テクスチャ」を使用したが、実際の仕上がりには別の色の背景を使用したい場合にチェックする。
アルファチャンネル付き画像（RGBA）として保存すると、画像編集ソフトで透過レイヤー扱いになる。

Blenderで透過にチェックしてレンダリングした状態（左）、Photoshopで開いた状態（右）。

7. 保存する

レンダリング中は画面上部に進行具合が表示されます。完了したら画像を保存しておきましょう。

レンダリングした画像の保存

画面下部ヘッダーから、[画像] - [画像を別名保存] を選択します。

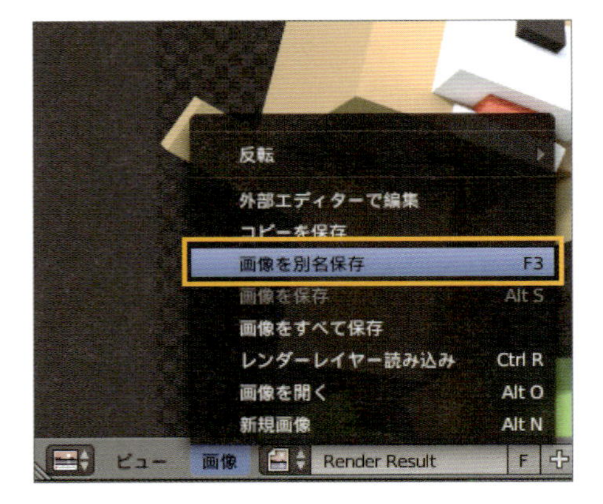

POINT P.33で「透過」にチェックを入れた場合は、RGBAになっていることを念のため確認しましょう。PNG以外の形式で保存したい場合はファイルフォーマットも選択します。

ファイル名を付けて、画像を保存したら完成です。

完成

ここまででキャラクターのモデリングから保存まで基本の流れを行いました。
SNSのアイコンに使ってみたり、印刷してシールを作ってみたりするのも楽しいね！

CHAPTER 01

04 舞台も加えて1枚の絵を作ろう

キャラクターイラスト作りの工程を紹介しました。
キャラクターだけでも楽しいけれど、背景があると絵の魅力はもっと広がります。
そこで、プリミティブモデリングの練習として景色を作っていきます。

景色を作る

たとえば、図のように木、花、岩、キノコを作って、複製するとします。花の色を変えたりして配置すると、森の景色を作ることができます。

プリミティブモデリングを復習してみよう

花は立方体を平たく縮小して並べました（左）。
もっと花らしくするには、UV球から作りはじめるといいでしょう（中央）。
平たくして、横に伸ばして、丁寧に並べましょう。
キノコは柄も立方体で作って埋め込みました（右）。

POINT 色分けしたい部分は別のオブジェクトにするのがおすすめ。

●立方体のプリミティブから作った花

●より花らしさを出すUV球より作った花

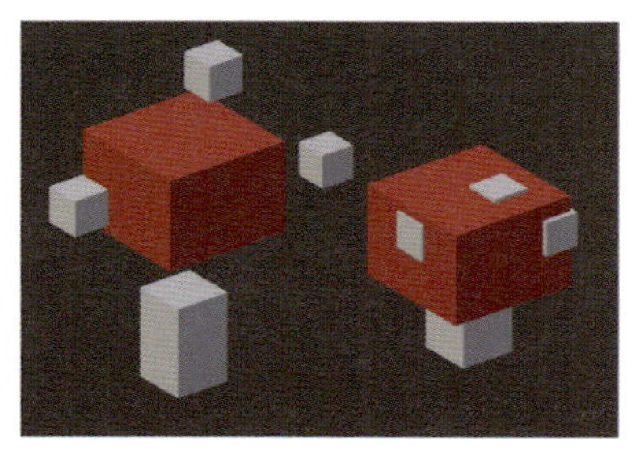

●立方体の組み合わせで作ったキノコ

UV球と立方体を組み合わせて木を作る

葉の部分はUV球を複製し、少しずつ大きさを変えてひとかたまりにしました。
幹は見ての通り、見える部分までしか枝分かれしていません。

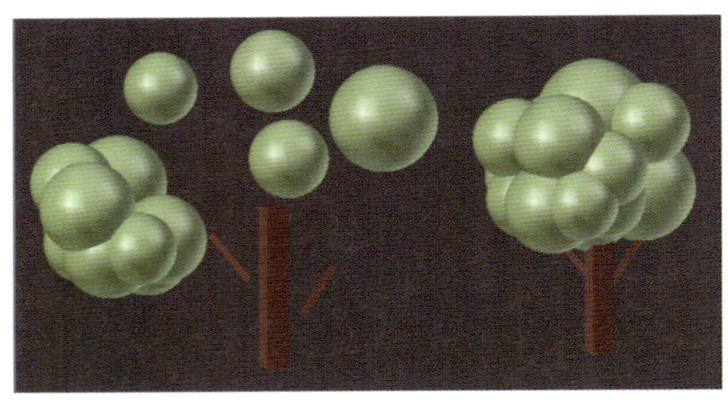

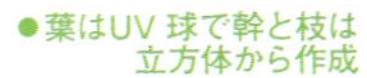

●葉はUV 球で幹と枝は立方体から作成

POINT UV球や円柱を使うときは、ツールシェルフの[ツール]タブで、「シェーディング」-「スムーズ」をクリックすると滑らかに表示される。円柱は、プロパティの[データ]タブで[自動スムーズ]をチェックし、角度を調節することで角をハッキリさせられる。この角度まではスムーズに、という数値を指定をしよう。

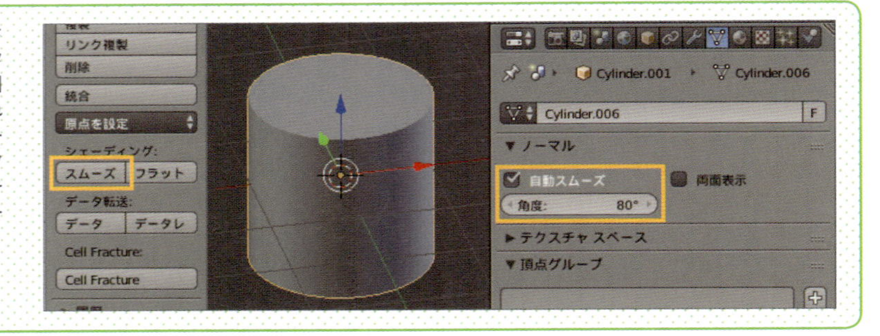

完成

キャラクターを複製してサイズを調整することで、クマの親子の絵ができました。
眉毛や口は、やわらかい表現にしたかったので、レンダリング後に画像編集ソフトで描きました。
自分のアイデアで、積み木のように自由に楽しみましょう。
簡単だからって、プリミティブモデリングを甘くみてはいけません。このクマのモデルはを最後の作例まで使い続けますが、リアルな3DCGの中にいたって見劣りしませんよ！

SHORTCUT KEY

この章で使用したショートカットキー

以降も本書で使用するショートカットキーです。練習しながらぜひ体得しましょう。

ショートカットキー

■ 選択

右クリック	▶ 選択 （オブジェクトモード時）
Shift +右クリック	▶ 追加選択 （編集モード時）
A	▶ 全選択／全選択解除 （編集モード・オブジェクトモード時）
B	▶ 矩形選択
Ctrl +左ドラッグ	▶ 投げ縄選択

■ 移動・回転・拡大縮小

G	▶ 移動(Grab)
R	▶ 回転(Rotate)
S	▶ 拡大縮小(Scale)

■ 続けて軸を指定することができる

X	▶ X軸方向へ、あるいはX軸を中心に
Y	▶ Y軸方向へ、あるいはY軸を中心に
Z	▶ Z軸方向へ、あるいはZ軸を中心に
Shift +X	▶ X軸以外
Shift +Y	▶ Y軸以外
Shift +Z	▶ Z軸以外

■ 続けて移動量、回転角度、拡大倍率を入力できる

数字キー	▶ 入力し直すには Back space キーで1文字ずつ削る

例：
- G→X→「－3」で、－Xキー方向に3m移動
  逆方向へ移動するには－(マイナス)を使用するといい。
- R→Y→「90」で、Y軸を中心に90度回転
  たとえば95度に修正する場合、確定前に Back space キーを一度押して 5 を入力する。
- S→Z→「0.5」で、Z軸方向に1/2に縮小
  「2」なら2倍、「0.01」なら1/100になる。「0.5」なら最初の「0」を省略して「.5」でも大丈夫。

■ 元の位置、角度、大きさに戻す

Alt+G	▶ 位置を「0」に戻す
Alt+R	▶ 回転を「0」に戻す
Alt+S	▶ 倍率を「1.0」に戻す

■ レンダリング結果の画像表示

F11	▶ レンダリング結果の非表示/表示
Esc	▶ レンダリング結果の非表示

その他よく使用するショートカット

Shift+D	▶ 複製(Duplicate Objects)。続けてX、Y、Zで複製方向を指定することもできる。右クリックすると、同じ位置に重ねて複製されるので注意しよう
XもしくはDelete	▶ 削除
Z	▶ ワイヤーフレーム/ソリッド表示の切り替え
Ctrl+P	▶ ペアレント(Parent)

CHAPTER 02

ポリゴンモデリング❶

プリミティブに“ちょい加工”で
作れるものをさらに広げよう！

プリミティブを使うだけでは表現しにくくて、
もどかしい部分がある。
ここでは、ほんのいくつかの加工テクニックで、
作れるものを一気に広げるよ。

キャラクターがいる舞台を作れると、絵に物語が作りやすい。
モデリングがわかってくると、目にするあらゆる物の作り方をついつい考えるようになります。

CHAPTER 02

01 基本の考え方を身につけよう

たとえばコップを作りたいとき、プリミティブで一番近い形は円柱だけれど、
筒の太さを変化させたり、蓋を開けるのには「編集モード」が必要です。
このちょっとした加工の応用で作れるようになるものはとても多いのです。
最初にこの考え方を身につけましょう。

編集モードにチャレンジ

ここでは、コップを作りながら編集モードとモディファイアの操作に慣れていきましょう。
少し形を変えるだけですが、この基本はあらゆるモデリングに活きてきます。

モードの切り替え

STEP 01

オブジェクトモードでプリミティブを追加します。
P.28 を参考に、ツールシェルフの[作成]タブから円柱を選択します。
3Dビューのヘッダーから「編集モード」へ切り替えます。

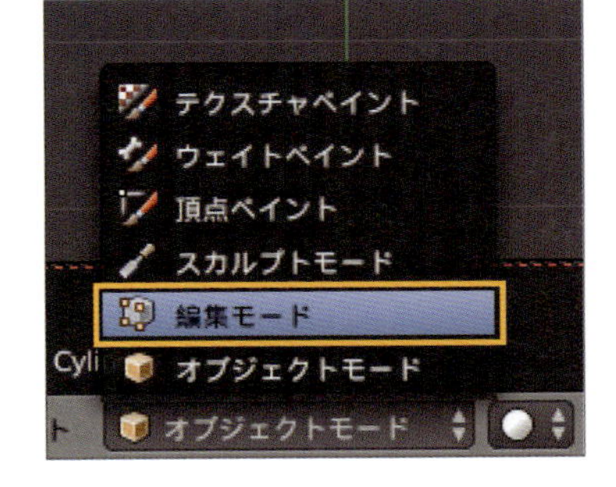

POINT 「オブジェクトモード」では配置を、「編集モード」では造形を行う。編集モードで全体の位置を移動すると、中心点がズレてオブジェクトモードでの操作がしにくくなるので、いまどちらのモードなのか、見失わないように注意しよう。
頻繁に切り替えるので、慣れたら Tab キーで切り替えるショートカットを使うのがおすすめ。

STEP 02

「選択モード」を切り替えます。「編集モード」では、「点選択・辺選択・面選択」の３つを切り替えて操作します。選択して移動・回転・拡大縮小するのは同様です。
「点選択」では頂点に（左）、「面選択」では各面の中心に（右）強調されたドットが表示されます。これで、現在の選択モードが把握できます。「辺選択」はドットは表示されません。

●点選択 ●辺選択

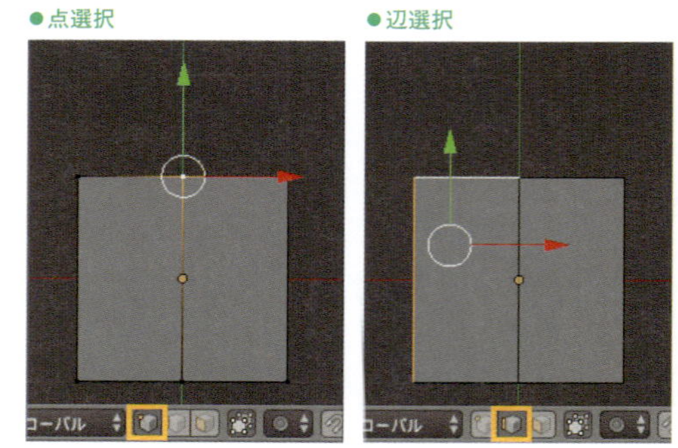

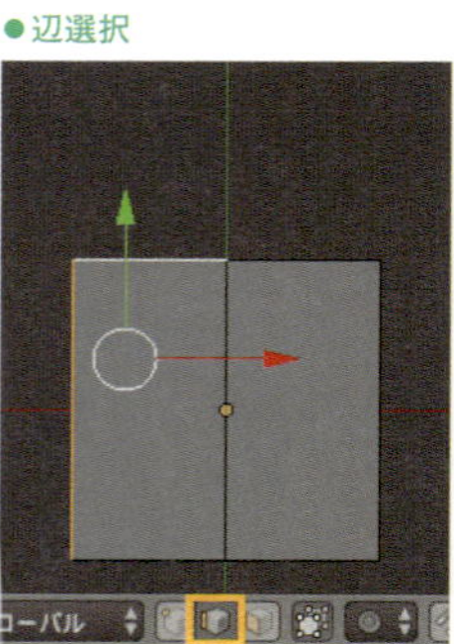

●面選択

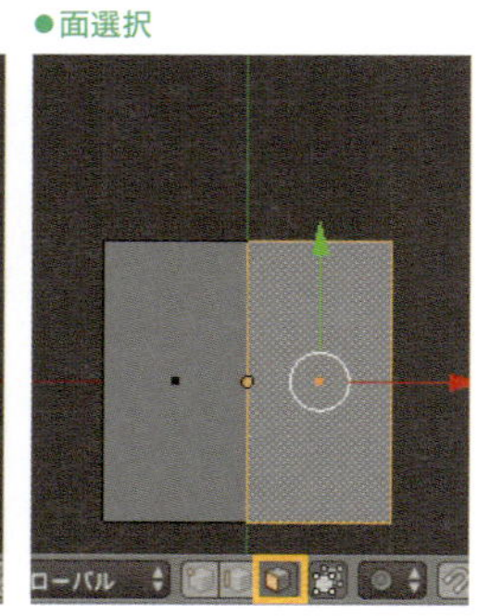

☑「編集モード」の操作

STEP 01

円柱の底を小さくします。画面を回転させて、コップの底の面を選択します。Ⓢキーで縮小すると、コップらしいシルエットが作れるはずです。

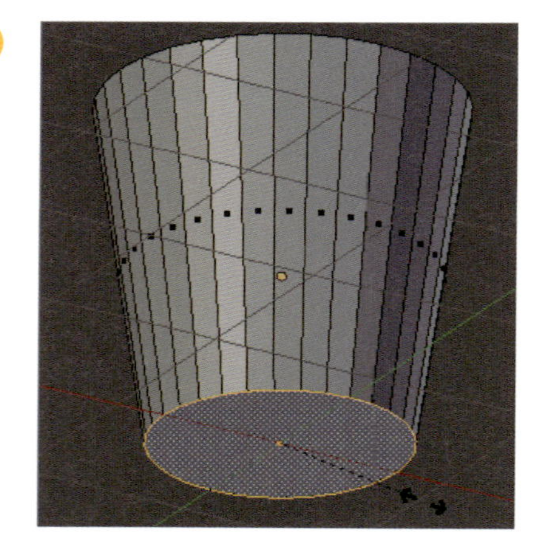

STEP 02

次にコップ上面が閉じられているので、「面選択」してⓍキーで削除します。複数の選択肢が表示されるので、ここでは「面」を選びましょう。
上面がとれて空洞になりました（図右）。

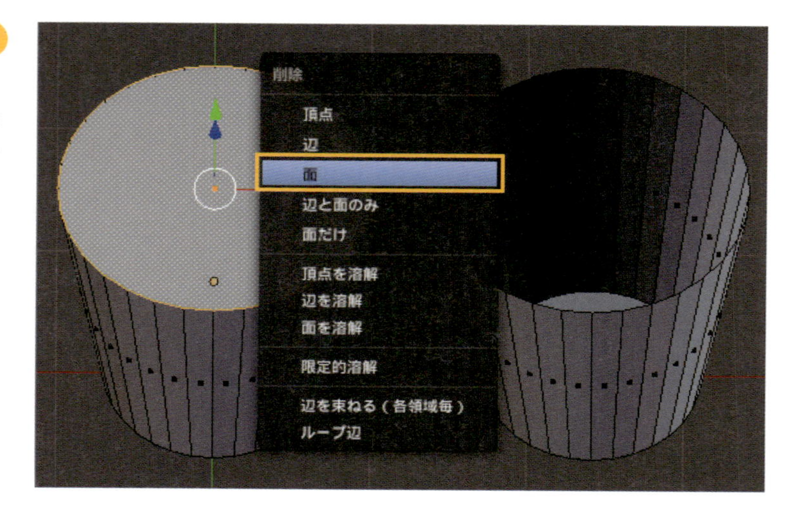

STEP 03

厚みを付けていきます。形ができあがってきたところで「オブジェクトモード」に戻りましょう。厚みを付けるにはモディファイアが便利です。プロパティの［モディファイア］タブをクリックし❶、「追加」❷-「厚み付け」❸を選びます。バランスを見ながらコップの「厚さ」の値を調節しましょう❹。

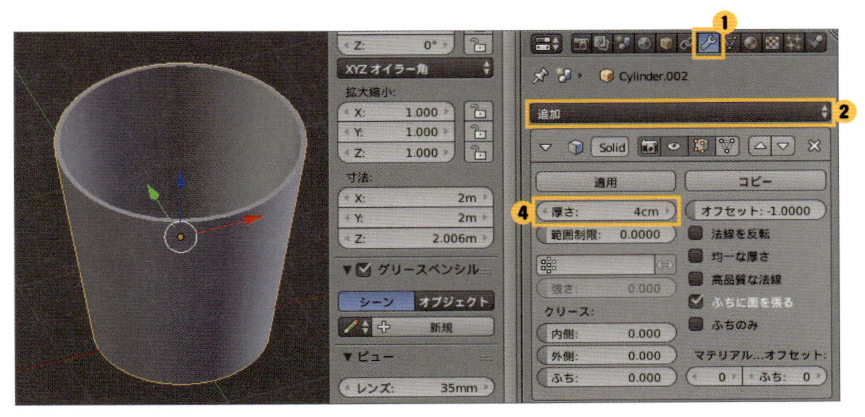

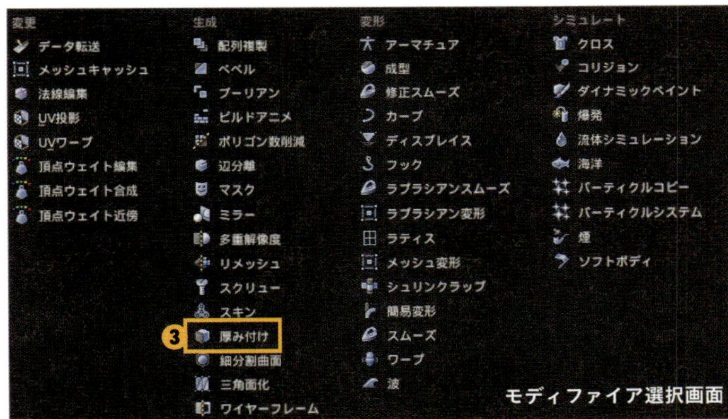

モディファイア選択画面

> **POINT** このとき、厚さの値が数cmになったはず。これは、最初に作った円柱の直径が2mあるためだ。今回は操作の練習なのでスケールを整えていないが、実際の大きさで作ると、今後別のイラストの中でコップを再利用するときにスケールが統一されるのでオススメ。また、厚みの付いた状態でポリゴンを編集したい場合は、「厚み付け」モディファイアの［適用］ボタンをクリック。適用してしまうと数値変更ができなくなってしまうので、丁寧に数値設定したあとで適用しよう。

形を変更する

作成したコップを複製して、少し形の異なるコップを作ってみましょう。飲食店でよく見かける、あの形です。
ここでは、「ループカット」を行います。ポリゴンの辺は曲線を描くことができないので、多角形としてカーブさせる必要があります。

☑ ループカットで形を整える

STEP 01

まずはポリゴンを分割します。編集モードに切り替えて、「ループカットとスライド（Ctrl+Rキー）」という機能を使用します。
マウスカーソルを辺に重ねると、その辺を半分に割るように紫のラインが表示されます。一度左クリックすると、次はマウスの移動でスライド、次の左クリックでいまの位置にループカット、右クリックすると辺のちょうど中心でループカットされます。ここでは、２本横方向にループカットします。

POINT 「ループカットとスライド（Ctrl+Rキー）」は、とても頻繁に使うので、ショートカットを覚えよう。

STEP 02

段差をつけます。それぞれを拡大縮小、必要なら切れ目の高さを移動で調整して、コップの形を作ります。辺をぐるっと一周選択した状態で、移動や拡大縮小しないと形が崩れてしまいます。Altキー＋右クリックでループ辺を選択でき、よく使うので覚えておきましょう。

POINT ２列以上まとめて選択肢したいときは、Alt+Shiftキー＋右クリックで追加選択できる。

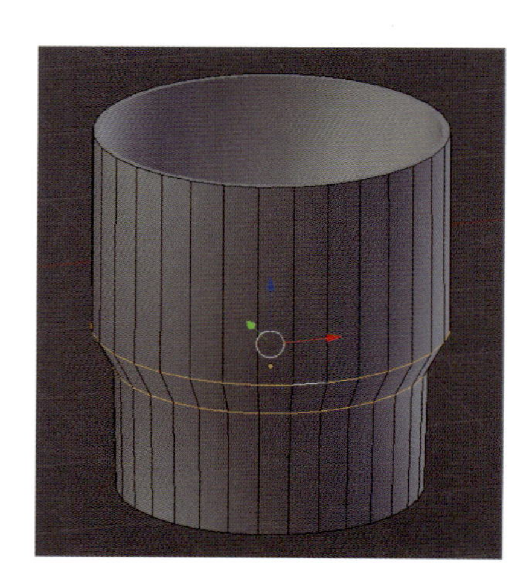

STEP 03

コップの輪郭にできたこの角を柔らかいカーブにするため、ベベルで角を丸くしていきます。辺を一周選択したら、ベベル（Ctrl+Bキー）をかけます。マウスを移動すると範囲を、マウスホイールを回すと分割数を変更できます。

POINT 角ばった形をモデリングするとき、角をほんの少し丸める作業を「面取り」という。この細かい仕上げでCGのクオリティはずいぶん変わって見える。実際に、身の回りの工業製品を触ってみても、痛いほど尖ったような角はないはず。
また、「ベベル」とは、角に傾斜を付ける機能のことで、ポリゴン分割して丸みを出すこともできる。身のまわりを観察しても角が鋭いものは少ないので、モデリングの仕上げによく使用する。

ガラスの質感を表現する

「Cyclesレンダー」のマテリアルは、ガラスや金属鏡面の質感をリアルに仕上げることを得意とします。グラスにガラスのマテリアルを足してみます。

マテリアルの設定

STEP 01

グラスのマテリアルを適用します。[マテリアル] タブ❶-[▼サーフェス]-「ディフューズBSDF」から「グラスBSDF」に切り替えて❷、3Dビューのヘッダーから「3Dビューのシェーディング」を「レンダー」に切り替えてみましょう。

POINT レンダー表示切り替えのショートカットは、Shift+Zキー。

STEP 02

ひとつのオブジェクトに複数のマテリアルを設定します。「編集モード」では、選択した面に別のマテリアルを設定して、色や質感を分けることができます。試しに、色分け用のループカットを追加してみましょう。[マテリアル] タブ❶で右側の＋ボタンをクリックして❷新規マテリアルを作り、面を選択した状態で❸[割り当て] ボタンをクリックします❹。

POINT 見分けやすいように、各マテリアルのビューの色も図のように付けておくといいでしょう。

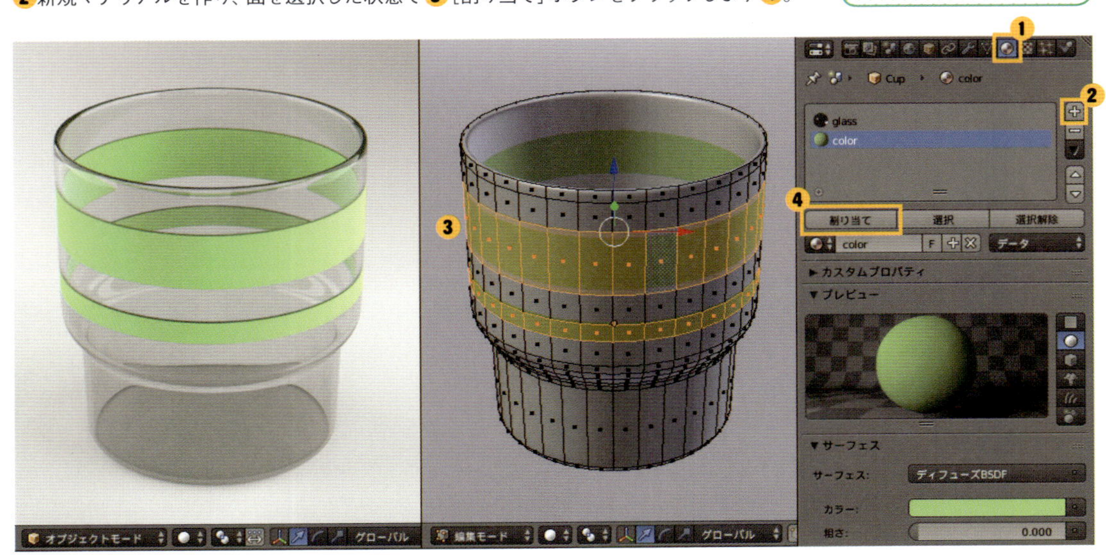

02 どう作ったのか考える

コップを作っただけでは、他のどんな物が作れるかまだ想像できないかもしれません。
いくつか作例を載せるので、どうやって作ったのか考えてみましょう。
どんな形も自分で作り方を考えられるようになります。

さまざまな形はどう作られる？

この章のイメージ（P.40）に使用したオブジェクトの作り方を見ていきます。
いきなりレベルが上がったように感じたかもしれませんが、ここまでで紹介した機能で作られていますよ。

イス

プリミティブを組み合わせただけの状態（左）。イスは背もたれと座面のベベルがポイントとなります。脚は徐々に細く、背もたれへ向けて若干角度がついている（右）のがわかるでしょうか。

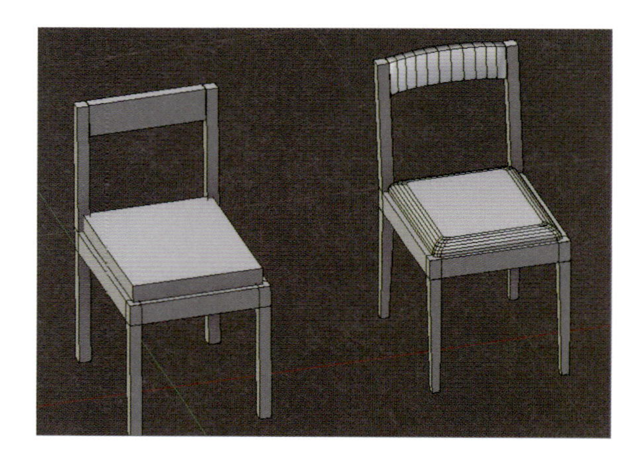

テーブル

プリミティブを組み合わせただけの状態（左）。このままでもいいけれど、テーブル天板の両端が丸みを帯びた形状に仕上げました（右）。天板下部も若干すぼませています。また、脚の先端はカーブを描くように細く加工しました。

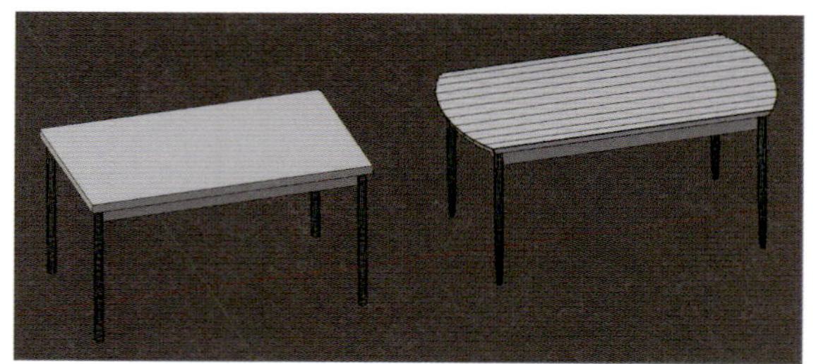

マグカップ

同じコップだけど、取っ手をつけてマグカップにしました。この取手は、平面を「ループカット」、さらに面を削除して“コ”の字を作り、その後、「厚み付け」モディファイアを使って［適用］ボタンをクリック。さらに、「編集モード」の「ベベル」で角を丸めています。

ポット

図右から順に、まず必要な素材を揃えます。次に「面削除」や「ループカット」、「移動・回転・拡大縮小」を駆使しておおまかな形を作っています。最後にベベルを使用して丸みを出しました。
取っ手や注ぎ口を作るには、Chapter.3 で解説する「押し出し」やChapter.5「カーブモデリング」を使用することで簡単に作ることができます。

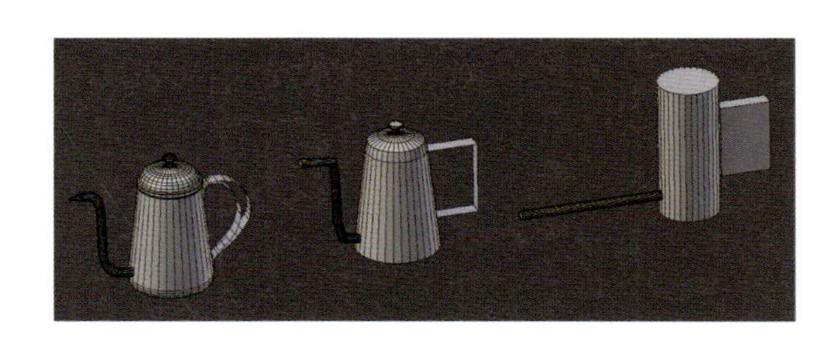

ここでは、工夫次第で多くの機能を知らなくともさまざまなモノが作れることを知ってもらうことができたでしょうか？
（読み進めたら、もっと簡単キレイに作れる方法を考えてみよう！）

POINT これらは本章のイメージに使ったモデルで、実在する商品サイズに作成。想像で作るより完成度がずっと上がるので、存在するものはできるだけ調べて作るようにしよう。クマのキャラクターも、腕や胴体にループカットを使って動きを少しつけている。

COLUMN

● プリミティブに分解できるかな？

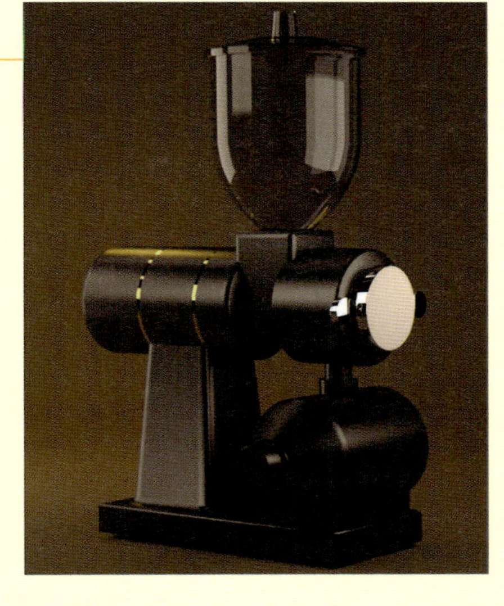

この例は、コーヒーミル（珈琲豆を砕いて粉にする機械）です。こういった物を見ると、構造があまりに複雑なので「まだ無理かも……」と思うかもしれません。しかし、落ち着いてプリミティブに分解して考えれば、コップ（P.41 ～）の応用で作ることができます。
自分の部屋にあるものをプリミティブで作れないか、よーく観察してみましょう（手元のマウスみたいに複雑な流線型のものは、もう少し読み進めてからチャレンジします）。

このモデルは、複数のシンプルな形状を組み立ててモデリングしています。パーツの分け所が見抜けると、作り方のアイデアが頭に浮かんできます。

図左がプリミティブの状態で、円柱と立方体だけでできているのがわかります。そこから、「ループカット」や「拡大縮小」を使うことで右側のモデルができ上がります。わかるでしょうか？　パーツが多くても、まずはプリミティブでどう組み立てるかを想像することで、さまざまなものを作ることができるのです。

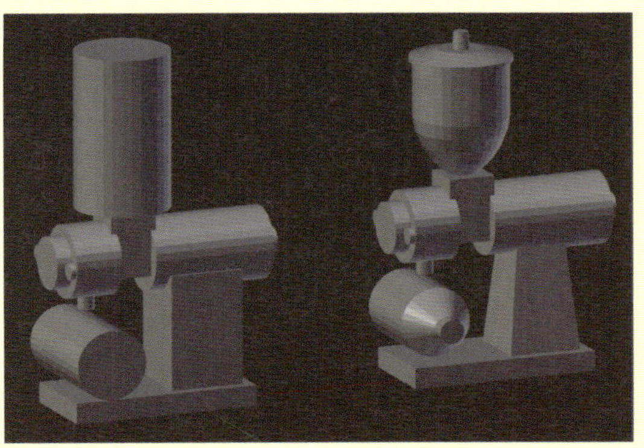

MODIFIERS & SHORTCUT KEY

この章で使用したモディファイアとショートカットキー

モディファイア

モディファイアは、オブジェクトモードで追加、適用します。

厚み付け(Solidify)	▶ 平面で作られたモデルに厚みをつけるモディファイア。「厚さ」の値でコントロールする。モディファイアを使用すると、[適用] ボタンを押すまで数値の変更が自由にできるのもメリット。適用するまではモディファイアで作られた部分に編集モードで変更を加えることはできない

ショートカットキー

Tab	▶ オブジェクトモード/編集モードの切り替え
Ctrl+Tab	▶ 編集モード時、頂点選択/辺選択/面選択の切り替えをマウスカーソル付近に表示
Ctrl+R	▶ ループカットとスライド(Loop Cut and Slide)。分割する辺にマウスカーソルをのせ、マウスホイール回転で分割数を増減。クリック後、マウス移動（または数字キー）でスライド、クリックで確定する。中心でカットしたい場合には右クリックで確定
Ctrl+B	▶ ベベル(Bevel)。選択した辺の角を丸めるように分割する。マウス移動で幅を広げ、マウスホイールで分割数を増減する
Shift+Z	▶ レンダー/ソリッド表示の切り替え

■「編集モード」での選択

Alt+右クリック	▶「ループ選択」、「頂点選択/辺選択」はクリックした辺の繋がり方向に、「面選択」の場合はクリックした辺を共有する四角形ポリゴンの流れに沿って選択される

CHAPTER 03

ポリゴンモデリング❷

もっと広がる編集モード！

プリミティブを組み合わせて、ここまででいろんな形が作れるようになってきた。
次は、流線型や柔らかい形をつくるテクニックを身に付けよう。
編集モードで作り足す方法も紹介するので、
ここがわかってくるとCGのメイキングを見るのが面白くなってくるはず。

ここで紹介する「細分割曲面」は、簡単になめらかなモデルを作ることができる楽しい機能。
本章で出てくる「押し出し」や「面を差し込む」といった機能と合わせて使うことで、
自由自在に造形できるようになってきます。
「編集モード」で造形しやすい少ないポリゴンで形を作って、
「細分割曲面」で美しく仕上げるのがモデリングの基本。
シャープな形を保ちたい部分のコントロールに慣れてしまえば、モデリングがもっと楽しくなります。
この作例は、草も四つ葉もキノコも小石も、ぜーんぶ「細分割曲面」で作られています。

CHAPTER 03

01 「細分割曲面」を使用する

「細分割曲面」は、「厚み付け（P.43）」と同様にモディファイアの中にある機能です。

「細分割曲面」でポリゴンを滑らかにする

例として、ぼくが毎日水やりして育てている青シソの芽をモデリングしました。
英語でサブディビジョンサーフェス（Subdivision Surface）と呼ばれることも多いので覚えておきましょう。

カクカクした少ないポリゴン数のモデル(左)に「細分割曲面」モディファイアを使うと、なめらかな形状にしてくれる(右)

「細分割曲面」を使用する

STEP 01

「細分割曲面」モディファイアを追加します。作業モードを「オブジェクトモード」の状態で、オブジェクトを選択し、プロパティから［モディファイア］タブを選択します❶。「追加」メニューをクリックします❷。モディファイアの一覧が表示されるので、「細分割曲面」を選択します。「追加」の下に「細分割曲面」のメニューが追加されました❸。

POINT 「細分割曲面」モディファイアには、「細分化」の数を指定する設定があり、数値が増えるほどポリゴン数が増えて、丸みを帯びていく。

STEP 02

ポリゴンを増やします。図ではシソの芽のモデルと1枚の平面を並べて、それぞれ「細分割曲面」の細分化を「0」から「3」まで上げてみました。1ポリゴンが4ポリゴン、16ポリゴン、64ポリゴンと増えてゆくのがわかるでしょうか。ポリゴン数が増えすぎると、パソコンの性能次第で動作が遅くなったり、レンダリング時間が伸びたりするため、多くても「3」程度に抑えるとよいでしょう。

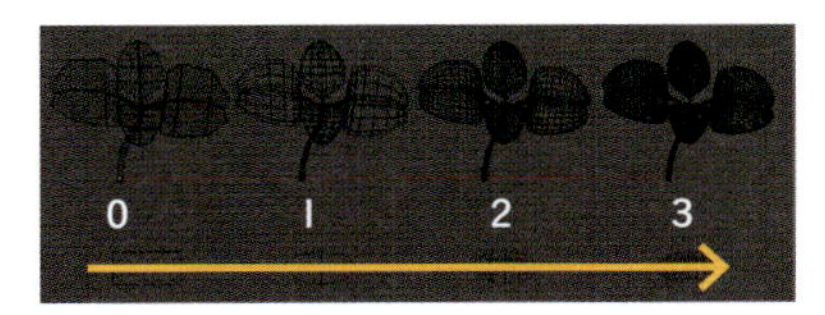

●「細分割局面」の数での変化

POINT 数値がビューとレンダーに分かれているのは、動作を快適にするための工夫。モデリングなどの操作が遅くならないようにビューの値を低く設定し、時間がかかってもかまわないレンダリング時には細かく分割するように、レンダーの値を高く設定しておくと便利。

POINT 「細分割曲面」の利点は、少ないポリゴン数で編集できて、きれいな形にレンダリングできること。ポリゴン数が多いと、形を編集するときに操作しなければならない頂点数が多く、きれいな形を保つのが困難になってしまう。細分割曲面を使用して、やわらかく葉を曲げた(左)。ポリゴン数の多い状態で葉を曲げようと試みたが、なめらかに仕上がらない(右)。

CHAPTER 03

02 「押し出し」と「面を差し込む」を使おう

自由な形をモデリングするために欠かせない機能が「押し出し」、
そして押し出しをするための面を用意するのに便利なのが「面を差し込む」です。
一緒に帽子を作りながら、この２つの連携技を身に付けましょう。

編集モードの「押し出し」と「面を差し込む」を使う

ここでは、サボテンにかぶせた帽子をモデリングしながら、「編集モード」の便利機能、「押し出し」と「面を差し込む」を紹介していきます。

☑ プリミティブで凹凸を作る

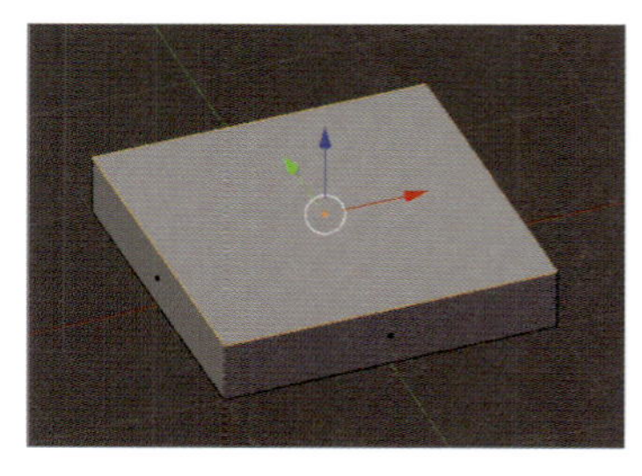

1 ツールシェルフの［作成］タブから立方体を選択します。編集モードで立方体の上面を選択後、Z軸に移動して薄くします。

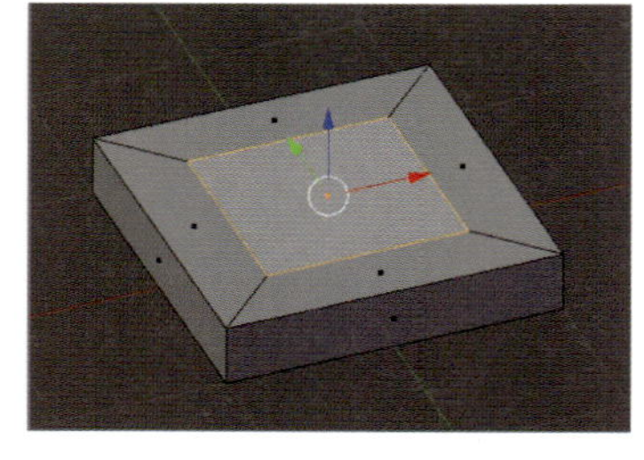

2 Iキーを押して「面を差し込む（英語ではInset Faces なので、頭文字のIがショートカット）」で、マウスカーソルを近づけると、面の内側に新たな面が作られます。

POINT 「面を差し込む」を使用するときは、マウスカーソルを選択した面から少し遠ざけておこう。マウスカーソルと中心点との位置関係が操作に関連しており、「面を差し込む」の場合、マウスカーソルが中心に近付くほど新しい面が縮小されてゆくので、元から近すぎると操作がしにくくなる。これは拡大縮小（Sキー）や回転（Rキー）なども同様だ。

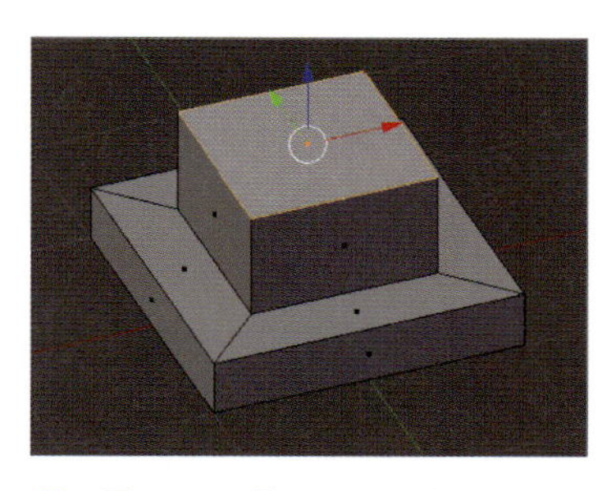

3 Eキーで「押し出し（英語ではExtrude なので頭文字のEがショートカット）」で、マウスカーソルを動かすと、新たな面が押し出されます。

4 「細分割曲面」モディファイア（P.51）を使って丸くします。 帽子というには形がまだユルすぎるので、調整していきます。

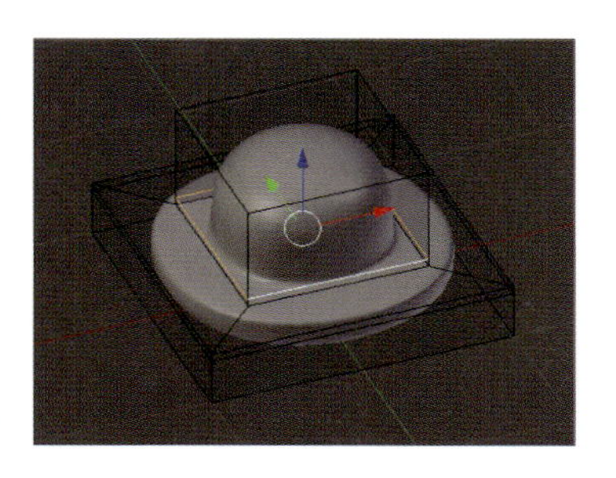

5 「細分割曲面」を自在にコントロールするコツは「ループカット」です。頂点と頂点の間隔が狭いほどシャープな形になり、離れているほど丸みを帯びます。メリハリを利かせたい部分に「ループカット（P.44）」を入れてみましょう。

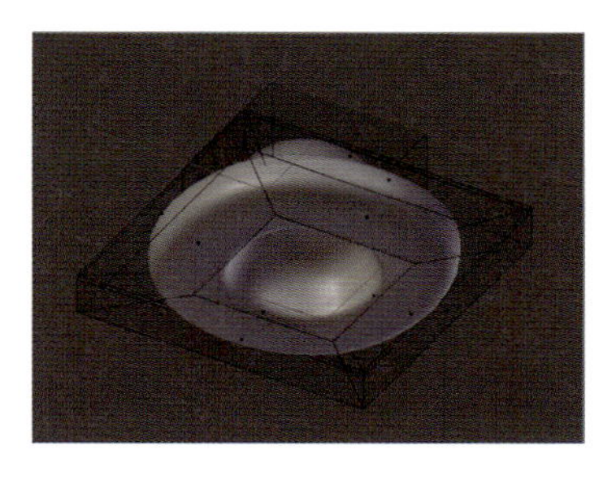

6 裏面も同様に、「面を差し込む」と「押し出し」で凹みを付けます。押し出しは、凹凸どちらの表現にも使えるので覚えておきましょう。

これで帽子ができあがり！　形を整えたり、少し歪ませてこだわるのもよさそうです。
「押し出し」と「面を差し込む」の２つは、枝分かれさせたり、凹凸を作ったりするのになくてはならない機能です。
ここまでの機能を駆使すれば、作り方がわからずに困る形のほうが少ないくらいになってきたはず。
どんどん応用してみてください！

「押し出し」で自由な形を表現する

イルカのバルーンを例に、
「押し出し」のコツを見ていきます。

最初に帽子の作成と同様、編集モードで 立方体から「押し出し」や「ループカット」を用いて胴体を作りました。ここからヒレの部位を押し出したいのですが、ポリゴンが少なすぎるため、押し出すきっかけが作れません。
そこで、「細分割曲面」モディファイアを適用して細かいポリゴンにし、ヒレの付け根の面を選択、「押し出し」を行いました。

ヒレの形を調整するのはやや難しいので、半分だけ作って左右対称にコピーします。

ミラーモディファイアを使用する

そこで、便利なのが「ミラー」モディファイア。

❶「ミラー」モディファイアは、作業モードを「オブジェクトモード」の状態で、オブジェクトを選択し、プロパティから[モディファイア]タブを選択します。

❷「追加」メニューをクリックします。

❸モディファイアの一覧が表示されるので、「ミラー」を選択します。「ミラー」のメニューが追加されました。

❹「ミラー」モディファイアのクリッピングにチェックを入れておくと、ミラーの中心が移動して穴が開いたり、重なったりしてしまうのを防いでくれます。

❺「ミラー」モディファイアを使用した状態で「編集モード」に移ると、実際に操作できるポリゴンだけがワイヤーフレーム表示されます。

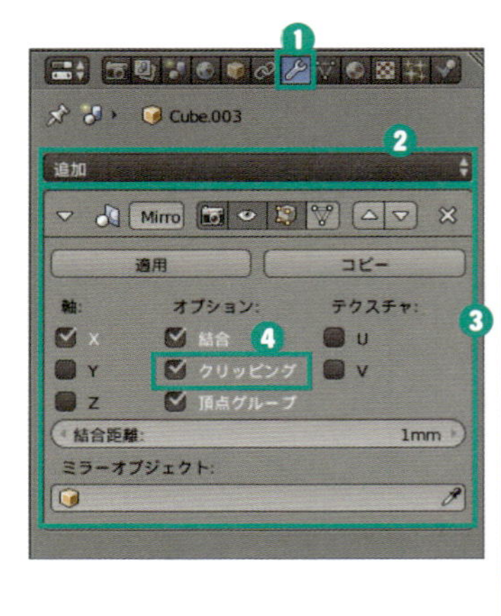

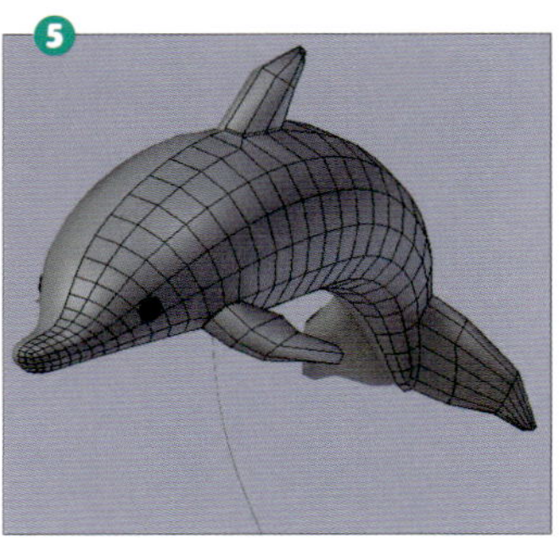

POINT 最初に、左右どちらか半分の面を削除しておき、その後、「ミラー」モディファイアを使えば、編集中も左右対称で表示される。オブジェクトの原点を中心にミラーされるので、中心がズレないよう気を付けよう。

なめらかに作るために

きれいに作るコツは、最低限のポリゴンで、できるだけ均等に、形の流れに沿ったポリゴンを作ることです。形を見たとき、ワイヤーフレームが想像できるようになってきたら、モデリングがしっかりわかってきた証。

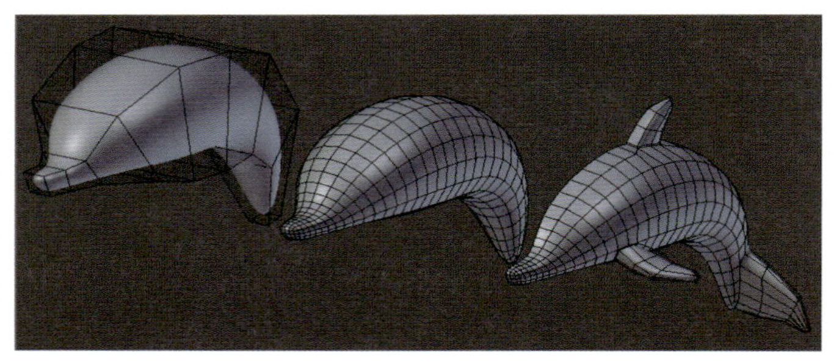

●ワイヤーフレームの例

どの程度細かく割るかは、「形を整えるため、すべての頂点を操作するのがウンザリしない程度」にするのがコツ。

曲線を描くために分割を増やすけれど、直線を分割するのは特殊な場合だけです。できるだけ減らして、各ポリゴンの存在理由が説明できると理想的です。考えすぎなくてよいけれど、ムダに多いと苦労するのが『「細分割曲面」を使う前のポリゴン』なのです。

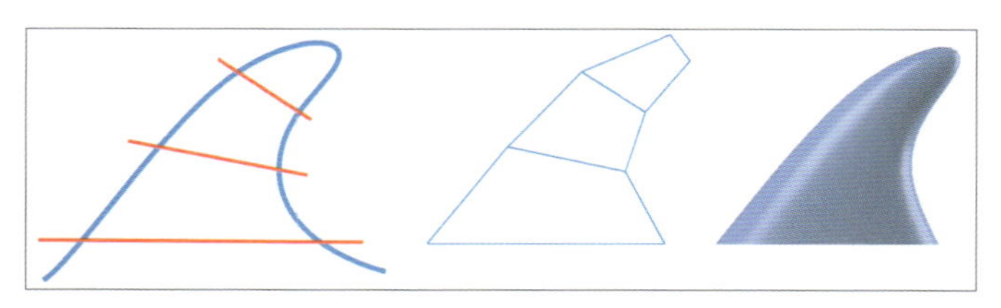

●頂点の操作をできるだけ少なくする

「面を差し込む」を使って「押し出し」を組み合わせる

**「押し出し」を便利に使うには、
押し出す面を上手に用意するのがポイント。
たとえば、お城の銃眼付き胸壁（でこぼこの部分）を
作るには、ひとつ置きに選択できる
四角形ポリゴンを用意すると作りやすそうですね。**

プリミティブから押し出す

❶塔に似たプリミティブとして、オブジェクトモードで円柱を作ります。
❷次に円柱の編集モードで上の面を選択し、「面を差し込む」を使ってできた四角形のループ（図左）を、ひとつおきに選択して「押し出し」すると、図右のようになります。
隣同士が繋がっていない面を選択すると、個々に別の突起として押し出されます。押し出すきっかけになる面をどうやって作るか工夫しましょう。

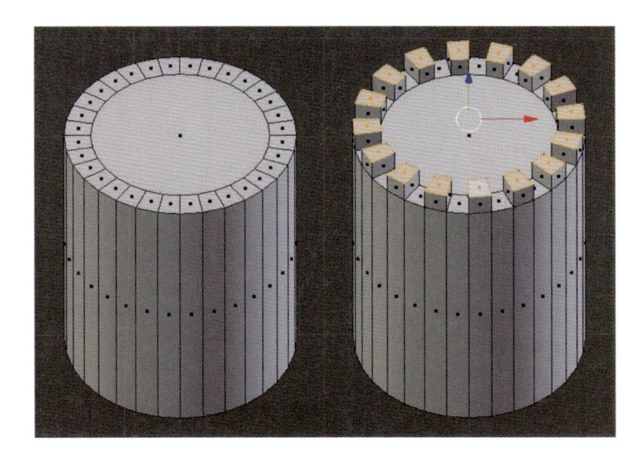

POINT 平面や円のプリミティブから、「面を差し込む」の後、内側を削除してから「押し出し」をすると、穴の空いた形を作ることもできる。

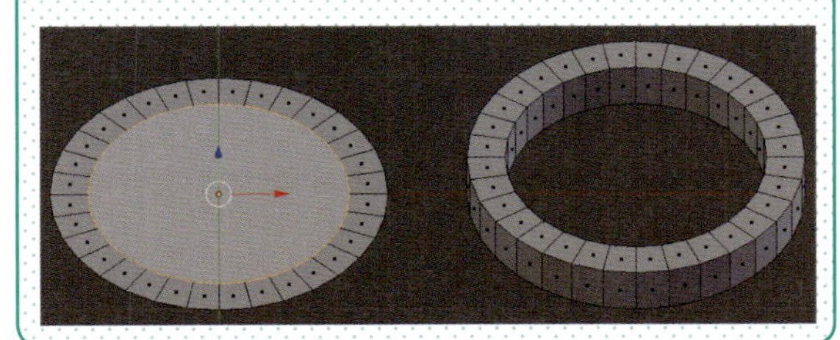

CHAPTER 03

03 さまざまな造形のアイデア

ここまでのテクニックを応用すると、さまざまな形をモデリングすることができます。ここでは応用のアイデアや、ちょっとした仕上げのコツを紹介していきます。

作りたい形に仕上げる

ギザギザを作りたい

ギザギザを作るときは、円の頂点をひとつおきに選択して(P.143の[チェッカー選択解除]も便利)、「拡大縮小」します。ひとつひとつ頂点を移動すると形が歪んでしまうので、太さを変えるときなども、ループ辺を選択してから拡大縮小するのがいいでしょう。

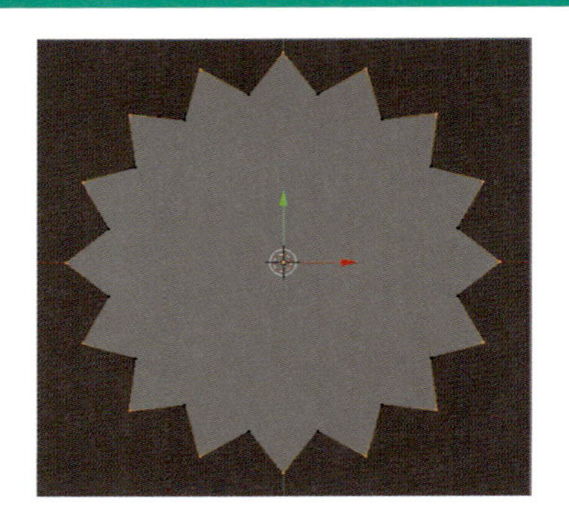

円柱プリミティブからコップを作りたい

「凹凸を作る」の帽子(P.52)の応用で、円柱からコップを作ることもできます。しかし、ここで「細分割曲面」を使うと、底がちょっと変な形に……(左)。
こういうときは、底面のみを選択して「面を差し込む」を使い、四角形のループを一周作ると、なめらかな形に仕上がります(右)。

凹凸をモデリング

図のような凹凸のモデリングも簡単にできます。最初にいくつか「ループカット(P.44)」しておくと、ブロック玩具もすぐにできてしまいます。

ブロックの凹凸を作る

1 出っ張りが欲しい分だけループカットします。

2 それぞれの面に「面を差し込む」を使います。隣接した面を一度にやろうとすると、ひとつの大きな塊になってしまうので注意。

3 「押し出し」を使って出っ張りの高さを出します。細分割曲面を使うつもりなので、根元に分割線が入るよう、2度に分けて押し出ししています。

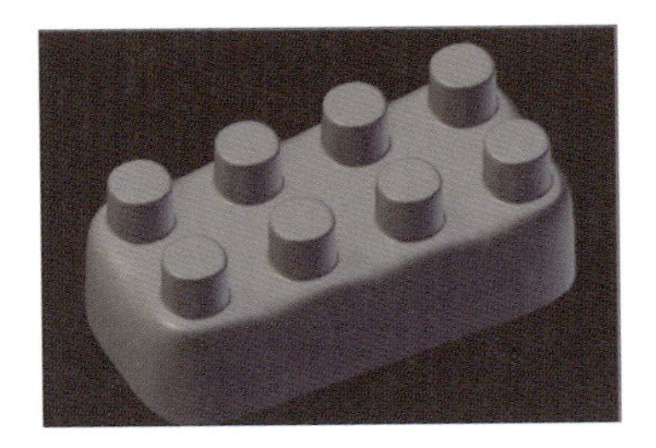

4 オブジェクトモードに移り、「細分割曲面」モディファイアを使用したところ、ブロックの角が丸まってしまいました。

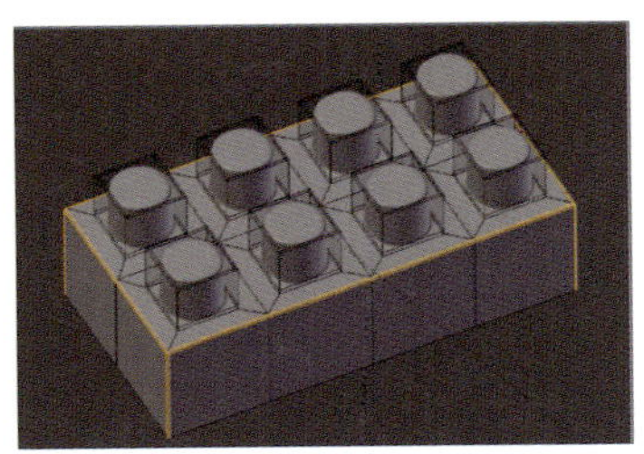

5 編集モードの辺選択で、角を立たせたい辺を選択し、「ベベル」で角を落としてできあがりです。「ベベル」を使うと頂点の間隔が狭くなるので、細分割曲面を使っても元の形に近い造形になります。

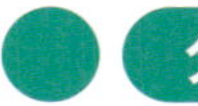

分岐を作るアイデア

キャラクターモデリングでは特に、腰から脚を押し出す、手のひらから指を押し出すなど、
分岐を頻繁に使います。今すぐ必要なくても、一度練習しておくといいでしょう。

押し出しで二股に分岐させる

胴体から脚を押し出すなど、二股に分岐させたいときによく使う手順です。
❶胸と腰を分けるように「ループカット」します。
❷股下の面をX軸方向のみ縮小する（S→Xキー）。これで足の付け根ができました。
❸脚の付け根の面を選択し、押し出しで脚を作ります。
❹斜めになってしまった先端を平らにするため、Z軸のみ「0」まで縮小します（S→Z→0キー）。
股の隙間がいらなければ三股分岐もできます。

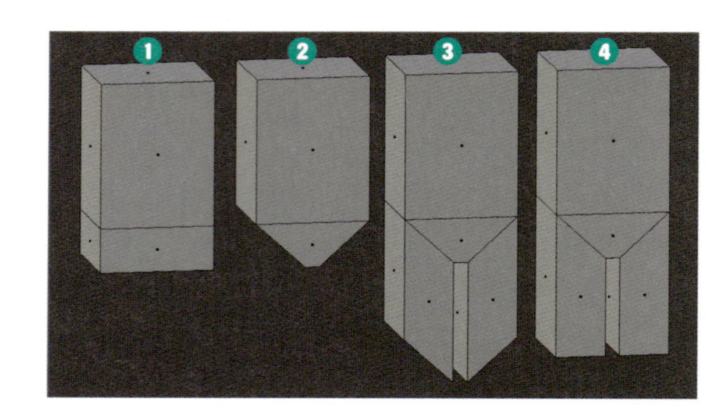

「面を差し込む」で2列を4列に増やす

手をモデリングするとき、指を４本押し出すために、腕までポリゴン数が増えてしまうと作りにくいのですが、「面を差し込む」を使うことですべて四角形ポリゴンのまま、２列を４列に増やすことができます。図は、手首の断面が八角形の場合（右上）の例と、手の厚みに分割のない、よりシンプルな六角形の場合（右下）の例です。

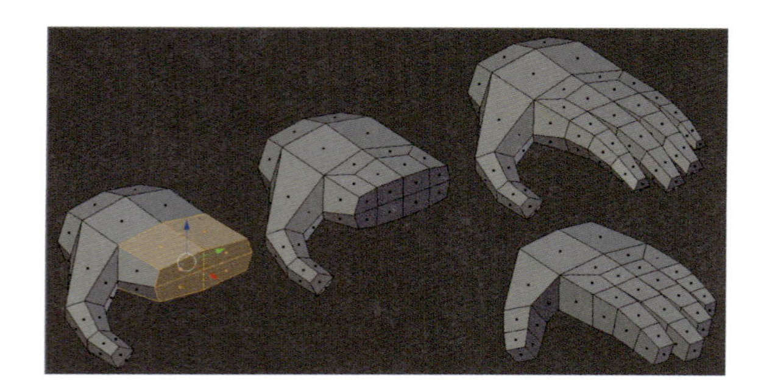

思いどおりに「押し出し」のきっかけを作るのは、パズルのような感じです。
『CGWORLD』などCG技術の専門誌、3Dモデルデータの投稿サイトSketchfab、
クリエイター個人のブログなどで目にすることができる、
上手なモデルのワイヤーフレームをたくさん観察して、テクニックを見抜いてみましょう。
YouTubeのビデオチュートリアルもおすすめ。
外国語のビデオでも、動画なら作る手順や何をしているのかがわかります。

MODIFIERS & SHORTCUT KEY

この章で使用したモディファイアとショートカットキー

モディファイア

細分割曲面 (Subdivision Surface)	▶ 面を分割してなめらかな曲面を作るモディファイア。細分化の数値で細かさを指定する。「ビュー」はモデリングなど操作時の細かさ、「レンダー」はレンダリング時の細かさ。パソコンの動作が遅くなってしまう場合は、ビューの値を下げておくといい
Ctrl+数字キー （テンキーではないほう）	▶ 指定した分割数の細分割曲面モディファイアが追加できる
ミラー(Mirror)	▶ 鏡面コピーしたメッシュを生成するモディファイア。編集しても常に同じ状態を保ってくれるので便利。また、左右にかぎらずZ、Y、Zそれぞれの軸方向に鏡像を作ることもできる（うまく使えば、テーブルの脚を1本作るだけで4本仕上がる！）

[ミラーの使い方]

❶文字の「M」を作成。片側のみしか作っていないが、もう半分をミラーモディファイアで表示している。モデリング時にミラーの中心（接合部）の 中心が切り離されないようにするには、「クリッピング」にチェックを入れるといい。

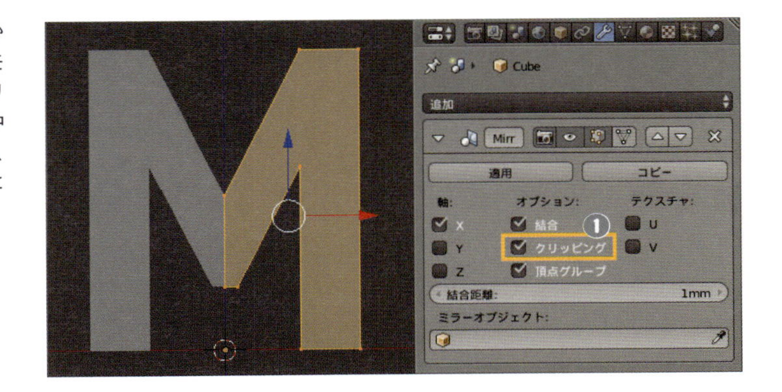

❷「ミラー」はオブジェクトの原点（図）を中心に作られる。ズレた場合は、ミラーの中心にしたい頂点をすべて選択してS→X→0キー（X軸方向へ「0倍」に縮小して揃える）、その後Nキーでプロパティシェルフを表示して、中点のXを「0m」にする。

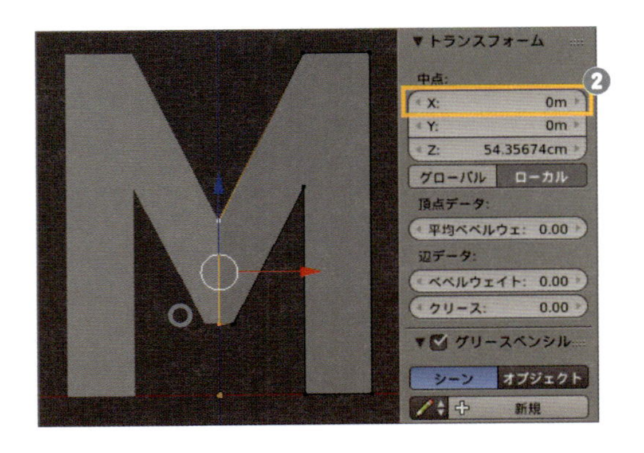

ショートカットキー

E	▶ 押し出し (Extrude)。選択した面から、法線方向(面の正面)へ新しい面を押し出す
I	▶ 面を差し込む (Inset Faces)。選択した面の内側へ新たな面を作成する

Tips

■ 平面化したいとき

完全に平面化したいときは、拡大縮小でXYZ軸のいずれかを「0」にする。Z軸の場合、ショートカットキーは(S→Z→0キー)の順。移動・拡大縮小・回転はオブジェクトモード編集モード、両方で行うことができる。

■ 細分割曲面のテクニック

「細分割曲面」は頻繁に使うので、ショートカットキーを覚えておくと便利。オブジェクトを選択して、Ctrl+数字キー0～5(テンキーではない)数字は「細分化：ビュー」の数値になるので、細かく表示したい、一度分割数を落として描画を軽くしたい、といったときにも使うことができる。Ctrl+0キーは、細分化していない状態で表示される。
レンダリングの仕上がりは、ビューの分割数に関係なく、レンダーの数値が使われるため、「細分化：レンダー」の数値を設定するのを忘れないように。細分割曲面はオブジェクトモード。

CHAPTER 04

ポリゴンモデリング❸

編集モードの細かなアイデアとテクニック

モデリングに慣れてきて、細かなところまで作り込んでいくと、
「増えすぎたポリゴンを減らしたい」とか「ループカットじゃ切りにくい」
と感じる場面も出てくるはず。
扱いにはちょっと慣れが要るけど、この章では便利な小技を紹介するよ。

本章で説明するテクニックを使いこなせるようになれば、自由な形で穴を空けたり、
複数のオブジェクトを組み合わせて素早く基本形を作り上げてイメージをつかんだり、
分割の欲しいところへ自在に切れ目を入れたりと、モデリングのアイデアが豊富になり、
困ったときの解決手段もさまざま考えられるようになります。
大きな変更を加えることができるぶん、雑に扱うと修正が難しくなるので、
仕組みを理解するよう意識しましょう。

CHAPTER 04

01 便利なモデリング機能

ここまで理解できてきたならば、もっと便利な機能を使いこなしてみましょう。
別々に作ったモデルを繋いだり、思い通りの形で穴を開けたり、もっと自由にポリゴン分割したり。
ここまで使いこなせれば脱初心者です！

辺ループのブリッジ

辺ループのブリッジは、ひとつのオブジェクトの中で、離れた２つのループ辺の間に新しい面を作って接続する機能です。別のオブジェクトの辺ループを接続したいときには、あらかじめオブジェクトモードで統合（Ctrl＋J キー）して、ひとつのオブジェクトにする必要があります。

コーヒーカップの取っ手をつなぐ

コーヒーカップの取っ手を「押し出し」で作っていたとします。しかし、最後に気付くでしょう。「どうやって繋げばいいんだろう……？」もちろん可能なことです。

❶まず、繋ぐ面を２か所選択します（実際には辺のループを選択している）
❷ Ctrl＋E キーで辺の機能を呼び出し、「辺ループのブリッジ」を選択します。「辺ループのブリッジ」の使用は、同じオブジェクト内でなければできません。
プリミティブモデリングのように別々のオブジェクトだった場合、ひとつにするにはオブジェクトモードで Shift キーを押しながら複数選択して、Ctrl＋J キー（統合）を押しましょう。

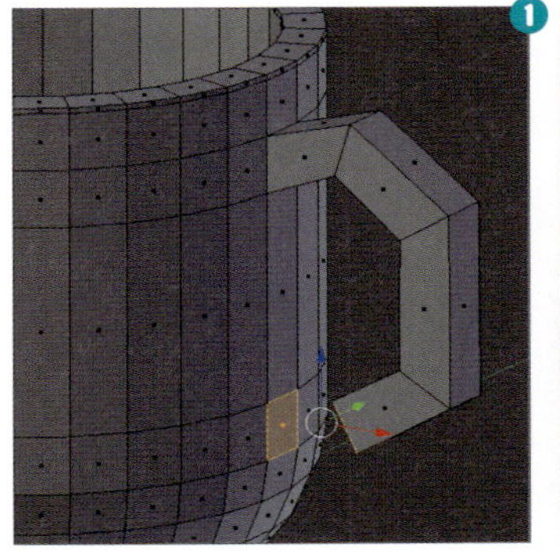

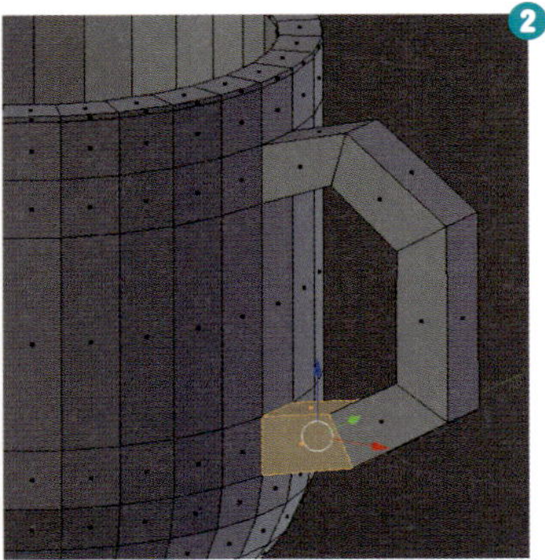

POINT 辺ループのブリッジは難しそうな名前だけど、実際に数値を操作して結果を見れば感覚的にわかるので恐れずに触ってみよう。「細分割曲面」ではなく、こちらできれいに仕上げる手段もあるので試しておくと自分の武器になる。
また、異なる頂点数でもブリッジできるが、三角ポリゴンが多く作られてしまうため、「細分割曲面」を使って滑らかに仕上げるのは難しくなってしまう。

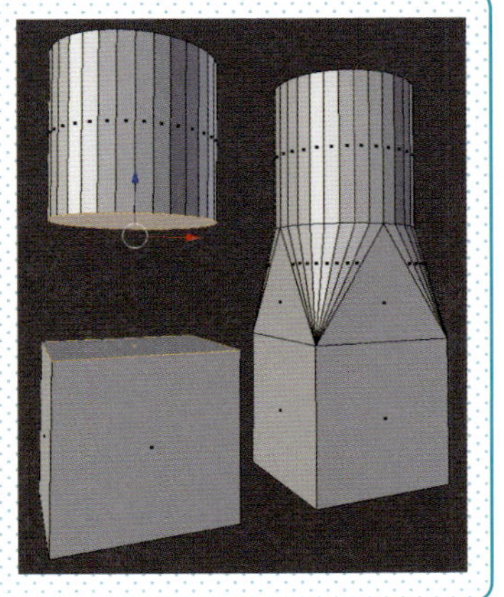

頂点数の異なるふたつの面を「辺ループのブリッジ」で繋いだ例

POINT 「辺ループのブリッジ」を使うときには、ツールシェルフの「オペレーター」に分割数、プロファイル係数、プロファイル形状（曲線を作ってくれる）などをコントロールして、スムーズな繋ぎを作るための項目が表示される。実際にやってみよう。

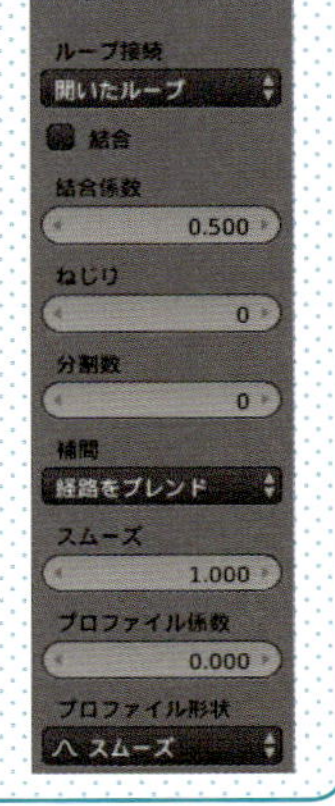

ブーリアン

「ブーリアン」は、複数のオブジェクトを使って片方の形でくり抜いたり、交差した部分だけにしたり、合わさった形にするモディファイアです。どちらかというと、「細分割曲面」を適用したあとのポリゴン数の多いモデルに使用しますが、工夫次第で作りにくい形を簡単にモデリングすることもできます。例を見ていきましょう。

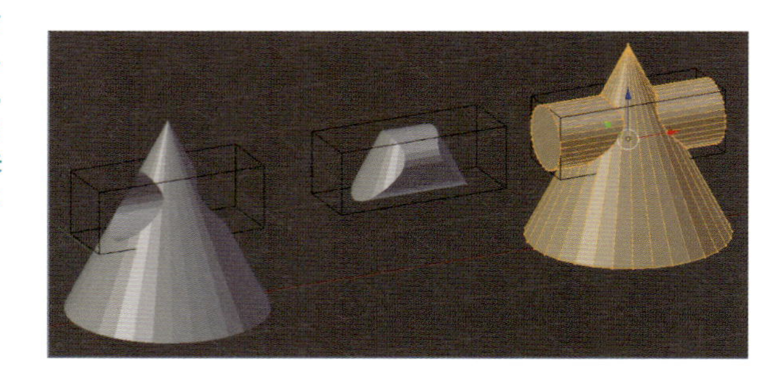

かぼちゃの顔部分をくりぬく

「ブーリアン」の手順はちょっとややこしいので、ハロウィンのかぼちゃを例に、顔の部分を切り抜く作業手順を紹介します。立方体やUV球などのプリミティブで試しにやってみましょう。

POINT ブーリアンは複雑なことを行う機能なので、元のポリゴンが綺麗でないと、うまく機能しないことがある。多角形や、交差しているなど形の整っていないポリゴンは、できるだけ減らしておこう。

ブーリアンを適用する

1 切り抜かれるオブジェクトと、切り抜き用のオブジェクトを用意します。
どちらのオブジェクトも、モディファイアを使用しているなら「適用」しておきましょう。形をわかりやすくするため、図のように配置していますが、実際には顔の位置に重ねます。

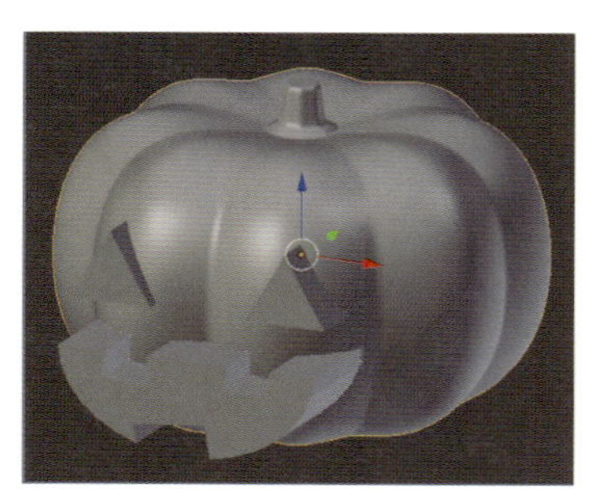

2 切り抜かれる（残る側の）オブジェクトを選択します。

POINT 3の時点でブーリアンの操作は完了だが、切り抜き用のオブジェクトがそのまま表示されていて、結果が確認しづらくなっている。そこで、次の手順で切り抜き用オブジェクトの表示方法を変更していく。

3 「ブーリアン」モディファイアを追加します1。まず「オブジェクト」から切り抜き用のオブジェクト名を選択します2。空欄のときに表示されている、スポイトのアイコンをクリックしてから切り抜き用オブジェクトをクリックすると、直感的に選択できます。[演算：]は「差分」に変更します3。

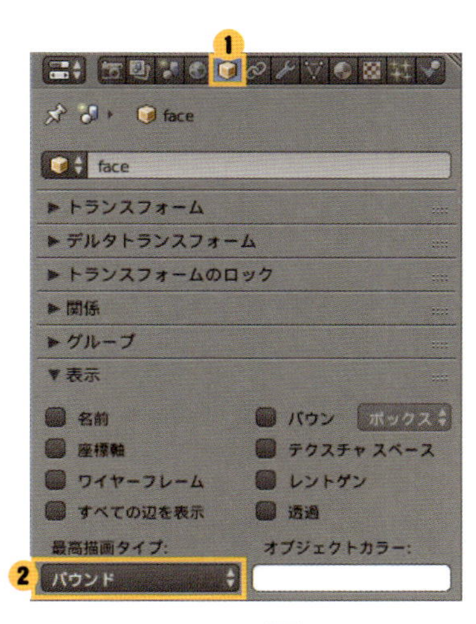

4 プロパティから［オブジェクト］タブをクリックし❶、［▼表示］から、［最高描画タイプ：］を「バウンド」に変更します❷。

POINT 「バウンド」とは、バウンディングボックスと呼ばれる、オブジェクトを包む最小限の大きさの箱で描く表示モード。面も複雑なワイヤーフレームも表示しないので、奥のものが見やすくなる。

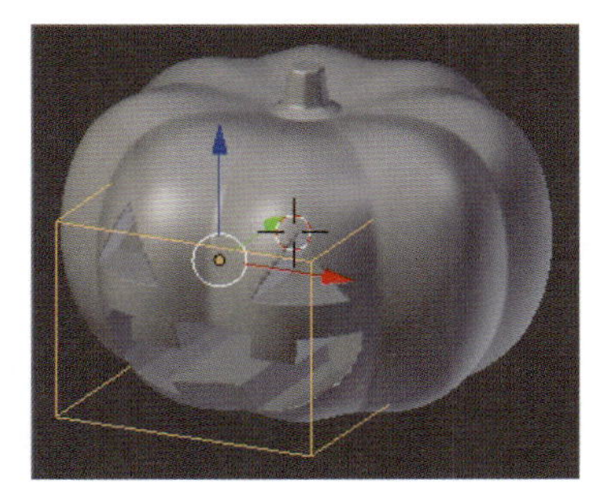

5 切り抜き用オブジェクトを選択します。このように、切り抜かれた状態が確認できるようになります。ブーリアンは複雑な作業なので、ときどき正確に行われない場合もあります。そんなときは、演算を別のタイプに切り替えたり、双方のオブジェクトに面の消えている穴がないか確認してみましょう。

6 今回はかぼちゃの中身を空洞にしてくりぬいた状態にしたいので、「厚み付け」を使用しています。「ブーリアン」モディファイアを適用して、切り抜き用オブジェクトは削除します。編集モードで目・口の中のポリゴンを削除して穴を開けます。「厚み付け」モディファイアを追加します。

POINT じつは、口の形を作るのにもブーリアンを使用している。円柱から切り出せば、簡単に作れることがわかるかな？

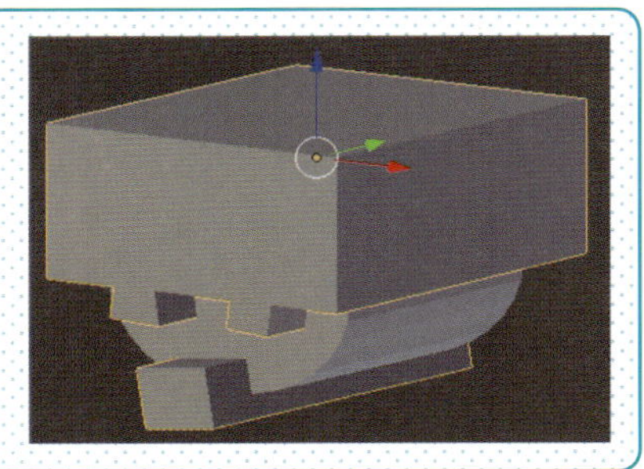

ナイフ

「ナイフ」はポリゴンに切れ目を入れる機能です。「ループカット（P.44）」と異なり、クリックした位置に自由に切れ込みを入れることができます。しかし、三角ポリゴンや多角形ポリゴンが発生しやすく、「細分割曲面」の形が歪みやすいので、注意が必要です。

ナイフを使ったポリゴン分割

多角形ポリゴンは、ナイフを使って四角形に分割していくこともできます。最初は、多角形ポリゴンを気にせず形を作って、最後に「細分割曲面」がきれいになるよう四角形に組み直すと、複雑な形も作りやすくなります。
ここで紹介するツールは使いこなせば強力なので、積極的に使ってクセをつかみましょう。

ナイフの使い方

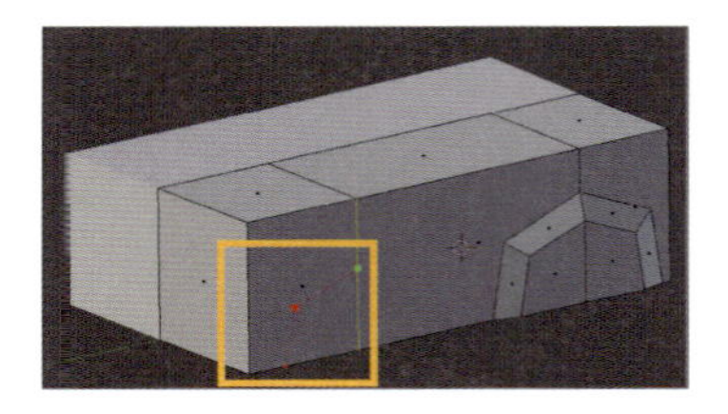

1 編集モードでKキーを押し、「ナイフ」で新たな切れ目を作ります。面の途中でポイントを作ることも可能ですが、多角形が生まれます。

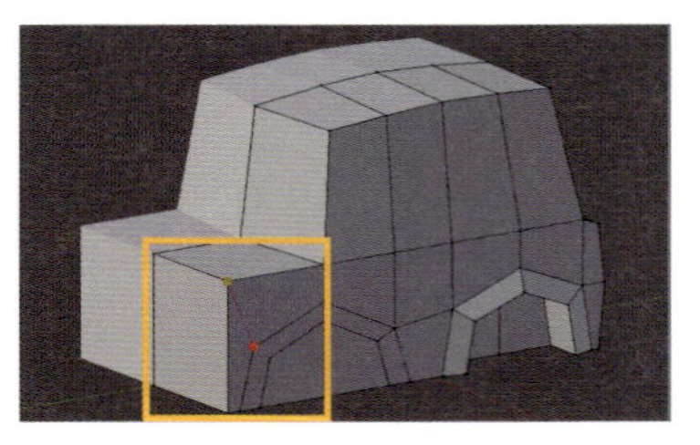

2 多角形ポリゴンを四角形に分割しているところ。六角形に切れ目を入れて四角形２つに分割しました。

POINT ナイフの使用手順

編集モードでKキー（KnifeのK）を押し、[ナイフ] ツールに切り替える。
クリックするたびに切れ目が作られ、最後にEnterキーで確定する。点と点をクリックして、多角形を四角形に分けることもできる（２点以上選択してJキーでも同様の機能が働く）。
面を選択してShift+Kキーを押すと、裏側の面まで切ることができる。

COLUMN

● 三角形や多角形で、細分割曲面の結果が歪む

図はどれも元の形状のシルエットは立方体のままですが、ナイフの切れ込みの入り方で「細分割曲面」の結果が変わってしまうことがわかるでしょうか。「細分割曲面」を使って仕上げるなら、最終的に四角形ポリゴンに整えるのが理想です。

細分化

「細分化」は、選択した面を分割する機能です。選択したポリゴンだけを直接分割することができます。

細分化を使用する

1 面を選択し、Wキーから［スペシャル］-［細分化］を選択します。

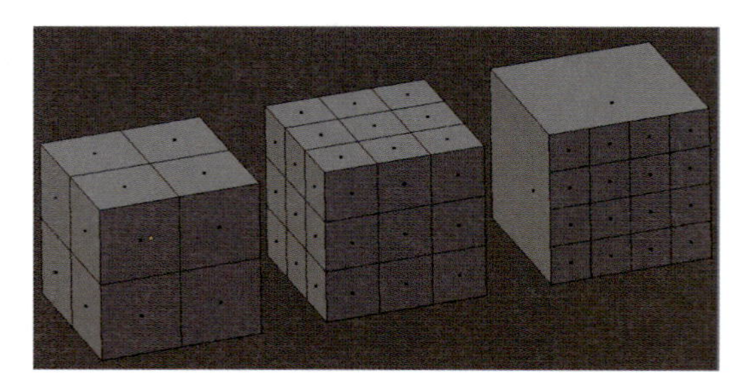

2 ツールシェルフの「オペレーター」で分割数を増やすこともできます。右は、前面だけを選択して細分化した例です。押し出すきっかけを作るとき、「ループカット（P.44）」では全体が分割されます。細分化なら選択面だけを増やすことができます。

プロポーションナル編集

「プロポーショナル編集」は、「細分化」などで増えたポリゴンを編集するときに、選択した周囲までやわらかく影響させる機能です。
地形を作ったり、ポリゴンが増えた後に形の調整するのにとても便利です。
また、オブジェクトモードでは影響範囲内の複数のオブジェクトに移動・回転・拡大縮小が影響します。

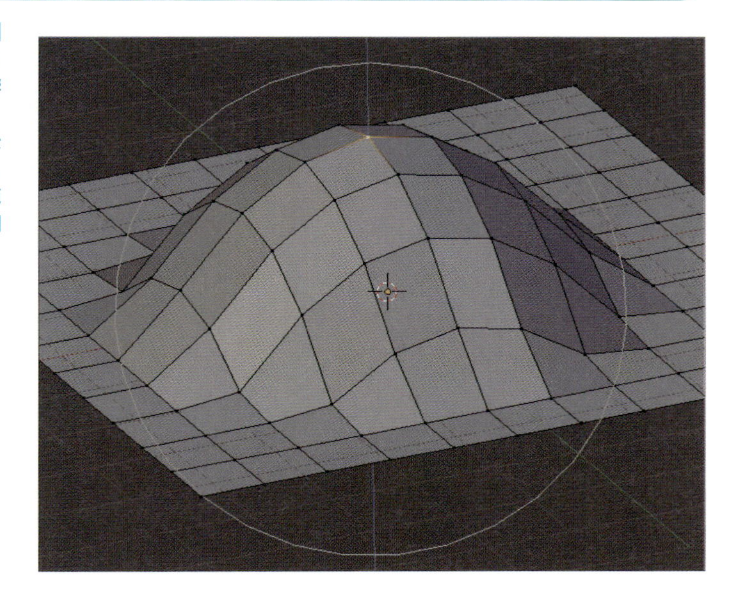

プロポーショナル編集を有効にする

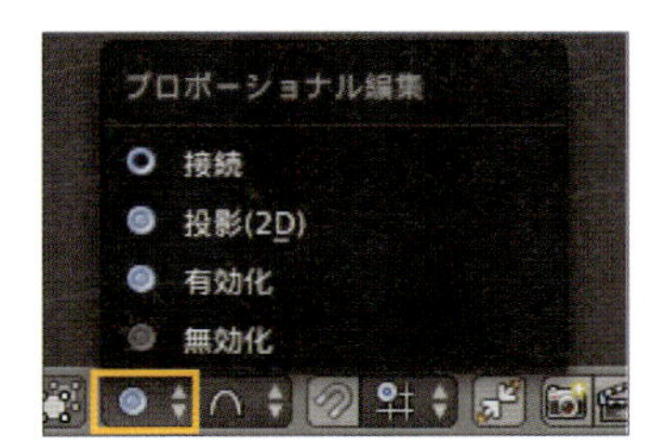

1 3Dビューのヘッダーから［プロポーショナル編集］-［有効化］を選択すると、「移動・回転・拡大縮小」などに影響します。

POINT ［有効化］でなく［接続］を選択した場合は、影響範囲に入っていてもポリゴンが繋がっていない面には影響しなくなる。手の指など、すぐ近くに影響させたくないポリゴンがある場合はこちらを使うといい。

POINT 使用後、解除し忘れると、意図しない変形が起こるので気を付けよう。［有効化］のショートカットはOキー（接続はAlt+Oキー）で、押すたびに有効・無効が切り替わる。

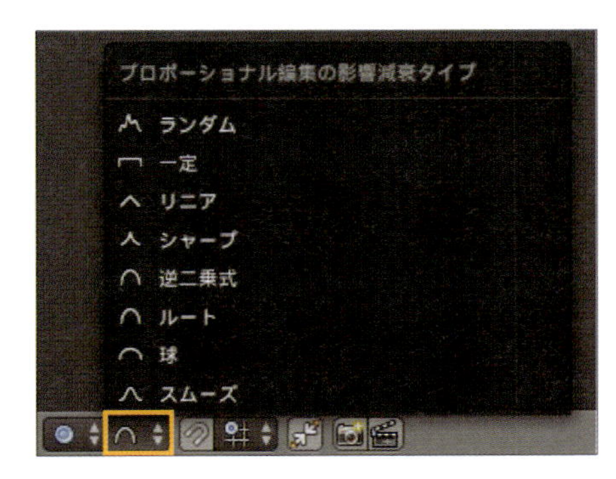

2 すぐ隣には［プロポーショナル編集の影響減衰タイプ］の設定があり、選択した周囲がどのように変形するかを選択できます。影響範囲はマウスホイールを回転させることで広い、狭いが調整可能です。

CHAPTER 04 ポリゴンモデリング❸

CHAPTER 04

02 ポリゴンを整えるためのツール

「ナイフ」や「細分化」、「ブーリアン」などを使ってモデリングしていると、不要な分割が邪魔をして、押し出しのきっかけを作りにくい状況が起こりがちです。

分割を減らすツール

ここでは、無駄な分割を減らすためのツールをいくつか紹介していきます。

辺ループの削除

切りすぎた「ループカット」や「細分化」でできた不要なループ辺を削除するときに便利な機能です。
Alt キー＋右クリックで［辺ループ］を選択し、X キーの［削除］から辺ループを選択します。

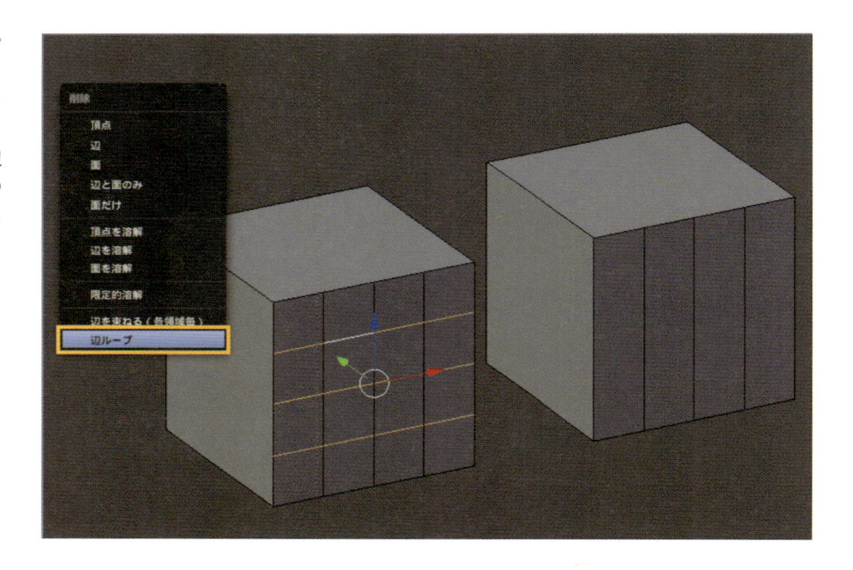

限定的溶解

辺に「ベベル」を使った結果、前面に複雑な分割が入ってしまい、加工しにくくなった例（左）。面を選択して、X キーで［削除］-［限定的溶解］を選択すると、平面上の分割を1枚の多角形ポリゴンにまとめてくれます（中央）。これにより、面がなめらかになったので、ナイフなど自由な加工がしやすくなります（右）。

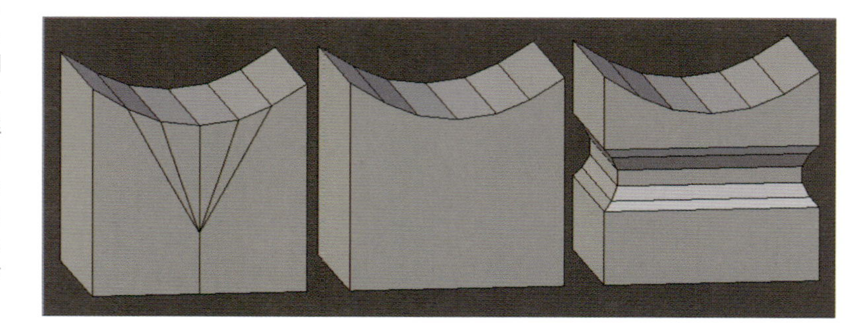

結合

「結合」は選択した頂点をひとつにくっつける機能です。「頂点」の選択順を覚えておき、Alt+Mキー(MergeのM)で[結合]-結合先を「最初に選択した頂点に」か「最後に選択した頂点に」か「中心に」か、選択しましょう。

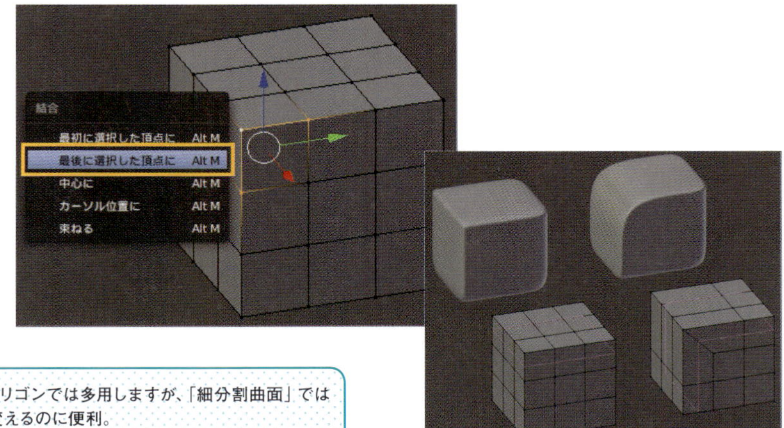

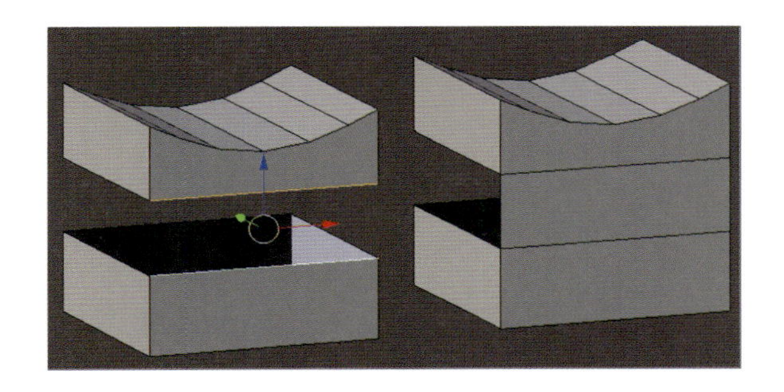

POINT ゲーム向けに作る少ないポリゴンでは多用しますが、「細分割曲面」ではポリゴンの流れ(ループの形)を組み変えるのに便利。

辺 / 面作成

「作ってみたけど、やっぱり消したいところがある」「複雑になりすぎたので、ここだけ作り直したい」そういう場合は、一度面を消してから貼り直しましょう。
向かい合う辺を選択してFキー(FaceのF)を押すことで面を作成することができます。

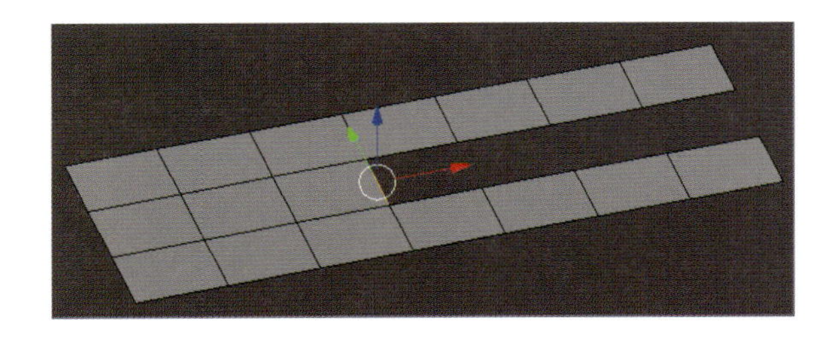

削除したところが1列のループになっている場合は、図のように1辺を選択してFキーを押すことで、向かい側へ連続して面を張ることが可能。理解できれば作業スピードが断然早くなります。

グリッドフィル

複数列にまたがって削除したい場合は、削除跡が四角形になるように削除して、Altキー+右クリックから[辺]-[ループ選択]、Ctrl+Fキーから[面]-[グリッドフィル]を使うと、同じルールで格子状のポリゴンを作ってくれます(図左)。
曲面から削除した場合も、周囲のカーブに馴染むよう面を張ってくれるので重宝する機能です。

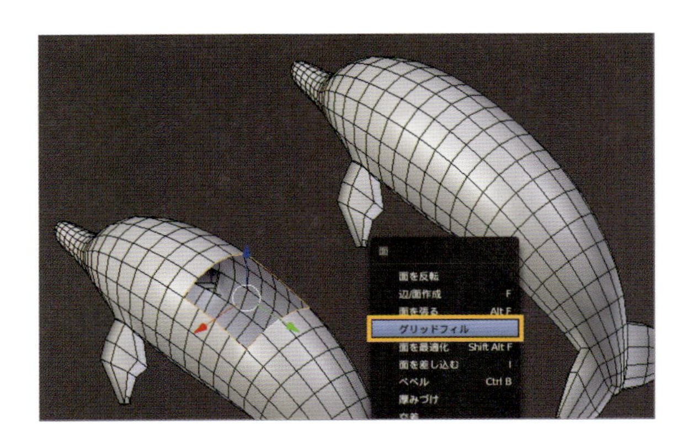

MODIFIERS & SHORTCUT KEY

この章で使用したモディファイアとショートカットキー

モディファイア

ブーリアン (Boolean)	▶ 2つのオブジェクトを組み合わせた形を作るモディファイア。演算のタイプが3つあるが、オブジェクトを、もう片方のオブジェクトでくり抜く用途によく使われる（[差分]）。他には、2つのオブジェクトが交差した部分だけにする機能（[交差]）、2つのオブジェクトが一体化した形を作る機能（[統合]）がある。適用するまで両方のオブジェクトを保持しなければならないので、使用後は適用して、不要なオブジェクトを削除するとよい

ショートカットキー

本書では紹介していませんが、面と頂点のツール呼び出しも同様に存在するので覚えておきましょう。

Ctrl+E	▶ [辺(Edges)] のツール呼び出し。この章では辺ループのブリッジを使用した
Ctrl+F	▶ [面(Faces)] のツール呼び出し。この章ではグリッドフィルを使用した
Ctrl+V	▶ [頂点(Vertices)] のツール呼び出し
Ctrl+J	▶ 「統合(Join)」。オブジェクトモードで複数のオブジェクトをひとつのオブジェクトに結合する
K	▶ 「ナイフ(Knife)」。辺や面の上でクリックすることで、新しい頂点を作り、面を分割する。通常、ナイフで「切る」と表現するが、頂点は繋がったままだ
Shift+K	▶ 「ナイフ(Knife)」。選択した面を、裏側も含めて切るタイプの [ナイフ] ツール。ツールシェルフのボタンでは、ナイフの隣に「選択(Select)」と表記されている
J	▶ 「頂点の経路を連結(Connect Vertex Path)」。2つ以上の選択された頂点間を、選択順に直線的に切る。2点の間に辺があると、切られて新しい頂点が作られる
W	▶ 「スペシャル(Specials)」メニューの呼び出し。この章では「細分化」を使用した
O	▶ [プロポーショナル編集（Proportional Editing)] - [有効化(Enable)]。編集を範囲内にやわらかく影響させる
Alt+O	▶ [プロポーショナル編集（Proportional Editing)] - [接続(Connected)]。影響範囲内でも、直接繋がっていない頂点には影響させない
Alt+M	▶ 「結合(Merge)」。選択した頂点をひとつにする。最初に選択した頂点か、最後に選択した頂点にまとめるのが扱いやすいので、選択順に気を付けよう
F	▶ 「辺/面作成(Make Edge/Face)」。選択した辺と辺の間に面を張る。頂点と頂点を選択した場合は辺を作成する

Ctrl+Eキーで[辺]のツールを呼び出している

CHAPTER

05

カーブの基本モデリング

編集しやすい曲線で作る！

美しくきれいな曲線を描くのに最適な、カーブを使ったモデリングをご紹介！
テキストを使ったり、Illustratorから読み込んだ曲線を使うことだってできるから、
ロゴやデザインの立体化にも役立つね。

ポリゴンを徐々に細かくしていくモデリングのほかにも、
カーブを使うことで美しい形をバシッと決めるモデリング方法があります。
曲線がきれいに仕上がることと、その編集の自由度が魅力。この作例では、お菓子や缶、
ティーカップにソーサー、角砂糖のビンが、カーブを使ってモデリングされています。
使いどころを見極められるようになると、早くてきれいで修正しやすいので手放せなくなります。

CHAPTER 05

01 カーブを使う

曲線を描くカーブには「2Dカーブ」と「3Dカーブ」の2種類があり、いずれかを選択して使います。

カーブの種類

「2Dカーブ」は面を貼って押し出す用途（上）に、「3Dカーブ」はチューブ状にして立体的な曲線を描くことができます（下）。

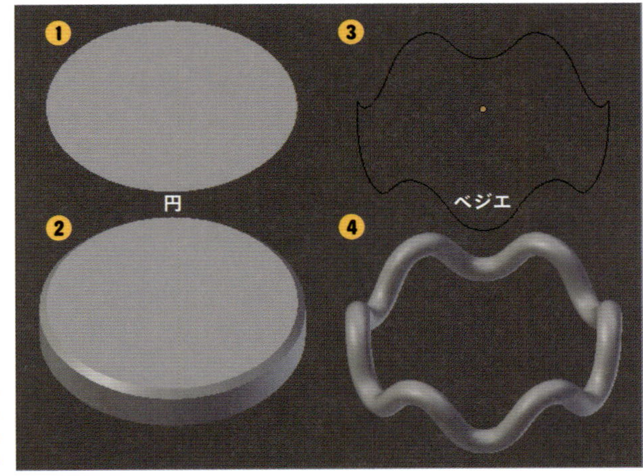

円の2Dカーブ1
円の3Dカーブ2
ベジエの2Dカーブ3
ベジエの3Dカーブ4

カーブの追加

カーブを使うには、ツールシェルフの［作成］タブから［カーブ：］-［ベジェ］もしくは［円］を追加します。
ベジェは両端が繋がっていないので、ケーブルなどの3Dカーブ向き。
また、円は閉じられたカーブなので、2Dカーブにも使えます。

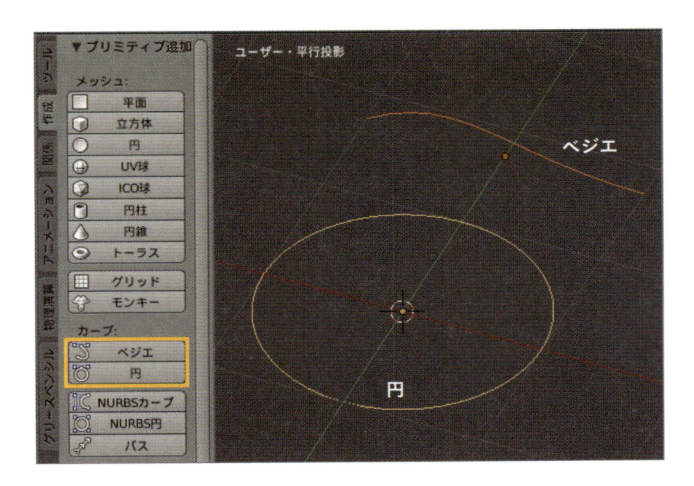

POINT キーボードショートカットを使う場合は、Shift＋Aキー、［カーブ］の中から、［ベジェ］もしくは［円］を追加する。

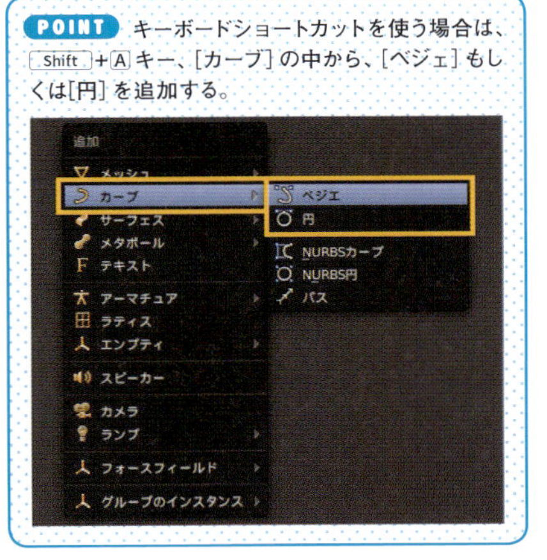

2Dカーブと3Dカーブの設定

2Dカーブでは、[▼ジオメトリ] 項目内 [押し出し：] の数値で厚みを付け、[深度：] で角を面取りし、[解像度：] で角を丸めます。
3Dカーブでは、[▼ジオメトリ] 項目内 [深度：] でチューブの太さを設定し、[解像度：] で断面を滑らかな円にします。

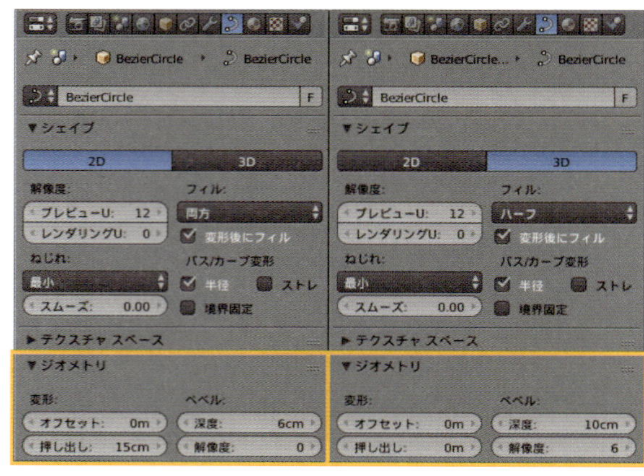

●2Dカーブ(左)、3Dカーブ(右)の設定例

> **POINT** 特に3Dカーブでは、[▼シェイプ] 項目内「フィル：ハーフ」だと半円状のチューブになってしまうので、「フル」に切り替えるのを忘れないようにしよう。

「2Dカーブ」の押し出し

2Dカーブを押し出すとき、カーブ内にさらに別のカーブが含まれている場合、穴を開けてくれます。
カーブにも編集モードがあるので、コントロールポイント（P.75）を全選択（Aキー）して複製（Shift+Dキー）してみましょう。もちろんG、R、Sキーで「移動・回転・拡大縮小」も可能です。
複数の閉じたカーブからひとつだけを選択したいときは、マウスカーソルを重ねて、Lキーを押しましょう。

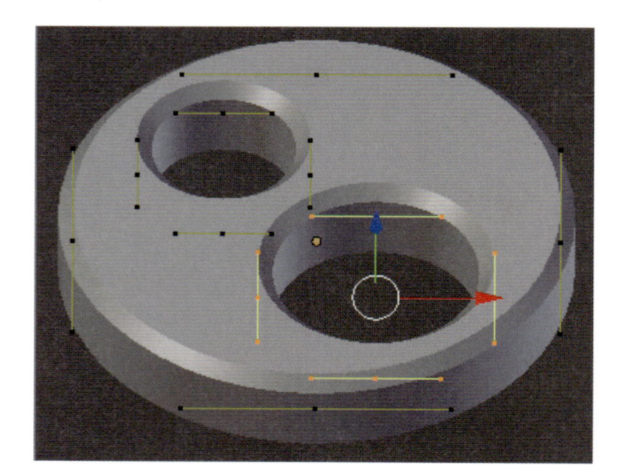

「3Dカーブ」に厚みを付ける

ベジェの編集モードで、コントロールポイントを増やしていくことで、他の方法で作るのが難しいケーブル類が簡単に作れてしまいます。

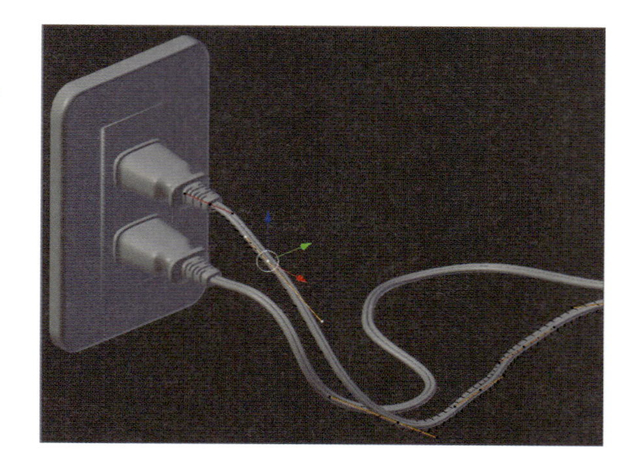

カーブの扱い方

「Adobe Illustrator」や「InkScape」などドロー系ソフトを使った経験があれば、カーブの操作は簡単かもしれません。ここからはBlenderでのベジエの扱い方を説明します。

☑ コントロールポイントとハンドルを使う

STEP 01

「コントロールポイント」はカーブ上の頂点で、「ハンドル」は頂点間の曲線を操るのに使用します。1つのコントロールポイントに2つのハンドル。この仕組みを覚えて、選択ミスのないようにしましょう。

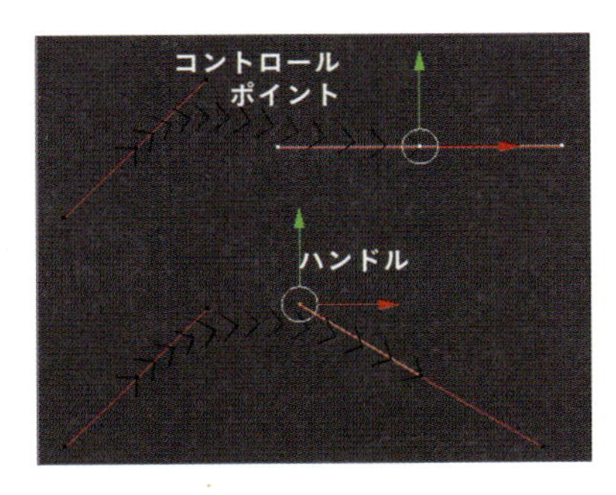

STEP 02

コントロールポイントを増やします。
ベジェを選択し、オブジェクトモードから編集モードに切り替えると、図上のように、コントロールポイントが2つのカーブであることがわかります。これを増やすことで、自由な曲線を作るのが基本です。
❶両端のコントロールポイントを選択して、[スペシャル（Ⓦキー）] - [細分化] を選択した状態（中央）。同じカーブだが、コントロールポイントが増えて、変形可能な状態になりました。円から作りはじめた場合は、こちらを使用します。
❷右端のコントロールポイントを選択し、「押し出し（Ⓔキー）」を行って、カーブを延長した状態（下）。ベジェから作りはじめた場合は、延長できるこちらの方法が使いやすいでしょう。

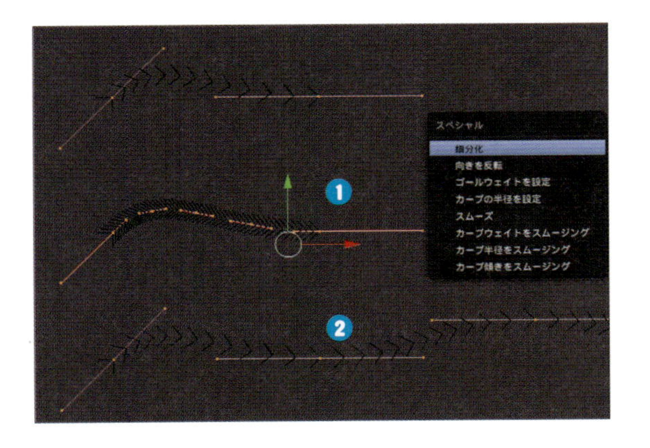

STEP 03

ハンドルタイプを選択します。
カーブを操るハンドルは、ツールシェルフ - [ツール] タブで、4つのタイプから選択します（ショートカットはⓋキー）。

●4つのハンドルタイプ

[自動]	1番オススメのタイプ。コントロールポイントの位置に合わせて、滑らかな曲線を描いてくれる
[整列]	自動のハンドルを自分でドラッグ操作したときに切り替わる。滑らかな曲線を自分で操作したいときに
[ベクトル]	コントロールポイント間を直線で繋いでくれる。円に使えば四角形を作ることができる
[フリー]	ベクトルのハンドルを自分でドラッグ操作したときに切り替わる。両ハンドル別々に操作し、角を作ることができる

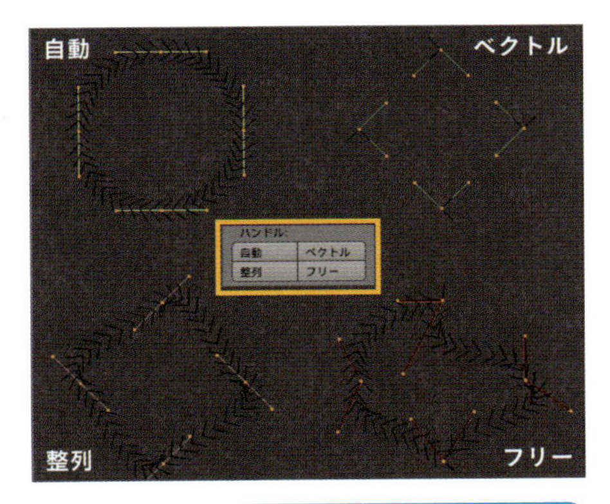

POINT ベジェを作ったら、最初にすべてのハンドルタイプを自動にして、それから押し出すと操作しやすくなる。

カーブの回転体を作る

断面を元に360度回転した造形を行うことができます。
上から見て丸いものは、「スクリュー」を使ってモデリングするときれいに仕上がります。

スクリューを使う

❶オブジェクトの原点を中心に作られるので、回転の中心になるコントロールポイントは、X座標を「0m」にします（N キーで表示されるプロパティシェルフから［制御点：］）。
❷スクリューモディファイアを設定します。［モディファイア］タブ - ［ステップ数：］を上げると回転の分割数が増えてなめらかに仕上がります。
❸［スクリュー：］-［レンダリング］の値が低いままだと、レンダリング仕上げのときだけ分割数が減ってしまうので気を付けましょう。
❹［スクリュー：］の数値を上げると、回転するごとに高さも増えて、その名の通りスクリュー状になります。

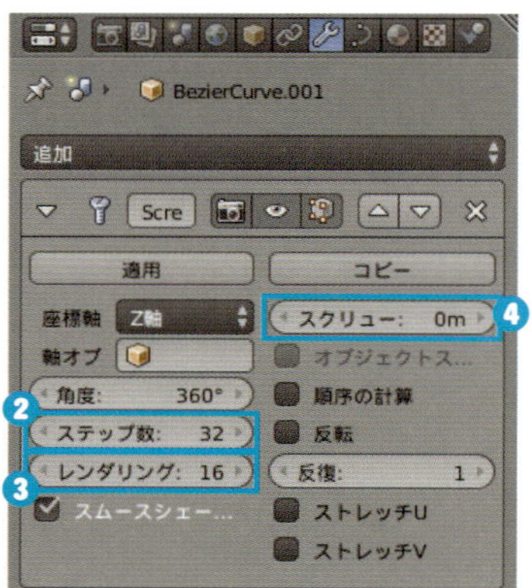

ドロー系ソフトからの読み込み

「Adobe Illustrator」や「Inkscape」などのドロー系ソフトを使用して作ったベクター画像をカーブとして読み込むこともできます。平面デザインが得意なら、ベクター画像をBlenderに読み込んで使うのはとても有効な手段です。

ドロー系ソフトで「SVG形式」を選択して保存しておきます。Blenderでは情報バーの［ファイル］-［インポート］❶、「Scalable Vector Graphics(.svg)」❷を選択して読み込みましょう。

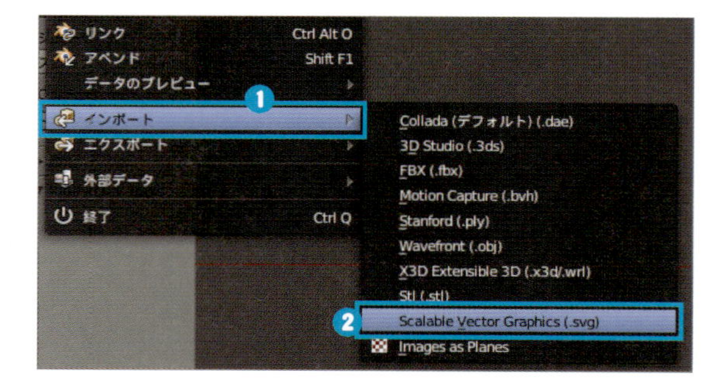

POINT 「Adobe Illustrator」では書類の左上、「Inkscape」では書類の左下が読み込んだカーブの原点となる。

02 カーブを使用した モデリング

カーブを使うとどんな形を作ることができるのか、ここからはいくつかの作例を紹介します。

カーブのアイデア

クッキーの輪郭は、円の編集モードでⓌキーから細分化を使用してコントロールポイントを増やし、細かく細分化して、ひとつ置きに選択した コントロールポイントを縮小し、ハンドルをベクトルに変更することで曲線にメリハリを付けました。
ジャムは別のカーブとして作り、表面の凹凸感はテクスチャーで表現しています。

クッキーと型を2Dカーブで作る

STEP 01

内側のハートや牛やペンギンは、あらかじめ円のまま複製しておいたカーブを、適度に細分化しながら丁寧に描いています。「ベベル（P.44）」を使うと、焼いて膨らんだ感じが出ます。

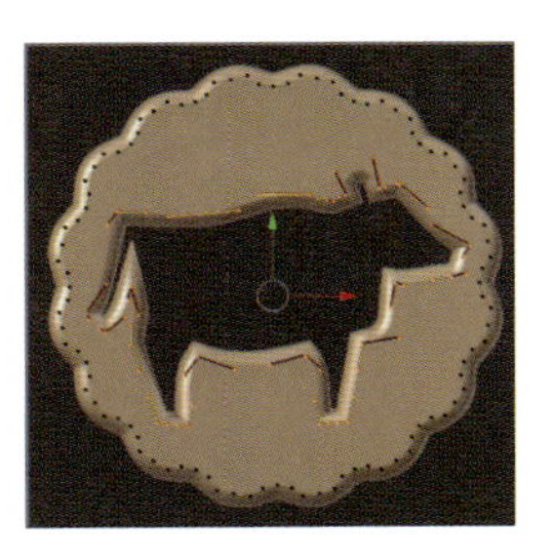

STEP 02

同じカーブを使って、クッキー型を作ることもできます。「面張り」を「なし」にして、「押し出し」の幅を調整、「ベベル」はとても小さな値にしています。

家の壁に窓を作る

たとえば、家の壁に窓の穴を開けるとき、ポリゴンで作ると分割の仕方に悩むことがあります。穴あけに特化した「ブーリアン(P.64)」は便利だけれど、曲線と直線が混在する場合は「細分割曲面(P.51)」が使いにくいので、曲線部分のポリゴン数に悩むかもしれない。でも「カーブ」なら位置調整もラクチン、曲線もきれいです。

電源ケーブル

2本束の電源ケーブルの場合、今回は1本作ってから複製し、重ならないように調整しました。次の章で紹介する「カーブ」の応用を身に付ければ、そんな面倒も解消できます。

照明器具の脚部

照明器具の脚部をベジェで作成しました。ゆるやかなカーブや細長い直線には、円柱よりも調整の効くベジェカーブを使うとラクチン、きれいに仕上がります。

MODIFIERS & SHORTCUT KEY

この章で使用したモディファイアとショートカットキー

モディファイア

スクリュー (Screw)	▶ 断面を用意し、360 度回転して立体を作るモディファイア。デフォルトではきれいに繋がるが、スクリューの値を上げると回転の始点と終点がズレてしまう。また、反復の値を入れることで、コイル状のモデルを作ることができる

[スクリューの操作]

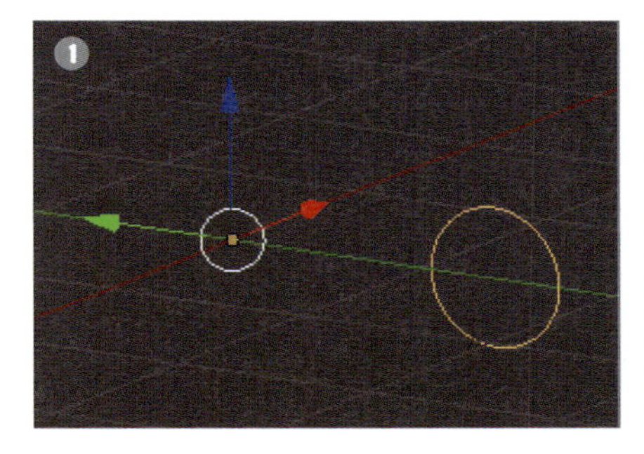

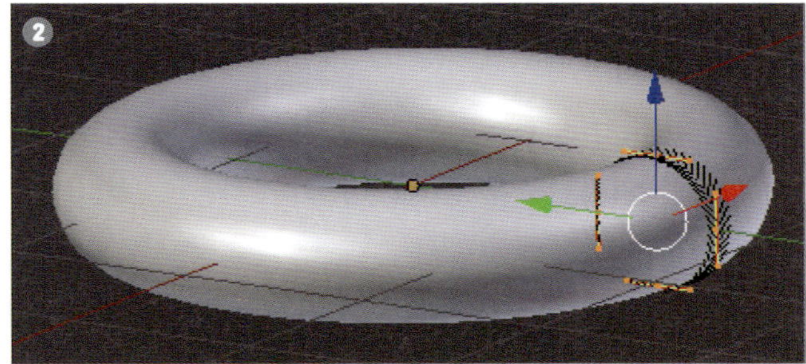

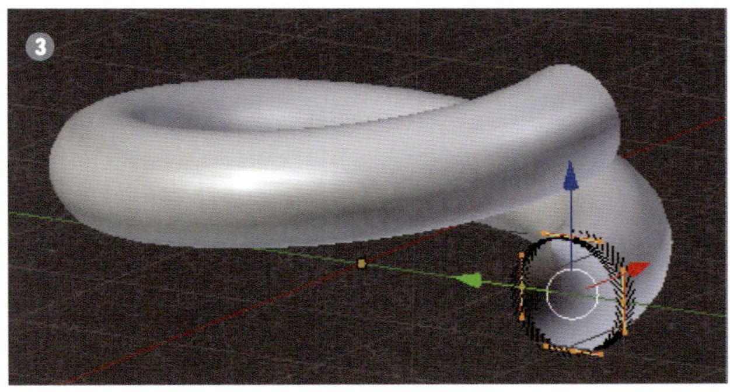

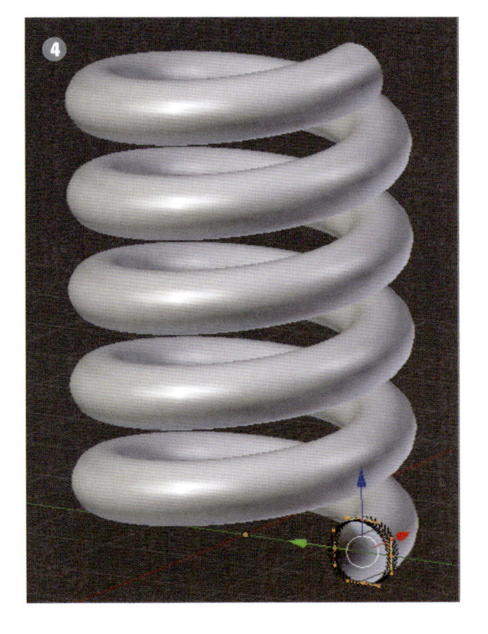

❶ 編集モードでオブジェクトの原点からズラしておく。
❷「スクリュー」モディファイアで回転体ができた。
❸ スクリューの値を上げると、[回転] の始点と終点がズレる。
❹ [反復] の値を上げるとコイル状に。

ショートカットキー

V	▶「ハンドルタイプを設定(Set Handle Type)」。カーブの編集モードで、ハンドルのタイプを変更する

CHAPTER

06

カーブの応用モデリング

カーブとカーブの組み合わせで
もっと広がる表現力

カーブを使ってモデリングするテクニックを、もう一歩踏み込んで紹介していく。
カーブとカーブを組み合わせたり、カーブで作った形をポリゴンに変換して、
編集モードやモディファイアでさらに作りこんでいこう。
使いどころがわかってくると、素早くきれいなモデリングができるよ。

さまざまなカーブのテクニックを用いて、ケーキをデコレーション！
カーブを使うと仕上がりがとてもきれいで、完成まで細かい調整が効くのが強みとなります。

CHAPTER 06

01 ベベルオブジェクトで断面の形をデザインする

3Dカーブを使用することで、ケーブルなどが簡単に作れますが、
もう１本のカーブと組み合わせることで、断面の形や太さの変化もコントロールすることができます。
特に断面の形を変えられるのは強力で、カーブで作れる形状アイデアがとても広がります。

ベベルを使う

マヨネーズをたっぷりと。他にもソフトクリームや断面の形状が丸ではない物を作りたいときには、カーブを２本使って再現することができます。

カーブを２本使う

STEP 01

断面用の円カーブ（図左）と、曲線を描くベジェカーブ（図右）の２本を用意します。

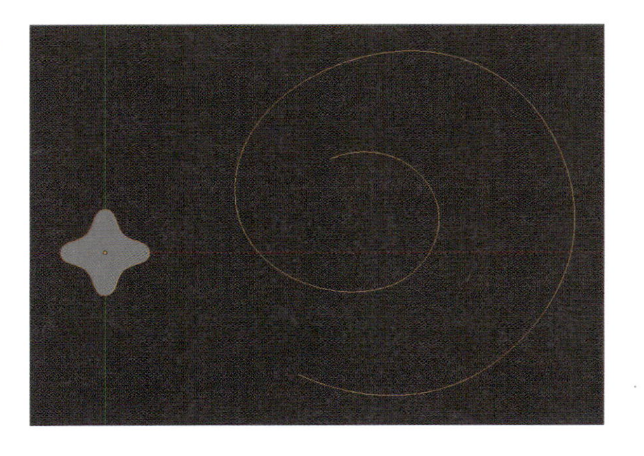

STEP 02

ベジェカーブを選択し、[ベベルオブジェクト：]から円カーブ名を指定します❶。太さと断面形状は円の編集モードで調整しましょう。[端をフィル]にチェックを入れると❷、両端にフタが作られます❸。

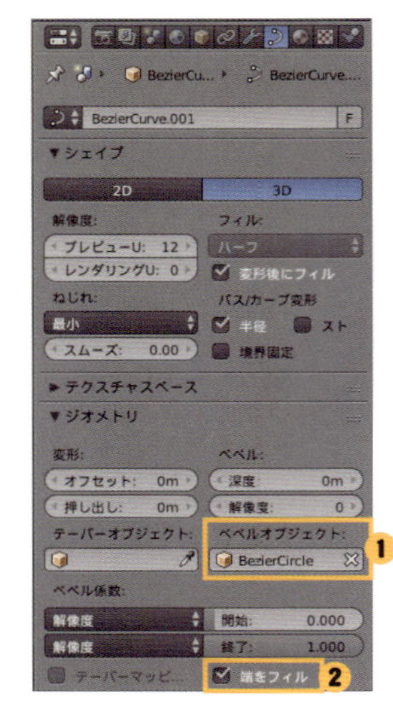

POINT ここでは説明のため、円とベジェを用意しているが、カーブは円もベジェも同じくカーブなので、どちらを使っても問題ない。

ベベルオブジェクトの応用

ベベルオブジェクトを使った応用例を見てみましょう。1本のカーブでを複数本描けるので、Chapter05の電源ケーブル（P.78）もベベルオブジェクトならもっと簡単に作ることができます。ベベルオブジェクトに直線を用いると、壁や額縁を作るのにも便利。思いついたアイデアはどんどん試してみましょう。

複数のカーブ

カーブの編集モード内で複製すれば、1本のカーブで複数本を一気に描くような使い方もできます。麺類を作ったり、チュロスを作ったり、モンブランケーキを作ったり……つい食べものばかり想像してしまいますね（笑）

額縁

額縁を作るには、断面を描いたベジェカーブを円から作った四角形フレームのベベルオブジェクトに指定します。通常のポリゴンモデリングでは苦労しがちな、角の処理もバッチリ。複雑な形にしてももちろん大丈夫です。

POINT 額縁を作るには、断面を描いたベジェカーブを、円のハンドルタイプをベクトルにして作った四角形フレームのベベルオブジェクトに指定する。

CHAPTER 06

02 テーパーオブジェクトでカーブの太さを変更する

テーパーオブジェクトは、カーブの太さ変化をコントロールできる、もう１本のカーブ。

テーパーオブジェクトを使う

上はヘビの頭を大きく、下は同じテーパーオブジェクトを、ベジェと円にそれぞれ使用した例です。

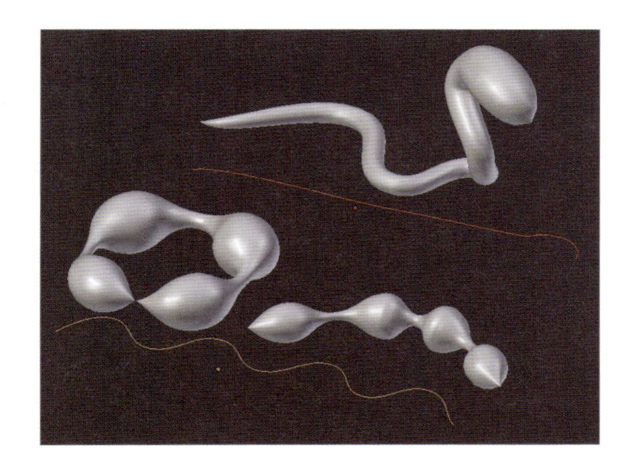

テーパーオブジェクトの設定

❶ベベルオブジェクトのときと同様で（P.84）、テーパーオブジェクトにカーブを指定します。
❷［ベベル：］の［深度：］と［解像度：］を設定します。ここで太さの最大幅をコントロールするので、忘れずに数値を入れましょう。

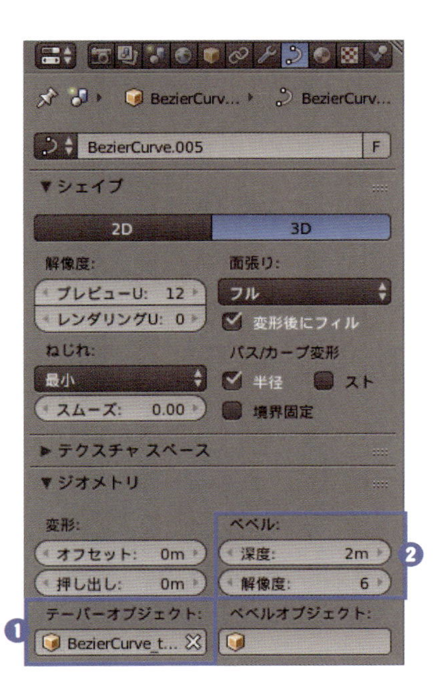

ベベルとテーパーの合わせ技

ケーキのデコレーションを作るには、テーパーオブジェクトとベベルオブジェクトの両方を指定します。

断面を指定するベベルオブジェクトを左のように、太さの変化をコントロールするテーパーオブジェクトを中央のようにすると、右の形状が作られます。こういったアイデア次第で、難しい形がアッサリ作れてしまうかもしれないので、さまざまな機能を一度は試しておくとよいでしょう。

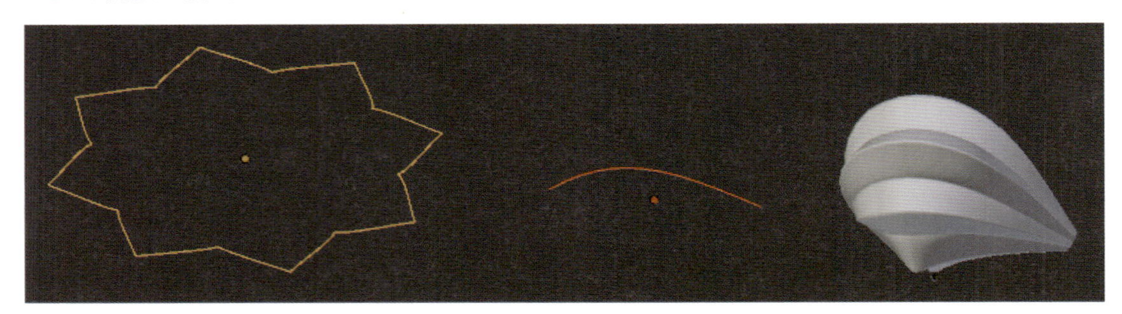

COLUMN

● カーブからメッシュに変換

オブジェクトモードでカーブを選んで、Alt+C キーを押すと、[変換] - [カーブ/メタ/サーフェス/テキストからメッシュ] で変換することができます。テキストからカーブのとき (P.89) と同じショートカットキーです。メッシュ化してしまえば、編集モードで自由に作り込むことができます。残ったカーブは、再利用する予定がなければ削除してもかまいません。

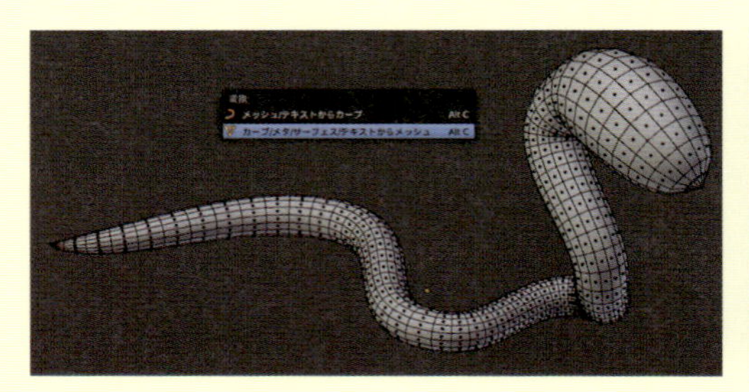

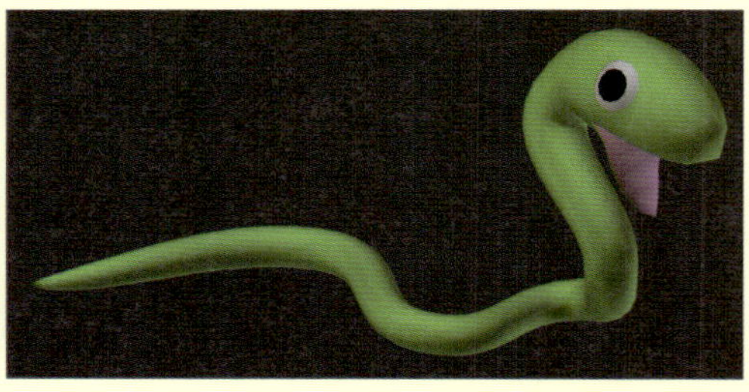

CHAPTER 06

03 カーブモディファイアでメッシュを変形する

カーブモディファイアは、カーブを使ってメッシュを変形させる機能です。

スクリューを使う

フレンチクルーラーの特徴である縄のようなものを作るには、ねじれが必要です。

スクリューとカーブの合わせ技

円カーブを細分化し断面形状を作ったものに、「スクリュー」モディファイアを使います。
[モディファイア] タブ1から「スクリュー」を追加します2。
「スクリュー」の値を上げると、ねじれた状態で柱のように伸びてきます3。
このねじれた柱に「カーブ」モディファイア4を使って、円カーブに沿わせます。原点が一致しないと合わないので、双方 Alt + G キーで中心に戻します。
位置を変えたいときは、円カーブの編集モードで「移動」や「回転」をするといいでしょう。

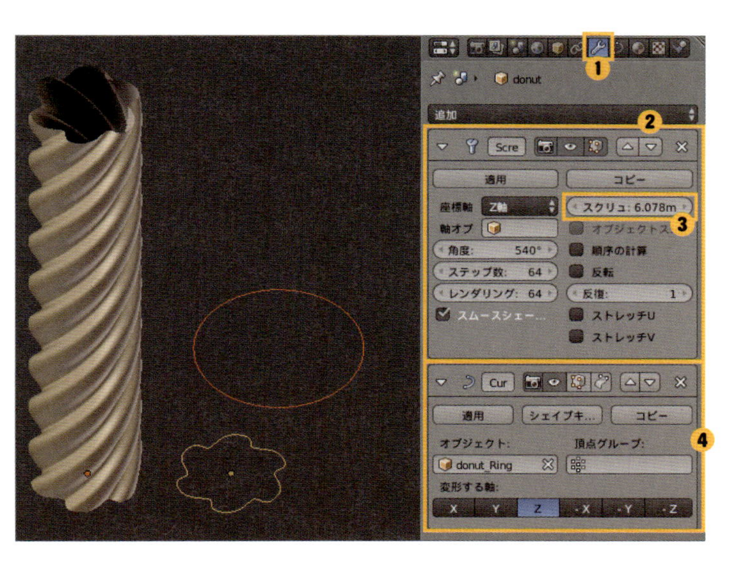

「カーブ」モディファイアは、メッシュをカーブに沿わせることもできます。
「細分割曲面」を使用して作った植物を、
ゆるやかに曲げたいときなどにも使えます。

POINT 「スクリュー」モディファイアの長さやねじれの角度は、円カーブの長さに合わせて調整しよう。

CHAPTER 06

04 カーブとポリゴンの連携モデリング

額縁(P.84)をカーブのベベルオブジェクトで作成しました。複製して、大きさや縦横比を変えたりするのも簡単です。全体の形はカーブが最適だけれど、細部の造形に悩むこともあります。こういうときにはメッシュに変換して、ポリゴンモデリングの機能を使うといいでしょう。

カーブとモディファイアを合わせる

図の額縁はカーブのベベルオブジェクトで作成しました。複製して、大きさや縦横比を変えるのも簡単です。ランプシェードは、カーブだけで仕上げることができず、ポリゴンモデリングと連携しました。この連携を説明します。

ランプシェード

大きな丸いランプシェードを作成します。「ベジェカーブ」と「スクリュー」を使用して形ができたら、Alt+Cキーで［変換］-［カーブをメッシュ］に変換します。その後、「ブーリアン(P.64)」で細かい穴を開けています。ついでに、上図内の脚部の大理石もランプを支えるフレームも、すべてカーブで作っています。

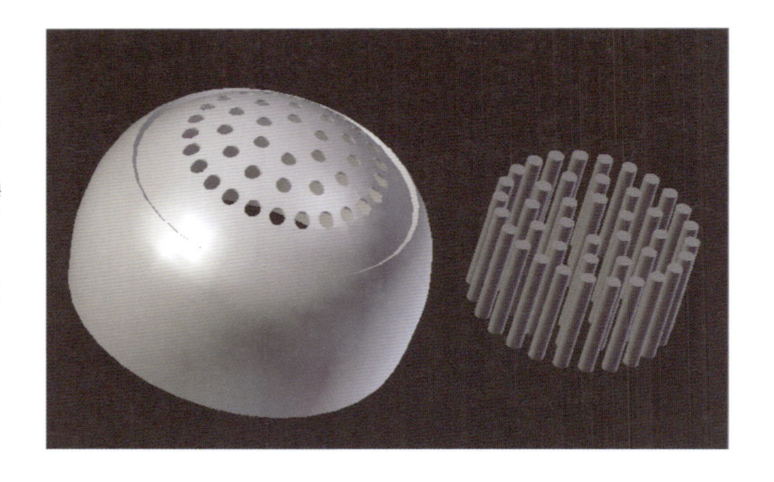

カッチリした形の工業製品にも、キャラクターや食べもののような柔らかい形状の中にも、カーブの使いどころはたくさんあります。
使い慣れると強力な武器になるので、積極的に活用していきましょう！

05 文字を使ったカーブモデリング

ここでは、テキストを使ってカーブモデリングをしていきます。
3Dロゴを作ったり、写真への合成をするなどで、文字だけでもカッコいい作品を作ることができ、
Web用のボタン素材を作るといった使い道もあります。

文字をカーブに変換する

Blenderには、文字を打って3D化するテキストツールがありますが、これをカーブに変換することで、加工アレンジがしやすくなります。テキストツールの使い方とあわせて学習しましょう。

テキストのモデリング

STEP 01

テキストを追加します。ツールシェルフの［作成］タブ-［その他：］から、テキストをクリックします❶。また、編集モードに移ると、文字を書き換えることができます。［▼フォント項目］内で［フォント］を選択します❷。標準の横にある、フォルダアイコンをクリックしてフォントを選んでダブルクリックまたは画面右上のフォントを開くボタンをクリックしましょう❸。

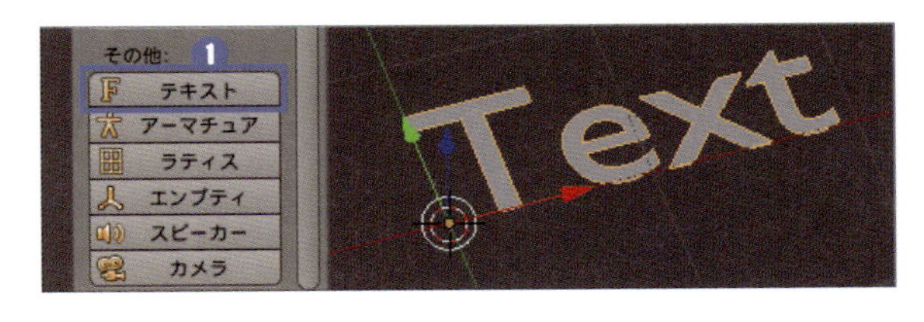

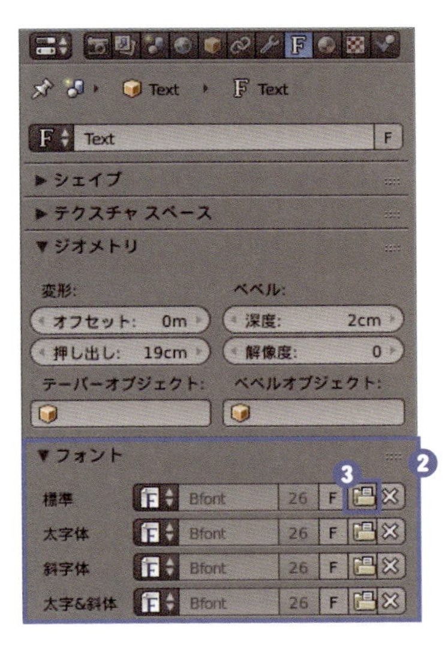

POINT 情報バーから［ユーザー設定］-［ファイル］タブをクリックし、「ファイルパス：フォント」からフォントフォルダを設定しよう。Windowsの場合は、［C:¥Windows¥Fonts］内にフォントデータが格納されている。
Macの場合は、「ライブラリ」内の「Fonts」。

STEP 02

カーブに変換します。オブジェクトモードでテキストを選択して Alt + C キーで［変換］-［メッシュ/テキストからカーブ］で、カーブに変換できます。

POINT 変形したり、他の2Dカーブと統合（ Ctrl + J キー）して文字穴を開けたりするには、変換が必須なので覚えておこう。

3Dテキストや、プレートは、
「押し出す」だけで超カンタンに作れる！

POINT 文字(テキスト)もカーブのように押し出し、ベベルが可能。

COLUMN

● 日本語テキストを使う

Blender2.77では直接日本語テキストを入力することができないので、使用するには少し手間がかかります。ドロー系ソフトが扱えるならsvgファイルにして読み込むほうが簡単かもしれませんが、ここではBlenderでの手順を記します。

❶テキストエディタやWebブラウザなど、日本語が入力できるところで文字を入力し、これをコピーする。
❷Blenderを画面分割し、片方はヘッダー左端のアイコンで、3Dビューからテキストエディタに切り替える。
❸テキストエディタのヘッダーにある、[新規]ボタンをクリックする。文字入力が可能になるので、ここに先ほどコピーした文字をペースト(貼り付け)する。
❹ヘッダーの[編集]から、[テキストを3Dオブジェクトに]選択。[1つのオブジェクトに]するか、[行ごとに別のオブジェクトに]するか選択する(下図)。
❺3Dビューに、文字の入力されていないテキストが作られ、選択状態になるので、日本語を表示できるフォントを選ぶと、日本語テキストが表示される。表示さえできてしまえば、「押し出し」「ベベル」「カーブ」「変換」など、同様に扱うことができる。

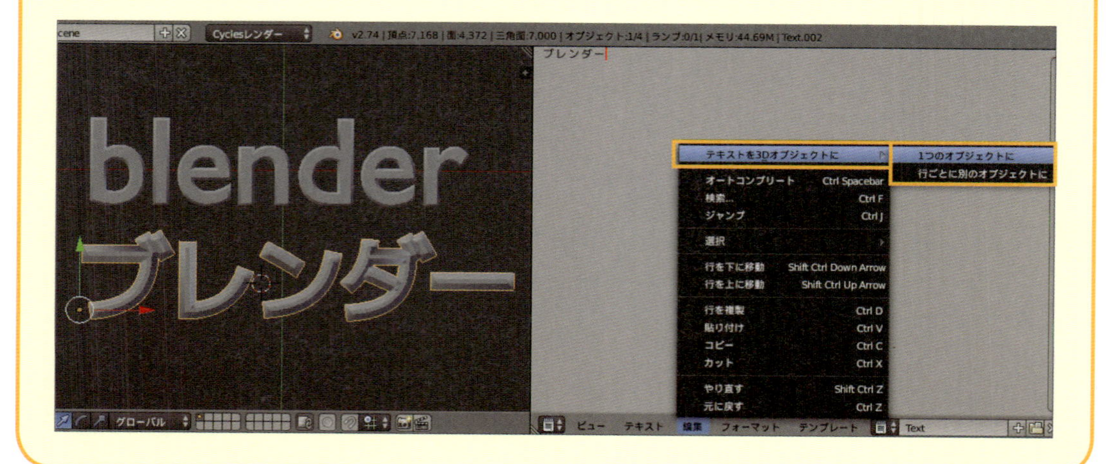

MODIFIERS & SHORTCUT KEY

この章で使用したモディファイアとショートカットキー

モディファイア

カーブ(Curve)	▶ カーブを使って、メッシュの形を変形するモディファイア

ショートカットキー

Alt+C	▶「変換(Convert to)」
メッシュ/テキストからカーブ (Curve from Mesh/Text)	▶ テキスト(文字)をカーブに変換するのに使用。面がなければオブジェクトからカーブを作ることもできる
カーブ/メタ/サーフェス/テキストからメッシュ (Mesh from Curve/Meta/Surf/Text)	▶ カーブで作った形状をメッシュに変換するのに使用。頂点、辺、面の単位で編集したいときに

ショートカットキーを使った操作

[メッシュからカーブを作る]

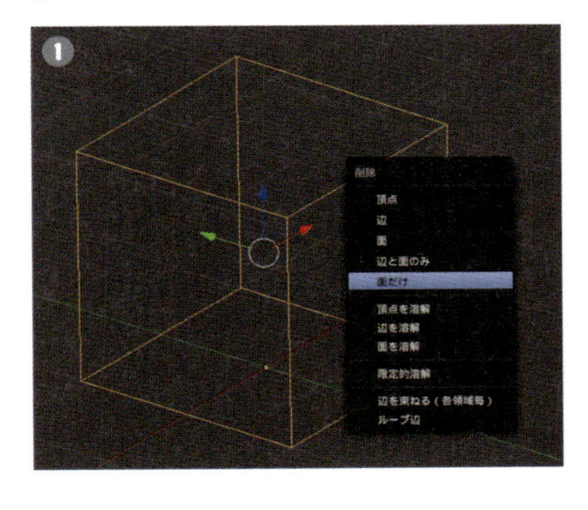

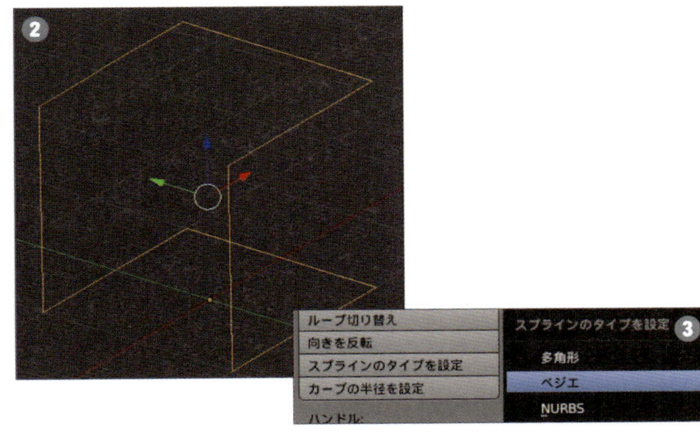

❶ 編集モードで全選択して削除、「面だけ」を選択。そうすると点と辺だけが残る。
❷ さらに不要な辺を削除して、1本の繋がった辺を作る(必須ではないが、複雑に絡まったカーブができあがる)。できたらオブジェクトモードでAlt+Cキーで[変換]-[メッシュからカーブ]に変換しよう。
❸ ツールシェルフから[スプラインのタイプを設定]をクリックし、[ベジエ]を選択。
❹ あとは通常のカーブと同様に扱うことができる。ツールシェルフの[ツール]タブ(もしくはVキー)から、ハンドルを自動に切り替えると扱いやすい。

オブジェクトの表面に沿った3Dカーブを作るなど、工夫次第で便利に使えるはず。

[テーパーオブジェクトを使わず太さを変える]

コントロールポイントごとに太さを調整する程度であれば、ショートカット Alt +S キーで太さを変えることができる。別のカーブを用意しなくていいのでお気軽。

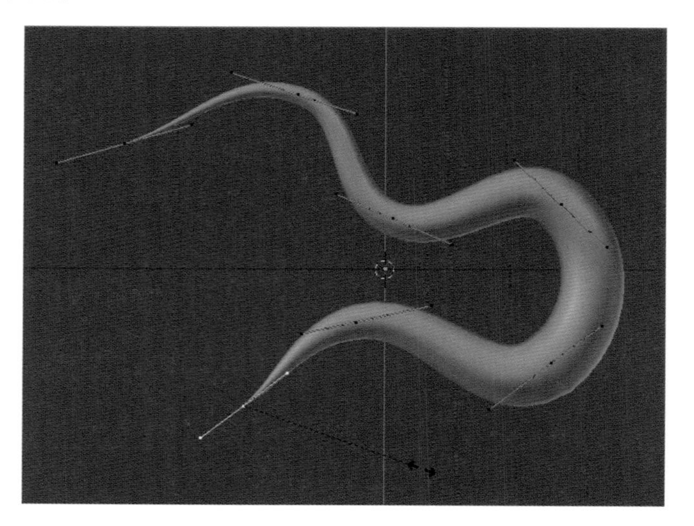

CHAPTER 07

スカルプトモデリング

粘土のように彫刻を作ろう

「モデリングはどうにも難しい……」と感じているなら、
あきらめる前に「スカルプトモデリング」を試してもらいたい。
スカルプトモードでは、マウスでドラッグしたところが盛り上がったり、
削れたりと、粘土をこねるように直感的なモデリングができる。
通常のモデリングでは作るのが難しい、細かなディテールまで表現することも
可能なので、細部に装飾やディテールを求める人にもよい武器になるはず。

この作例では、手前のスライムのやわらかい形と、
背後で武器を構える巨大なミノタウロスを作るのにスカルプトを使用しています。
通常のポリゴンモデリングは規則的な造形になりがちですが、スカルプトを使用すると、
自然の地形や動物などの複雑な形が作りやすくなるのでオススメ。
ただし、スカルプトはポリゴン数がとても多くなるので、
非力なパソコンでは存分に力を発揮できないこともあります。
とはいえ、無茶をすればどんな高性能なパソコンでも悲鳴を上げてしまうので、
自分のパソコンではどれくらいまで快適に操作できるのか感覚をつかみましょう。

CHAPTER 07

01 スカルプトモデリングとは

スカルプトモデリングはペイントソフトのようにブラシでなぞる操作で彫刻するモデリング手法で、おもにディテールを作りこむために使われます。

スカルプトモードでできること

スカルプト専用のソフト(「Sculptris」「ZBrush」「3D-Coat」など)もありますが、「Blender」は通常のモデリングに組み合わせて使うことができるので、おおまかな形(「ベースメッシュ」と呼ばれる)を作ってからスカルプトモードに移ります。
操作が直感的で作りやすい反面、粘土と同じで立体を把握していないと造形のユルい塊ができ上がってしまうので、私がよく使うツールと、ちょっとしたコツを紹介します。

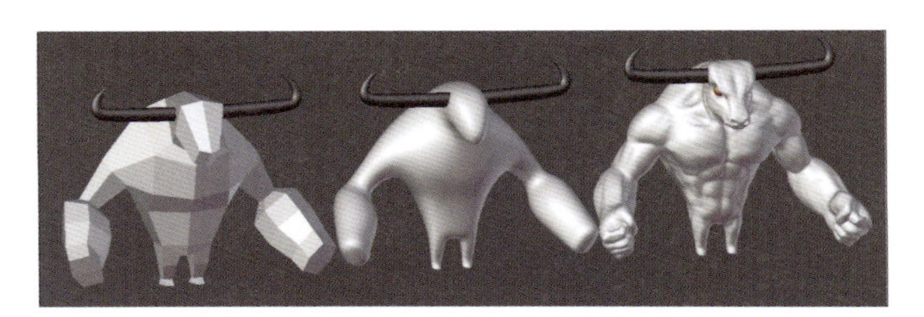

自在に作ってみよう

スカルプトはとても楽しいモデリング手法ですが、最初から高い理想をもって挑むと挫折しがちです。はじめは何を作るでもなく、思うがままにブラシを走らせて、ヘンテコなものができたと笑うのがオススメです。こうして遊んでいるうちに、それぞれのブラシの効果や使いどころといったコツ、自分だけの得意技を掴むことができるでしょう。
さっそく球体からスカルプトして、ヘンテコキャラクターを生み出してみましょう。

目鼻口を付ければ、どんな形でもキャラクターに見えてきますね(笑)

☑ スカルプトモードを使用する(Dyntopo)

STEP 01

スカルプトモデリングをはじめるには、オブジェクトを選択して、スカルプトモードに切り替えます。ここでは試しに、ツールシェルフの[作成]タブから「UV球」を配置し、スカルプトモードでスカルプトしてみます。

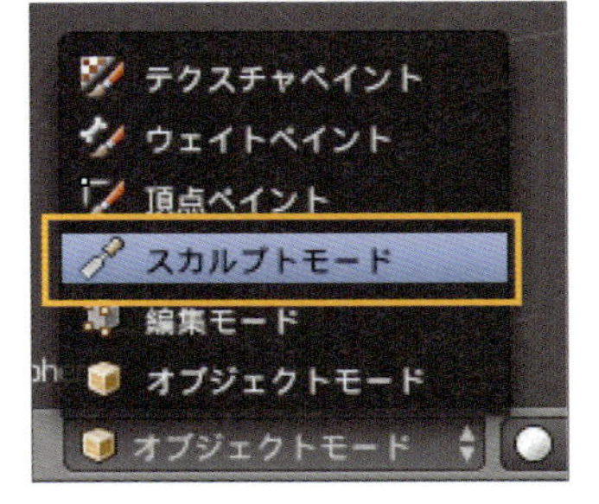

STEP 02

ツールシェルフが切り替わるので、ツールシェルフの［ツール］タブ-［▼Dyntopo］-［Dyntopo有効］をクリックします。デフォルトでは「細部のサイズ：12.00px」となっているため、今回は「6.00px」に。この値は小さくするほどスカルプト時のポリゴンが細かく分割されます。
「細分化と統合」は「細部のサイズ」の数値に合わせて細かくもするし、粗くもします。クリックして［細部のリファイン方法］-［辺を細分化］に切り替えると、「細部のサイズ」を大きくしても、一度細かくなったポリゴンを粗くすることはありません。

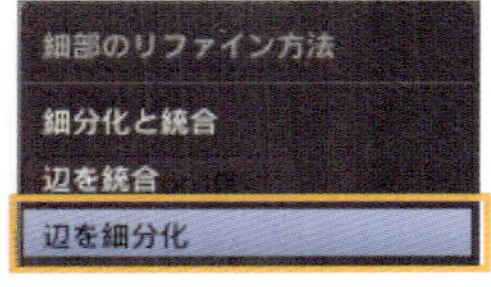

STEP 03

［ツール］タブ-［▼ブラシ］の一番上にブラシアイコンが表示されているので、クリックしてブラシを選択したら、表面をマウスでドラッグして盛ったり削ったりします。すべてを使う必要はないので、好みのブラシをいくつか見つけましょう。

POINT さまざまなブラシが格納されているのでひと通り触ってみるのがいい。アイコンのイメージ通りの機能なので、特に説明を受けなくても触れるはず。

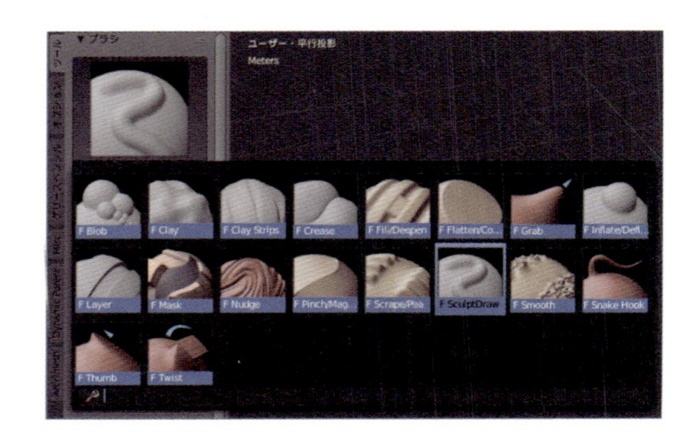

スカルプトモデリングのためのポリゴン分割手段

スカルプトを行うには、とても細かく分割されたポリゴンが必要です。
どのように用意していくか、方法を３つ紹介します。
それぞれ、「3Dビューのシェーディング」をソリッド（図左）とワイヤーフレーム（図右）の状態で載せているので、ポリゴンの割られ方や密度の違い、それによる仕上がりの違いを見比べてみてください。

1 Dyntopoを使用する（Ctrl＋D キー）

前述していますが、「Dyntopo」元のポリゴン数が少ない場合でも、必要なところだけ自動分割しながらスカルプトできる機能です。細部のサイズの値を小さくするほど細かくなります。
完成したモデルに柄を彫り込みたい場合など、一部分だけ高密度になるときに使いやすいです。

2 ハイポリゴンモデルを扱う

「細分割曲面」を適用した後など、すでにポリゴン数が多い状態のモデルは、形を少し整えるにも大量のポイントを移動しなくてはならず、大変なうえに形が崩れやすくなっています。そのため、形の調整にスカルプトを利用します。
新しくレリーフを施そうとしても、ポリゴンが足らず、ガタガタになりがちなので、その場合は①か③の方法で作りましょう。

3 多重解像度を使用する

「多重解像度」はスカルプトモデリング専用のモディファイア。ポリゴン分割の細かさを、いつでも自由に変更できます。細かい分割で細部をスカルプトし、粗い分割でおおまかな形の調整をすることが可能です。
動物やキャラクターの場合、ポリゴンが細かいとポーズの変更が難しくなるので、多重解像度で作り込んだ後、編集モードで元のポリゴンを操作してポーズを付けるのがオススメです。

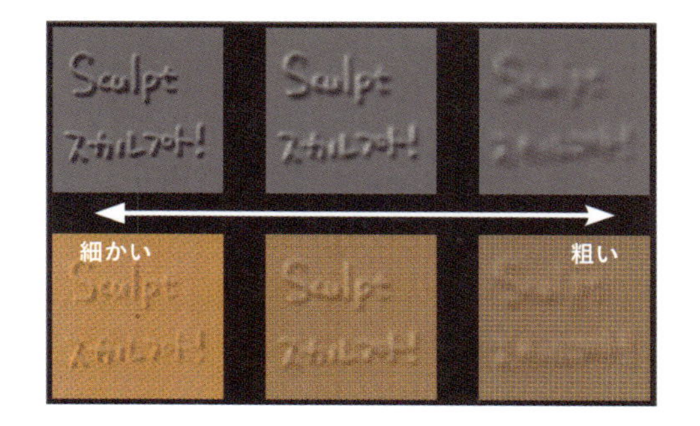

ポリゴン分割手段によるスカルプトの活用の違い

前述した3つの方法でポリゴン分割を行ったとき、スカルプトがどう便利に使えるか実例を見てみましょう。

1 Dyntopoを使用した例

手前のスプーンを複製して、レリーフをスカルプトしたのが奥です。
「細分割曲面」を適用後、さらに細かいポリゴンでスカルプトしました。必要なところだけ自動でポリゴン分割されるので、細かい模様もどんどん作り込めます。

2 ハイポリゴンモデルを扱う例

「細分割曲面」を適用したハイポリゴンモデルは、選択して形を調整しようにも細かすぎて手に負えません。たとえば、図中央の顔からやや太らせて図右の顔に作り替えたいときに、編集モードで選択、移動しようにも、図左のようになってしまいます。
しかし、スカルプトを使用すれば柔らかく盛り削りすることができるので、どうしても修正したいときや、バリエーションを増やしたいときなどに使えます（ハイポリゴンには、「プロポーショナル（P.67）」を使用する手もありますので、併用するといいでしょう）。

3 多重解像度を使用した例

「多重解像度」は、ポリゴンを細分化する前の形状を維持しているので、編集モードに入ると少ないポリゴン数で形を変えることができます。ミラーを使ってモデリングした後に、ポーズを変えてレンダリングする場合にとても便利。

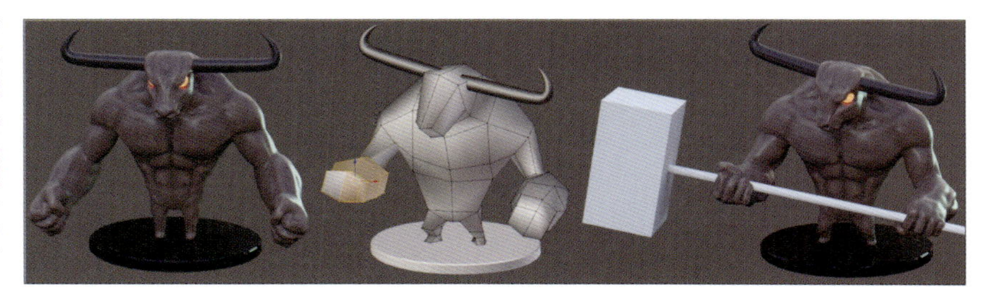

多重解像度でスカルプトモデリングを行った状態（左）。多重解像度をしようすると、編集モードでは元の少ないポリゴン数に戻るので（中央）、ポーズを変えたり、パーツの大きさ太さを変更したりと、大きな変更を加えやすい。ポーズを変更した後にオブジェクトモードへ戻った状態（右）。同じディテールを保っているのがわかる。

CHAPTER 07

02 スカルプトモードを使おう

最初のページで「Dyntopo」の作業手順を紹介しました（P.95 ～）。ここで「多重解像度」モディファイアの使い方も見ておきましょう。

多重解像度モディファイアの使用

多重解像度モディファイアは、ローポリゴンのいいところと、ハイポリゴンのいいところを両方使える便利なモディファイア。扱い方を覚えておきましょう。

☑ スカルプトモードを使用する（多重解像度）

STEP 01

オブジェクトを選択して、多重解像度モディファイアを使用します。[オブジェクト] タブ❶から [追加] ❷ - [多重解像度] を追加します❸。「細分化」ボタンをクリックするごとに❹ポリゴンが分割されます。

POINT 画面表示にどの程度細かく分割した状態を使用するかを決めるのが、左側の[プレビュー][スカルプト][レンダー]の各数値。[プレビュー]はオブジェクトモードでの、[スカルプト]はスカルプトモードでの、[レンダー]はレンダリングするときの分割の細かさ。必要以上に細かくしてしまった場合は、[プレビュー]の値を下げて「高いレベルを削除」ボタンを押すと他も揃う。

STEP 02

01のカトマルクラークとシンプルを使用します❺。図左が元の形状、図中央が「カトマルクラーク」細分化「4」、図右が「シンプル」細分化「4」です。

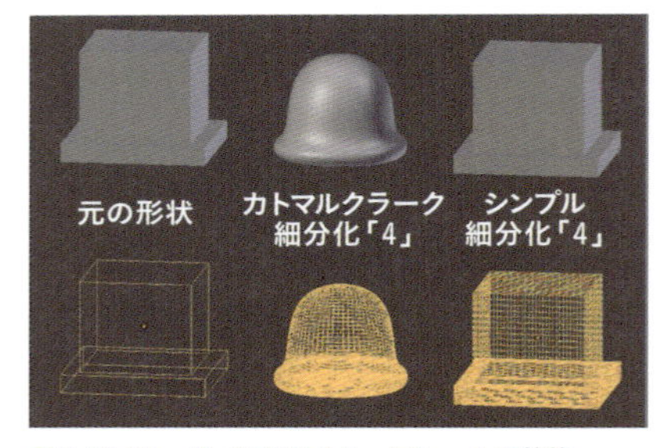

図上がソリッド、下がワイヤーフレームの状態

POINT 「カトマルクラーク」で細分化すると、丸みを帯びながら細分化されるので、ポリゴン数の増加が見てわかる。「シンプル」で細分化すると、一見何も変わらないように見えるが、じつはポリゴン数は同じだけ増えている。元の形状を変えられたくない場合にはシンプルを選ぼう。

STEP 03

多重解像度の利点を活かして、カメの甲羅をモデリングしました。02の多重解像度「カトマルクラーク」を「6」まで細分化してスカルプトしたもの（図左）。全体のシルエットが可愛くなかったので、スカルプト分割数を「1」に落として形を調整しました（図中央）。ふたたび分割数を「6」に戻すと、細部ディテールはそのままに、全体の形を調整できました（図右）。

図左がカトマルクラーク細分化「6」

スカルプトモードのツールシェルフ

**スカルプトするときの設定項目について、よく使うところを見ていきましょう。
スカルプトモードのツールシェルフの各ツールを紹介します。**

1 [▼ブラシ]

最上段にある大きなアイコンが、スカルプトするのに使用するブラシ。
クリックすると、さまざまな種類のブラシが表示される。盛り上げたい、平らにしたい、表面をなめらかに整えたい、など形を作るときに役立つものが揃う。他のブラシを選択中でも、Shift キーを押している間はSmoothブラシに切り替わる。頻繁に使うので覚えておこう。

[半径]

ブラシのサイズを設定する。スカルプト中にFキーで調整することもできる。

[強さ]

ブラシの効果の強さを設定する。スカルプト中にShift+Fキーで調整することもできる。

[筆圧の有効化]

数値の右側に、指で押し込むようなアイコンが表示されている。これはペンタブレットを使用しているときに、筆圧でのコントロールをON/OFFするスイッチになっている。デフォルトでは「強さ」が筆圧で変化する設定だ。

[追加][減算]ボタン

ブラシで盛る（追加）か、削る（減算）かを指定する。ブラシの効果が反転すると考えよう。スカルプト中、Ctrl キーを押している間は逆方向に切り替わるので、このボタンを使うことはあまりない。

2 [▼カーブ]

ブラシの強さは、中心から外に向かって徐々に弱まってゆく。その変化をカーブを使って調整することで、中心が特に強いブラシや、サイズギリギリまで強い効果のブラシに設定することができる。自分でカーブを変更してもよいが、カーブのすぐ下に6つのカーブ設定が並んでいるので、そこから選ぶだけでも好みの設定が見つかるだろう。

3 [▼Dyntopo]

自動的にポリゴンを分割する設定。

[Dyntopo有効]ボタン

Ctrl+Dキーでも有効・無効を切り替えられる。「細部のサイズ」はポリゴンの細かさの指定で、小さいほど細かく、大きいほど粗い。

「細分化と統合」

「細部のサイズ」に合わせてポリゴンを増やしも減らしもできる。これを［辺を細分化］に切り替えると、「細部のサイズ」を大きくしても一度増えたポリゴンは減らされない。

4 [▼対称/ロック]

[ミラー：]

XYZそれぞれの軸方向へ、対称にブラシストロークが描かれる。複数軸を同時に設定することもできる。

[放射：]

XYZ各軸を中心に、設定した数だけ、円周上に同じブラシストロークが描かれる。球面や円柱の側面に同じ模様を繰り返し描く、「10」前後の数値を入れることで水平線や波線を簡単に描くことができる。

[フェザー]

［ミラー］使用時に、ブラシが重なる所だけ二重に盛り上がってしまうのを防ぐため、重なる部分ではブラシの強さを弱めてくれる。［ミラー］を使うならチェックを入れておきたい。

[固定：]

選択した軸方向へは移動しなくなる。X、Yを固定すればZ（高さ）方向にだけ移動する、といった使い方もできる。

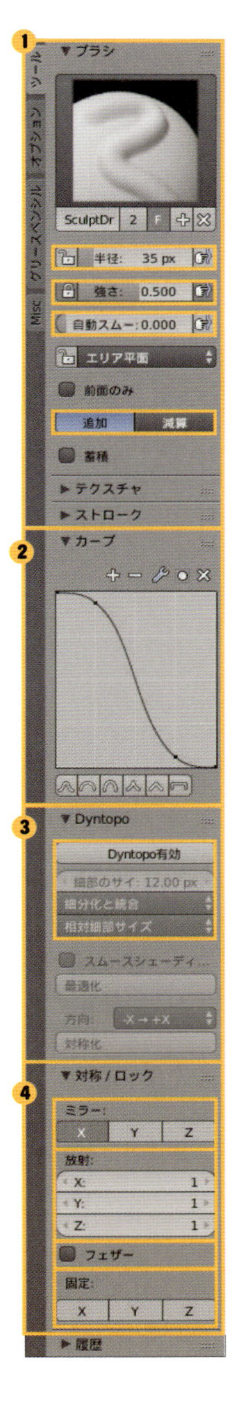

CHAPTER 07

03 使いやすいおすすめブラシ

これがベスト！ ということではありませんが、私がよく使うブラシを紹介します。慣れたらいろんなブラシを使ってみて、自分が作りやすいブラシや設定、手順を作っていきましょう。

Clay Strips、Smooth

Clay Stripsは平たく粘土を盛るようなブラシ。
少しずつ盛り足してゆくことで、有機的な形状を作り出すことができます。
デフォルトで選択されているSculptDrawブラシは、中心が一番膨らむ半球状に盛り上がるので面を表現しづらい。しかし、Clay Stripsは平面的なので周辺の盛り上がりと自然につながってくれます。
Smoothブラシでなめらかに均しながら使うといいでしょう。

Crease、Pinch

溝を彫るCreaseブラシと、周辺をつまんでシャープに仕上げるPinchブラシは、セットでよく扱います。
Creaseは絵を描くように使うこともできるし、形状にシワや傷を作るにも便利。Ctrlキーと合わせて使うと、細い線を持ち上げます。これを角の部分に使うことで、よりクッキリとした角に仕上がります。
Pinchブラシは、ぼやけた、あるいは太すぎる形状にメリハリを出すのに使います。Creaseで作った溝や角はもちろん、他のブラシで作り上げた凹凸の変わり目をシャープにするのにも活躍します。

Inflate、Scrape/Peaks

Inflateブラシは球状に膨らませることができます。内側から膨らんだような柔らかくぷっくらした造形が得意ですし、細長い形状を膨らませるのにはInflate以外考えられないくらい便利。
Scrape/Peaksブラシは平たく削り取り、硬い岩肌のような形を作り出します。もう少し穏やかに削るときにはFlattenブラシもいいでしょう。
イメージ画像にはCreaseやPinchも使用しています。削るブラシとの相性もいいのです。

主役になるオブジェクトに限らず、スカルプトの出番は多い。ここで挙げたClay StripsやCreaseを使って樹皮を表現したり、Scrape/PeaksとPinchで岩を表現したり。ポリゴンモデリングだけで作り込めない自然物は、特にスカルプト向きです。大きく写る部分なら、背景でもスカルプトする価値は十分にあるはずです。

CHAPTER 07

04 完成度を上げるコツ

スカルプトモデリングを行うときに、いつも意識しているポイントを紹介します。ここで紹介するのはツールの使い方のコツですが、モデリングの上達に一番大切なのは観察力なので、ツールの扱いに慣れても資料やデザインを大切にしてください。

動物や人間をリアルにする

少しずつ盛り足す Clay Strips

❶動物、人物をリアルに作るときには、骨格、筋肉に沿ってClay Stripsブラシで盛り上げると作りやすいです。ブラシを強くしすぎず、資料と見比べながら、何度も重ねるようにして徐々に形を盛り上げていきます。

❷図左にある筋は最後にSmoothブラシで撫でると図右のように消えますが、もし消えないようならClay Stripsブラシの［強さ］が強すぎるかもしれないので、数値を調整しましょう。

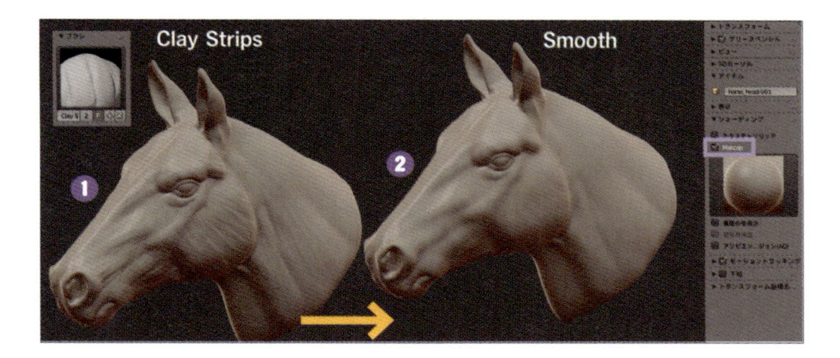

また、スカルプト時には「MatCap」を使うと質感が変わって面白くなります。また、選ぶ質感によっては造形がわかりやすいでしょう。使用するには、Nキーでプロパティシェルフ（3Dビュー右側）を開き、［▼シェーディング］から［MatCap］をチェックし、質感を選びます。

丸みのあるキャラクターを作る

柔らかい形 Inflate / 角をシャープに Crease、Pinch

丸々としたキャラクターを作るときは、広い範囲を柔らかい曲面で広げてくれるInflateブラシが便利です。他のブラシでは盛り上げにムラができるので、整えるのに時間がかかってしまいます。

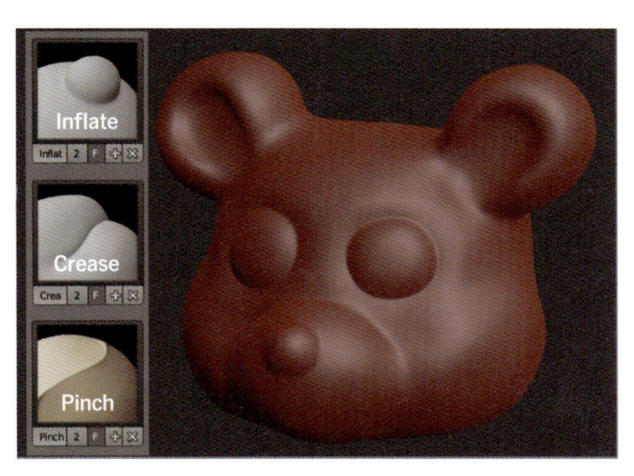

POINT 図のように、全体がボケた印象になると、何を作ったのかわかりにくいので、広い面はなめらかに、境目はシャープに仕上げると完成度が高まる。そこで、形の変化するポイントにCreaseブラシで折り目をつける。さらにPinchブラシを使うとシャープに仕上がる。角の部分はCreaseブラシをCtrlキーを押しながら使うといい。

交差したり、皺になったら Smooth

図左のようなシャープなシワが現れたら注意しましょう。ワイヤーフレームで内部を見てみると（図右）、ポリゴンが交差してしまっています。CGはこういう貫通をしてしまいますが、不自然なことに変わりなく、放置すると修正が難しくなってしまいますので、気付いたらすぐにSmoothブラシでほぐすようにしましょう。

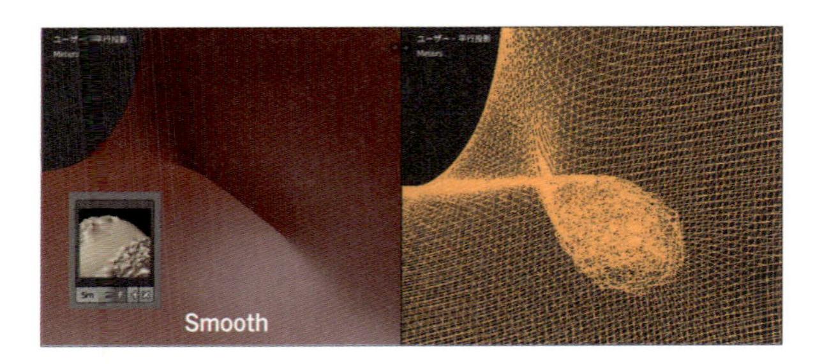

MODIFIERS & SHORTCUT KEY

この章で使用したモディファイアとショートカットキー

モディファイア

多重解像度 (Multiresolution)	▶ スカルプト用の「細分化」モディファイア。元のポリゴン形状を維持し、細分化した分割解像度を上げ下げしてスカルプトすることができる

ショートカットキー

Ctrl+D	▶［Dyntopo有効(Enable Dyntopo)］。スカルプトモードでDyntopoを有効・無効を切り替える
F	▶「ブラシの半径(Radius)」
Shift+F	▶「ブラシの強さ(Strength)」
スカルプト中Shift+左ドラッグ	▶ Smoothブラシ
スカルプト中Ctrl+左ドラッグ	▶ ブラシの効果を反転
Ctrl+数字キー1～5 （テンキーではない）	▶ スカルプトモード時に、多重解像度モディファイアのスカルプト分割数を変更するショートカットキー。多重解像度モディファイアを使用していないときは追加されるが、プレビューが「0」なので、オブジェクトモードに戻ったとき、忘れずに数値を上げよう
数字キー（テンキーではない）	▶ 数字キー1～0には、ブラシの並び順に切り替えショートカットが割り当てられている
Shift+数字キー（テンキーではない）	▶ 上記ブラシショートカットの続きはShift+数字キーで選択できる

CHAPTER

08

オブジェクトを増やす

配列複製とパーティクル

景色の中には、同じような細かいものが無数に散らばるシーンが多い。たとえば、地面には小石や草花が、山には木々が、都会にはビルが、動物には毛が無数に密集している。こういったものを描くことができれば、画面に密度が出て、見慣れた景色に近づけられるのだ。

作例の草花は、「BlenderGuru」というBlenderのチュートリアルサイトで購入した3Dモデル「The Grass Essentials」を使用しました。自分の手ですべて作るのも面白いけど、便利そうなモデルは購入したり、フリーのモデルを使うのもおすすめです。ただし、モデルを含めて配布するのはダメ、などの条件もあるので、作者がどのような条件で使用を許可しているのか必ず確認すること。

01 配列複製のテクニック

同じパターンが続くオブジェクトは案外たくさんあります。こういうものは地道に複製するよりも、配列複製モディファイアを使用したほうが簡単で、修正もラクチンです。

等間隔に複製する

実際に作っているのは、このうちの柵のひとつだけです。

配列複製モディファイアを設定する

複製したいオブジェクトを用意して選択し、
プロパティの [モディファイア] タブ❶ - [追加] - [配列複製] を追加して❷、複製する [数] を指定します❸。

POINT 柵の本数を増やしたり、太さを変えたりするのも最初の1本を制作するだけで済むのでラクチン！

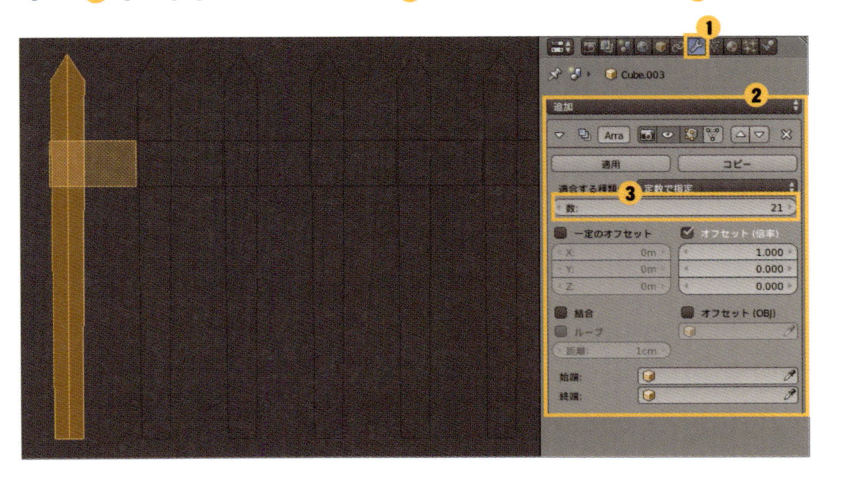

回転複製する

［配列複製］の［オフセット（OBJ）］に変更することで、別のオブジェクトとの位置関係、回転角度、拡大率で複製します。これを使って一周ぐるっと複製してみましょう。

Emptyを使用して回転複製する

複製したいオブジェクトとEmpty（下記POINT参照）を作成します。

❶複製したいオブジェクトを選択し、「モディファイア」タブをクリックします。
❷［追加］-「配列複製」モディファイアを選択します。
❸［オフセット（OBJ）］をチェック、オブジェクトには［Empty］を指定します。
❹複製するオブジェクトは、編集モードで必要なだけ原点から遠ざけます。［Empty］を特定の軸で回転させます。
❺360÷複製個数で角度を決め、「配列複製」モディファイアで［数］を揃えます。

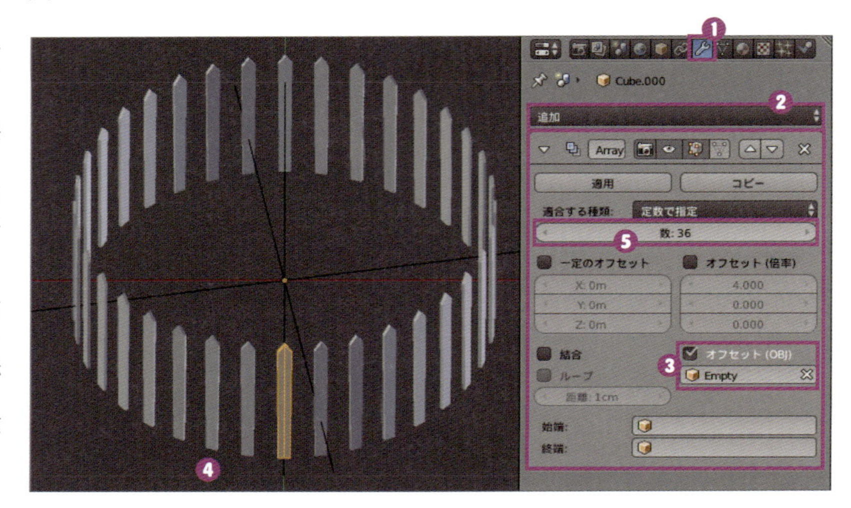

POINT Emptyという、レンダリング結果には描かれないサポートオブジェクトを使用して、回転複製を行う。ここでのEmptyの役割は、中心位置の指定と、回転角度の指定。
Emptyを追加するには、ツールシェルフの［作成］タブから［エンプティ］をクリック（ショートカットキーで追加する場合は、Shift＋Aキー）、エンプティの中から十字を選択。見た目が異なるだけで、どれを選択しても同じ。

［作成］タブ内の「エンプティ」（下）、ショートカットからの「エンプティ」（右）

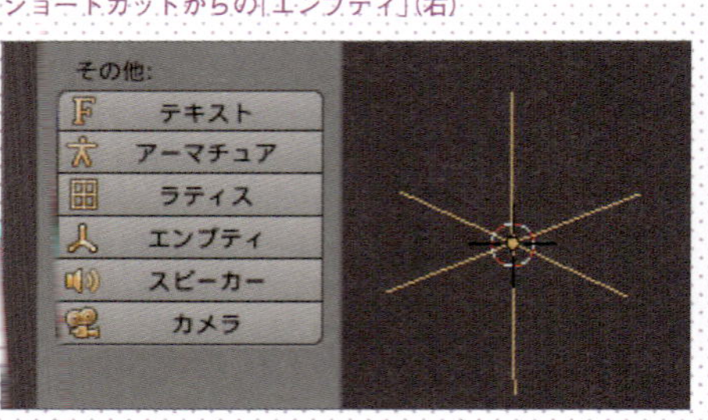

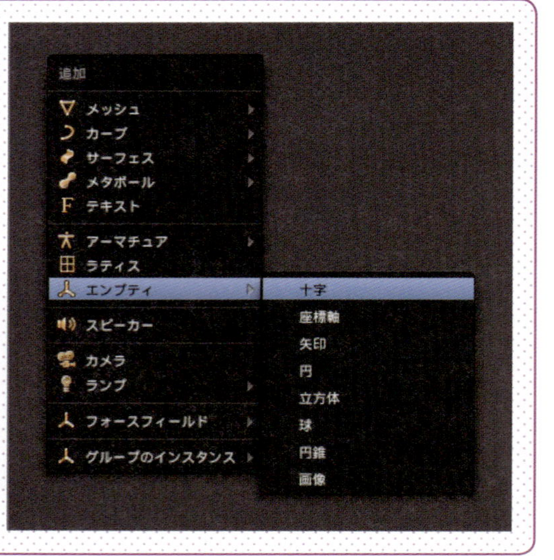

このまま移動するならオブジェクトとEmptyの２つセットで移動する必要があります。数の変更がないようならモディファイアを適用してしまいましょう。

複雑な形状に複製する

「カーブ」モディファイアを使えば、配列複製したオブジェクトを複雑な形に沿わせることも可能です。

カーブモディファイアを併用して複雑な形状に複製する

「配列複製」モディファイアで複製した後、「カーブ」モディファイアを追加して1、添わせるカーブオブジェクトを指定します2。長さに合わせて数の値を増減しましょう3。

POINT このとき、配列複製モディファイアの「適合する種類」を「定数で指定」から「カーブに合わせる」に変更し、使用しているカーブを指定することで、複製する数をカーブの長さに合わせて自動で増減するようになる。必須ではないけれど、便利なので余裕があれば覚えておこう。

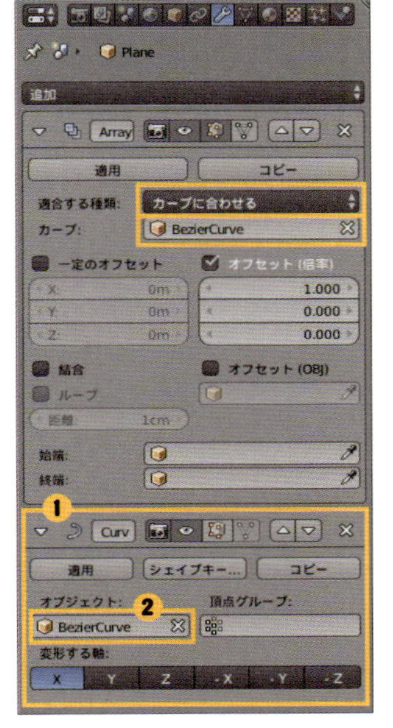

モディファイアはこのようになります。線路やカーレースのサーキットなども作りやすいですし、衣服にファスナーを付ける際にも合いそうですね。

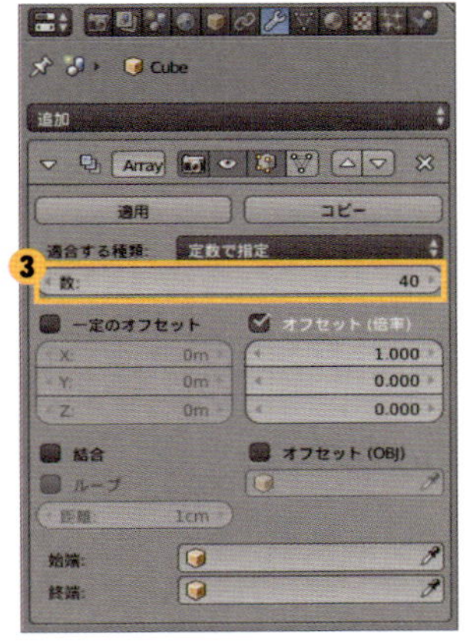

[配列複製] 2つで格子状に

X軸への複製と、Y軸への複製のために[配列複製]を2つ使うことで、格子状に配置することができます。

こうすることで、たったひとつを編集すれば、すべての柄や太さが変更されます。図を見ると、使用した2つの[配列複製]モディファイアは、[オフセット(倍率)]の値を入力した場所がX軸とY軸に分かれているのがわかります。

［配列複製］3つで積み上げ

同様に［配列複製］を3つ、X、Y、Z軸用を重ねれば、積み上げることもできます。

ちなみにオフセットの値は、「1.0」なら端々がくっつくけれど、より大きな値を入れて少し離して配置するアイデアもあります。

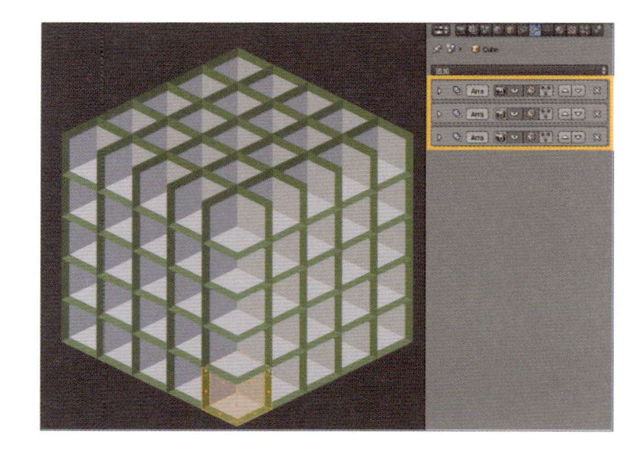

オフセットの値を増減する

オフセットの値は、「1.0」なら端々がくっつくけれど、より大きな値を入れることで、少し離して配置することができます。また、小さな値を入れることで、重なる部分を作ることもできます。

同じものを大量に並べるときには、配列複製が使えないか考えてみましょう。

電柱を複製するなら、距離が離れていたほうがいいので、オフセットに大きな値を入れる。

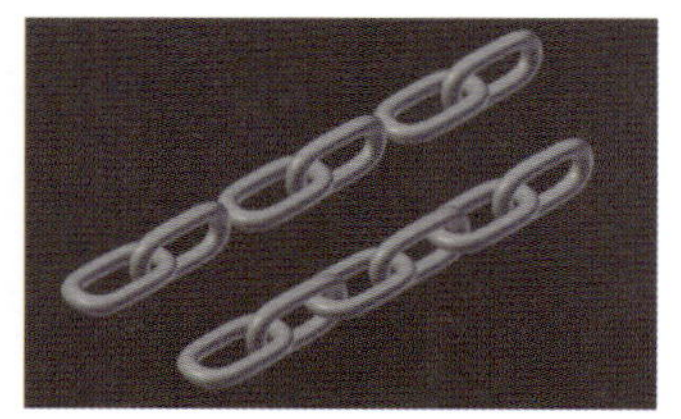

鎖を複製するなら、「1.0」では繋がらないので、オフセットに小さな値を入れる。

始端／終端を設定する

［配列複製］には、始端と終端のオブジェクトを設定することができます。

図のビルなら、1階と最上階を除く各フロアは複製できそうです。そこで、ビル入口の1階と中層フロアと最上階の3つのパーツに分けてモデリングし、フロアのオブジェクトに［配列複製］を使い、始端と終端のオブジェクトを指定しました❶。こうすることで、何階建てのビルになるか、複製の数❷は自由に増減することができます。

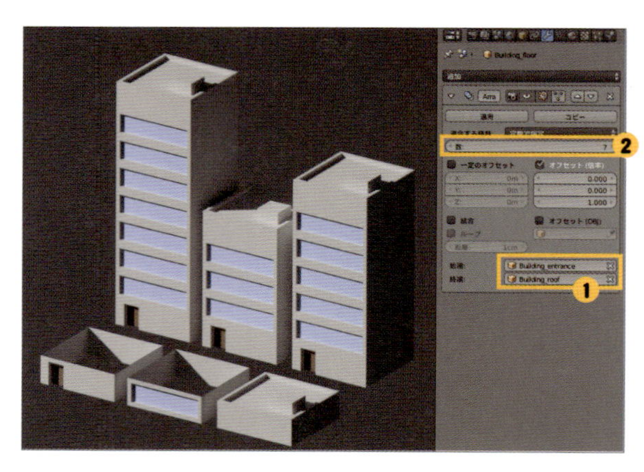

たとえば蛇や龍なら、頭と尻尾と胴体を用意すれば長く伸ばすことができます。ベルトやロープの両端を形作って、いくらでも伸ばせるようにしておいて、「カーブ」モディファイア（P.87）で曲げるのもいいですね。

CHAPTER 08

02 パーティクルで大量複製するテクニック

数万本の草にタンポポ、さすがに手では時間がかかりすぎてしまいます。そこで、大量複製に欠かせないのが「パーティクル」です。ここからは、パーティクルの使い方を見ていくとしましょう。

パーティクルを発生させる

数万もの複製となると、パソコンの性能もそれなりのものが必要です。まずは、数十程度の複製から試してみましょう。「パーティクル」は、発生源となるオブジェクトをオブジェクトモードで選択して、プロパティの[パーティクル]タブで操作します。

☑ 大量に複製する

STEP 01

発生源になるオブジェクトを選択し、[新規] ボタンをクリック、または➕ボタンでパーティクルを追加します❶。[タイプ：] を [エミッター] から [ヘアー] に切り替えます❷。この時点では、面から無数の線が生えた状態に。
[詳細設定] にチェックを入れます。[▼放射] から [数:] の値を変更して、いくつ複製するかを指定します❸。その隣の [ヘアー長：] は複製元と同じ大きさにしやすいので「1.0」にしましょう❹。
[▼レンダー] の「オブジェクト」ボタンをクリックし❺、空欄から複製される [オブジェクト：] を選択します❻。空欄右のスポイトアイコンを使うと、オブジェクトを直接クリックして指定できて便利。とても小さなサイズで複製されるので、[▼物理演算] の「サイズ」を好みに調整します❼。元と同じサイズにするなら、「1.0」に。

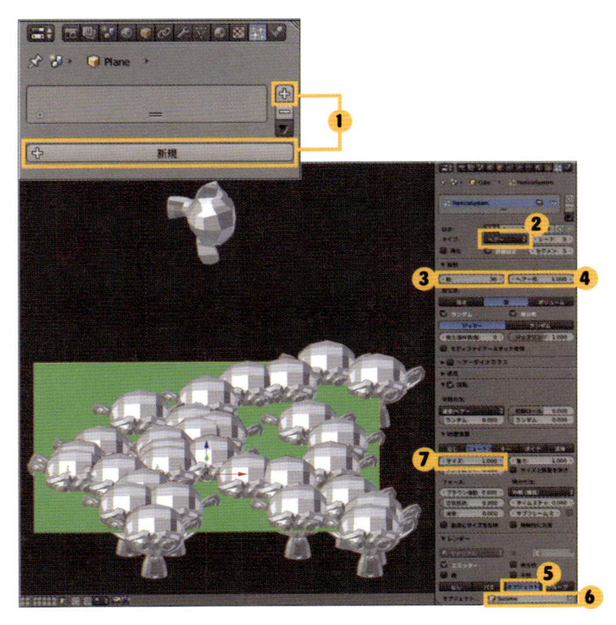

> **POINT** 配置が偏っていたら、最上段の[タイプ:]から「シード」の値を変えよう。ランダム配置のパターンが変化する。

STEP 02

複製されるオブジェクトは、意図しない方向を向いて配置されているはずです。これを修正していきます。
[▼レンダー] -「回転」にチェックを入れます。
オブジェクトモードでの回転が複製されたオブジェクトに影響するようになったので、複製元のオブジェクトの上方向がX軸のプラス側（正面からみて右）を向くように回転します。

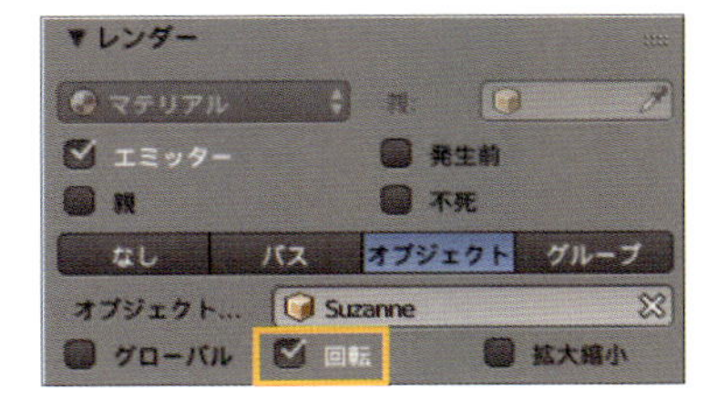

パーティクルに変化をつける

同じサイズ、同じ向きの複製では複雑さが足りません。
複製されたパーティクルの大きさや回転をランダムに変化させましょう。

回転させる

「初期ロール」を下げて、すぐ下の「ランダム」を上げると、パーティクルがぐるり一周、さまざまな方向を向くようになります。

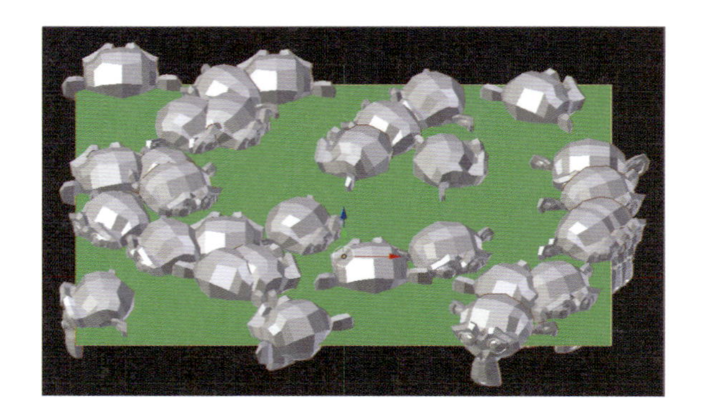

ランダムなサイズに

「サイズ」の下にある「ランダムサイズ」の値を上げると、「サイズ」を最大として、個々の大きさがランダムになります。

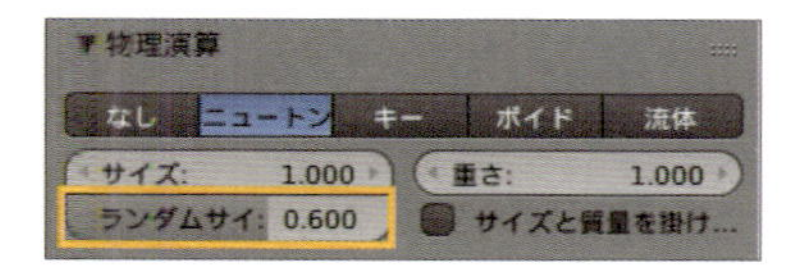

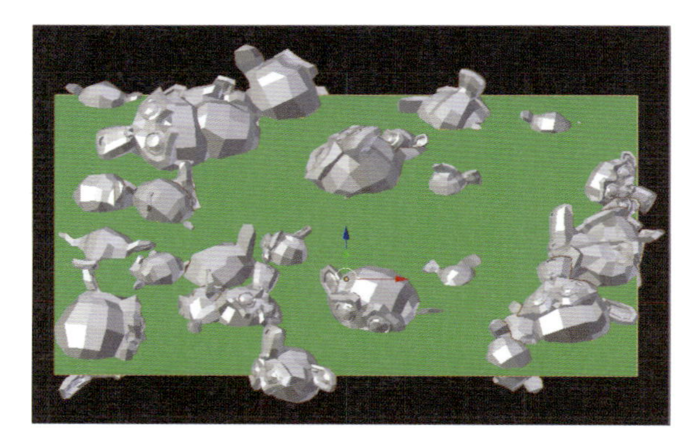

シソの芽をパーティクルで増やした例

手作業で複製すると、自然な散らばりを描くのが難しいけれど、パーティクルを使えば、数も配置も大きさも向きも簡単に調整できるので（P.137 参照）作りやすくなります。

上記のスザンヌを使用した例では、複製されたオブジェクトが半分地面に埋まっています。
これは、複製元オブジェクトの原点が、スザンヌの真ん中にあるためです。
編集モードで移動することで、オブジェクト原点との位置関係を調整しましょう。

ウェイトペイントで発生密度をコントロールする

次は、パーティクルの発生範囲を限定する方法を紹介します。
シソの例では、鉢植えのギリギリまでシソの芽が生えると、葉が鉢にめり込んでしまうので、
縁には生えないようにします。もっと大きなスケールなら、芝の中に道を作るといった使い方もできます。

☑ 密度を調整する

STEP 01

ウェイトペイントでパーティクル密度をコントロールします。パーティクルの発生源となるオブジェクトは、あらかじめ編集モードの細分化や、細分割曲面モディファイアの適用を行ってポリゴン数を増やしておきます。これは頂点ごとに色を付けるためです。
画面下のヘッダーでオブジェクトモードからウェイトペイントモードに切り替えます（Ctrl+Tab キーで切り替え可能）。
ツールシェルフの[ツール]タブで[ウェイト：]値を設定して❶、発生させたいところをウェイト「1」で赤く、させたくないところはウェイト「0」で青く塗ります。[パーティクル]タブの[▼頂点グループ]を開き、[密度：]に「Group」を選択します❷。

> **POINT** ウェイトペイントモードとは、頂点ごとに「0.0～1.0」の値を設定するためのモード。大量の頂点があっても、ブラシで絵を描くように設定できる。
> ここで設定した値はプロパティの[データ]タブ内、「▼頂点グループ」にGroupという名で保存される。必要に応じて複数の頂点グループを作り、使い分けることも可能。

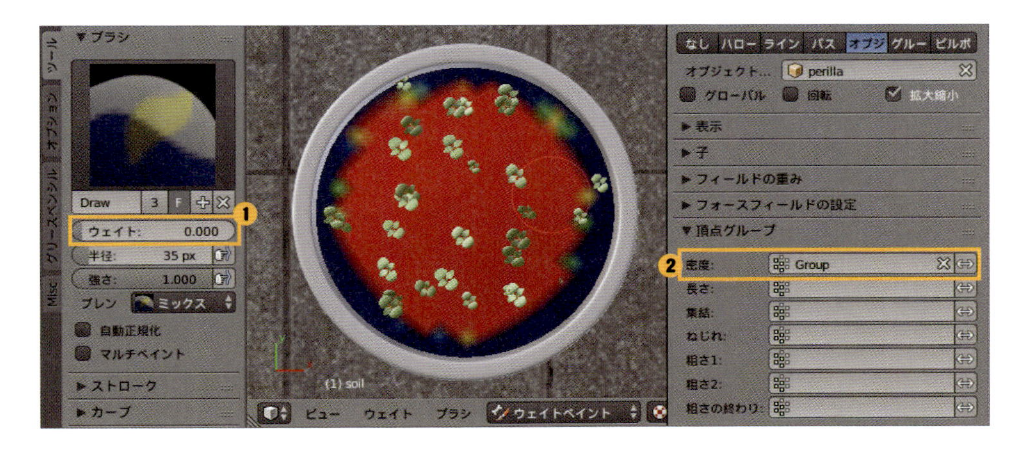

STEP 02

「Group」は、ウェイトペイントしたときに自動的に作られる頂点グループ名です。[データ]タブで確認することができます。他にも頂点グループを作ってコントロールしたい設定があれば、グループ名の右の➕ボタンをクリックして、新しい頂点グループを追加し、ペイントして使うとよいでしょう。

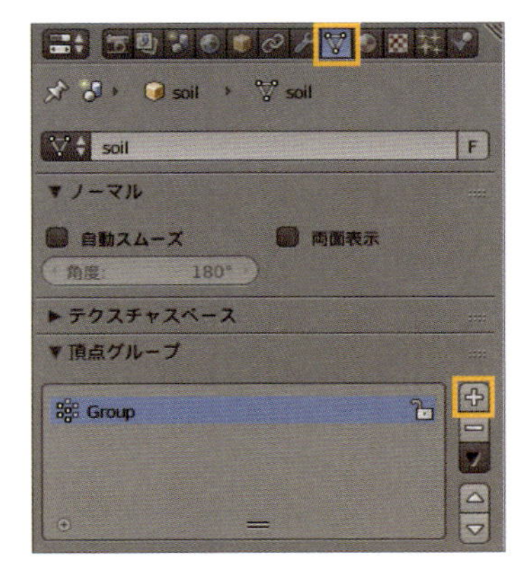

ウェイトペイントで長さをコントロールする

さっそく頂点グループを追加して、別の役割を与えてみます。今回は長さを調整します。

長さを調整する

図のように、長さ専用のウェイトペイント（図では「Group.001」）を行うことで、中央ばかりが元気よく成長しているような絵になりました。このように、「密度」と「長さ」に別のウェイトペイントを施すことで、より複雑なコントロールを行うことができます。

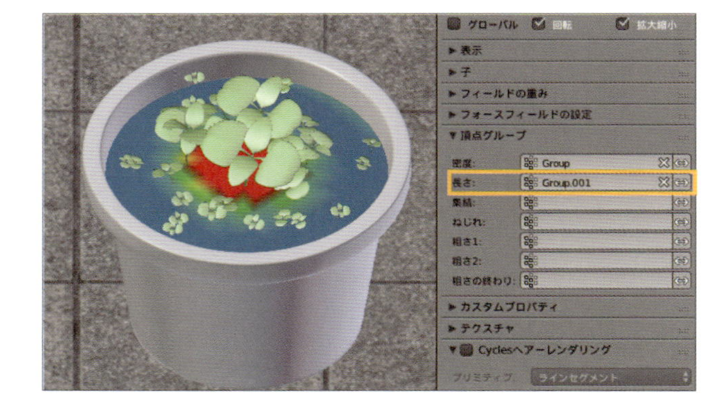

グループ複製でオブジェクトの種類を増やす

パーティクルで複製されるとき、複数のオブジェクトをバラバラに配置することができます。

グループ化して複製する

複製したいオブジェクトをすべて選択して、Ctrl＋Gキー（新たにグループを作成）でグループ化しましょう。
ツールシェルフ下部のオペレーター（P.15）には、いま行っている作業の細かい設定が表示されます。グループ名を付けることもできます。グループ化したオブジェクトは、選択すると緑色の枠線で表示されます❶。
パーティクルの［▼レンダー］から「グループ」ボタンをクリックします❷。［グループ複製:］のところに作成したグループ名を選びます❸。数や回転、サイズなどを調整します。

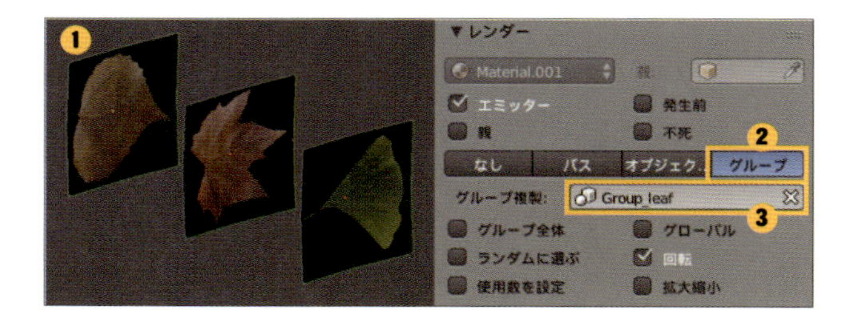

グループ複製を使用して作成した、枯れ葉に覆われた地面です。よく見ると葉が貫通していますが、あら探しするように観察しなければ気付かれることはありません。

CHAPTER 08

03 パーティクルのヘアーモードのテクニック

パーティクルヘアーで毛を生やす方法も紹介します。これはリアルな毛を描きたいときに使う機能で、動物の毛や絨毯、簡易的な草原、そして丁寧に設定すれば、人物の髪の毛を表現することもできます。

ヘアーモードでの増殖

まずは、どんなものなのか見ていきましょう。パーティクルのヘアーモードの使い方は次のページで紹介します。

増毛の流れ

STEP 01

初期設定の1000本です。毛の動きや長さを設定するのは、できるだけ少ない本数にしておいて、[子] という機能を使い1本を10本、100本に増やすのが基本です。

POINT もっと細かくコントロールする必要があるときは、子を使わずに本数自体を1万本、10万本に設定するが、PC性能が高くなければと動作が遅くなってしまう。

STEP 02

毛の本数を増やします。[▼子] の [補間] を使用して、本数を増やしました。「表示」の初期設定、図は「10」の場合です。

POINT 表示の値が低く設定されているのは、よほどPC性能が高くないと動作が遅くなってしまうため。「子」がどの程度散らかったり、まとまったりするか、この表示を見ながら調整しよう。

STEP 03

さらに増やします。[▼子] の [補間] を使用して、「レンダー」の初期設定、「100」でレンダリングすると図のようになります。

POINT レンダーは、F12キーでレンダリングしたときの本数。レンダリング(P.33) は通常とても時間がかかり、数十分から数時間のあいだ操作せずに待つものなので、品質重視で大量の子がレンダリングされる。もちろん、[子] の表示とレンダーの値は自由に設定できる。

パーティクルヘアーの使い方

パーティクルのヘアモードの設定を紹介します。設定項目が多く、見ているだけでは難しそうに感じます。実際に自分で操作して、結果を見ながら遊んでみましょう。

☑ パーティクルヘアーの設定

STEP 01

[パーティクル] タブをクリックします❶。毛を生やすオブジェクトを選択し、[新規] ボタンをクリックまたは＋ボタンでパーティクルを追加して❷、最上部の [タイプ：] を「ヘアー」に切り替えます❸。選択しているオブジェクトに毛のプレビューが表示されます。これを見ながら毛の形を調整していきます。

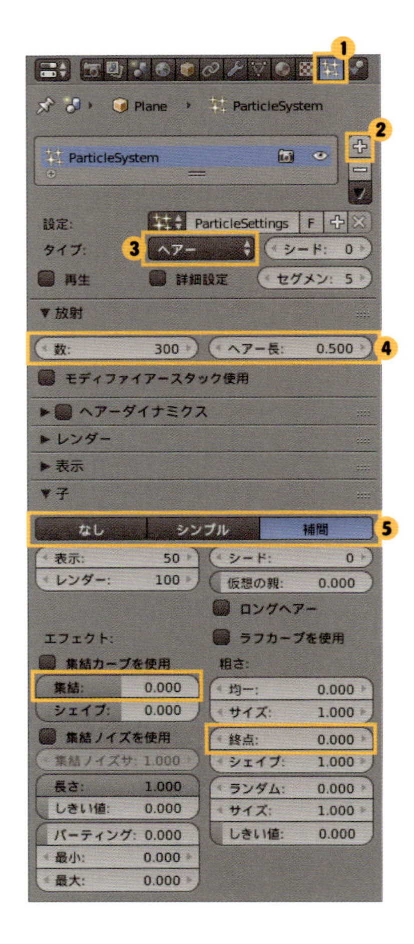

[▼放射] から [数：] と [ヘアー長：] を調整します❹。これはそのまま毛の本数と毛の長さです。ほとんどの場合、初期設定では長すぎるはずです。

[▼子] からレンダリング時の密度を増やします。[シンプル] は動作が高速、[補間] はポリゴンの面に正確に毛を生やします❺。様子を見ながら、好みのほうを選ぶといいでしょう。
[▼子] のパラメーターはたくさんありますが、こだわりすぎなければ覚えるのはちょっとで大丈夫。下図❶❷❸のオブジェクトは、最低限のポリゴン数で、平面の中央を持ち上げた、角ばった形をしています。

STEP 02

❶ 何も設定していない状態。オブジェクトの形状に合わせて毛の向きが4方向へ分かれています。このままだと分け目が目立って、ポリゴンの形が目に見えてしまいます。

❷ 毛束を作りたいときは [集結：] の値を大きくします。[シンプル] を選択しているときは、01の図にない [半径：] という設定項目が出るので、束になる範囲を調整できます。これも同様にポリゴンの形が目立ってしまうので、元の形状がなめらかになっていなければいけません。

❸ 右は毛先を散らして、ポリゴンの形状をわかりにくくした例です。このようにフサフサで包み込む場合は、[終点:] の値を大きくします。[集結:] と [終点：] のみだけでも覚えれば、毛皮のような表現はおよそ大丈夫でしょう。

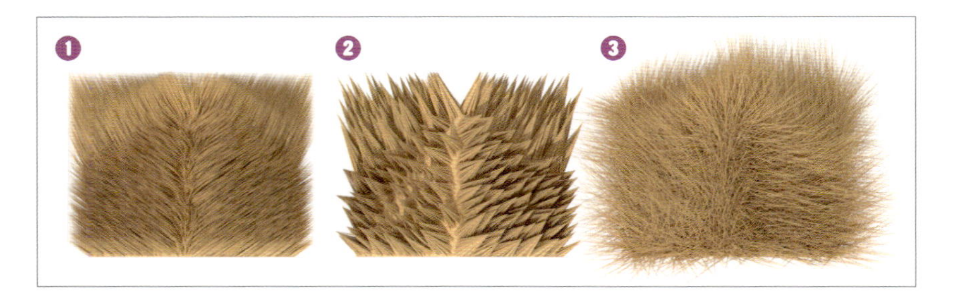

STEP 03

パーティクルでオブジェクトを複製したときと同様に（P.109）、ウェイトペイントで毛の密度［数：］と長さ［ヘアー長：］をコントロールすることができます。

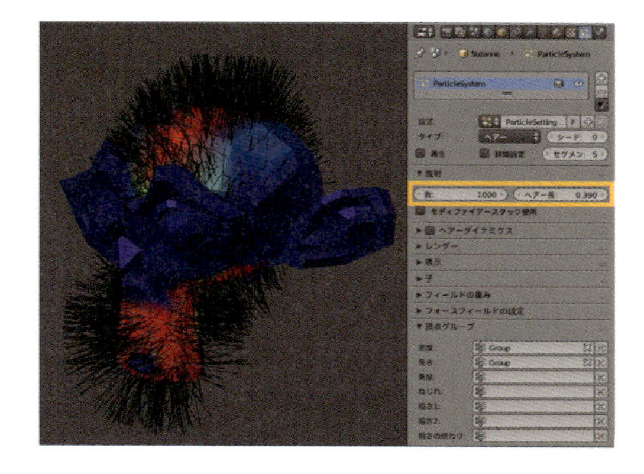

STEP 04

髪の毛やヒゲを思い通りにデザインしたいときは、ヘッダーから「パーティクル編集」モードに切り替えます。ツールシェルフの内容が切り替わり、［ツール］タブの［▼ブラシ］に「くし」や「カット」など、いかにも髪型を整えそうなツールが並びます。これらは実際に操作してみれば効果が一目瞭然なので、ぜひ自分で操作して楽しんでみてください。

POINT ツールシェルフの［ツール］タブ内［▼オプション］-［描画：］-［パスステップ］の値は、数値を上げるほど毛の表示を滑らかにしてくれる。この値はレンダリングに影響しないので覚えておこう。レンダリング時には、［パーティクル］タブの［▼表示］-「ステップ数」の値が使われる。ウェイトペイントでうまくコントロールできないときは、パーティクル編集ですべてのヘアーを「カット」してから、生やしたいところに追加してゆくのもオススメ。

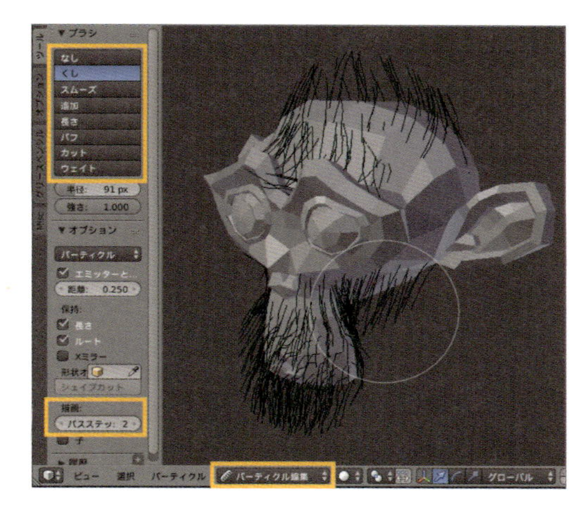

STEP 05

「パーティクル編集」モードの状態でヘッダーの「パーティクル選択と編集モード」でヘアーのコントロールポイントの表示を切り替えることができます。
「パス」「ポイント」「先端」の３種があり、毛の先端だけ操作して、なめらかに変形する、あるいはすべてのコントロールポイントを表示して、詳細に形を作ります。意図しないところを動かしてしまわないように、先端だけで操作することもあるため、作業に応じて使い分けましょう。

●先端（終点選択モード）

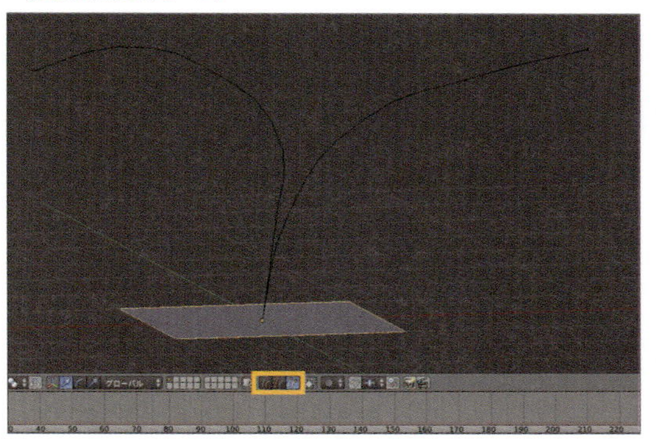

●ポイント（ポイント選択モード）

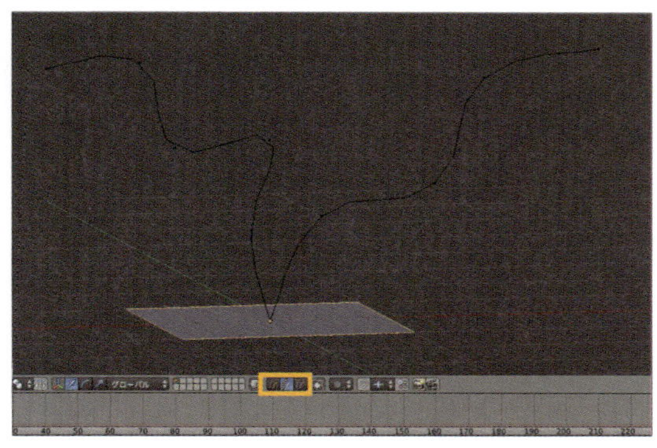

STEP 06

毛のレンダリングに使用するマテリアルは、[パーティクル]タブ1-[▼レンダー]内で選択します2。オブジェクトに割り当てられたマテリアルスロットから選択するので、あらかじめヘアー用のマテリアルを用意しておきましょう。

[マテリアル]タブ3-[▼サーフェス:]4-[ヘアーBSDF]5というシェーダーを使うのがオススメです。

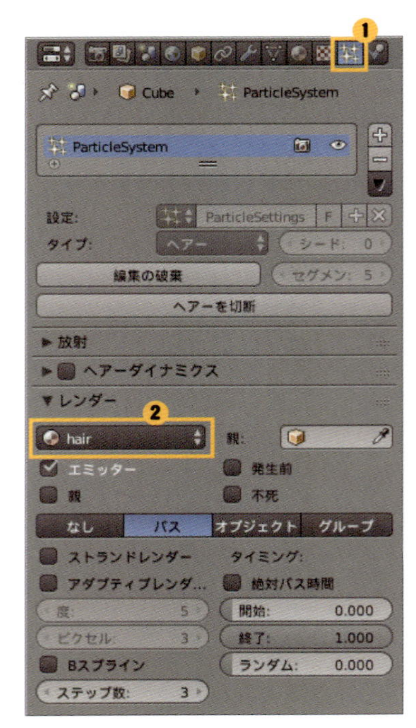

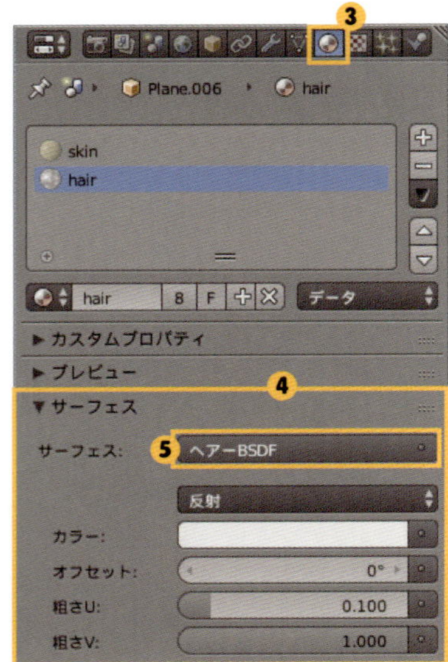

パーティクルヘアーのテクニック

キャラクターモデルの髪の毛表現は、悩みどころになりそうなポイントなので、コツと手順を紹介しておきます。

キャラクターモデルに髪の毛を表現する

1 パーティクルヘアーを設定する頭のモデルを用意します。今回はプリミティブのモンキー（スザンヌ）をモデルに紹介します。

2 パーティクルヘアーを追加します（P.114）。[タイプ:]をヘアーに変更します。何も設定していない状態だと、長い毛が全体を覆います。

3 ヘアーの長さ（[ヘアー長：]）を適度な値にします。部分によって長い毛も短い毛も考えられますが、およそ平均の長さにしておきます。

POINT モディファイアの「ミラー」や「細分割曲面」を使っていると、毛を生やすときに思い通りに生やせないため、いったん削除するか、[適用]ボタンをクリックするかしておく。

4 毛を削除して植え直します。パーティクルの［▼放射数：］を「0」にして、いちど毛を消します。ヘッダーから「パーティクル編集」に切り替え、ツールシェルフから［▼ブラシ］-［追加］を使用して、毛を生やしたい部分に追加します。

POINT このとき、［追加］ブラシの［数：］という値を「2～5」程度に上げておくと、ブラシ半径の中で適度にバラけた毛が生えて、自然な仕上がりになる。

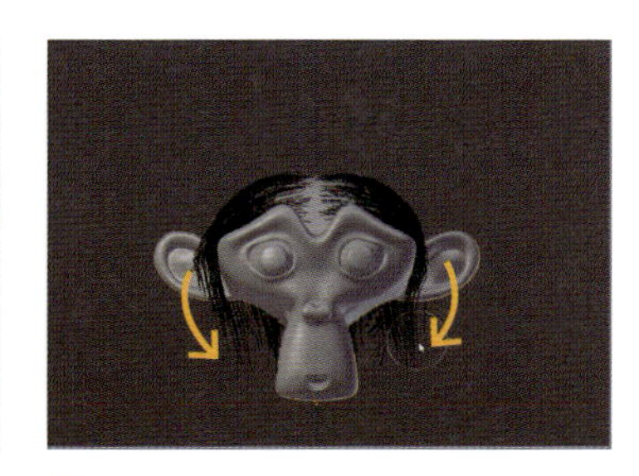

5 分け目を作ります。ツールシェルフから［▼ブラシ］-［くし］で分け目を決めます。

6 すべての毛を、頭の形に沿わせます。

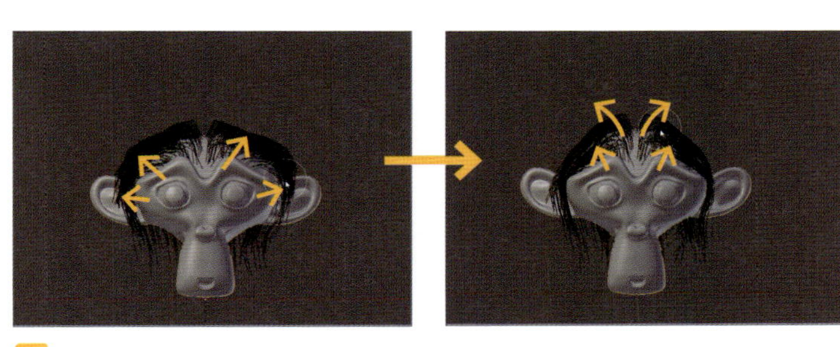

7 毛の根元を立ち上がらせます。

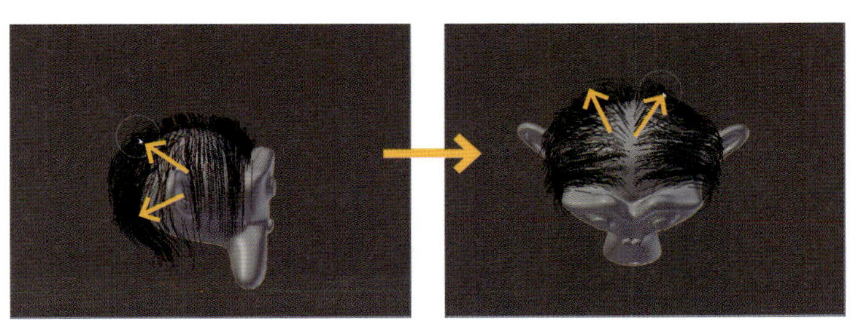

8 別アングルからも同様に根元を立ち上がらせます。3Dモデルなので、正面からだけ調整しても仕上がりません。画面を回しながら、丁寧に毛の流れを作っていきます。

9 整髪完了です。オブジェクトモードで陰影のついた状態を確認します。
［▼ブラシ］-［くし］を使用して毛の流れが整えられると、完成の姿が見えてきます。あとは細かい調整を行いましょう。

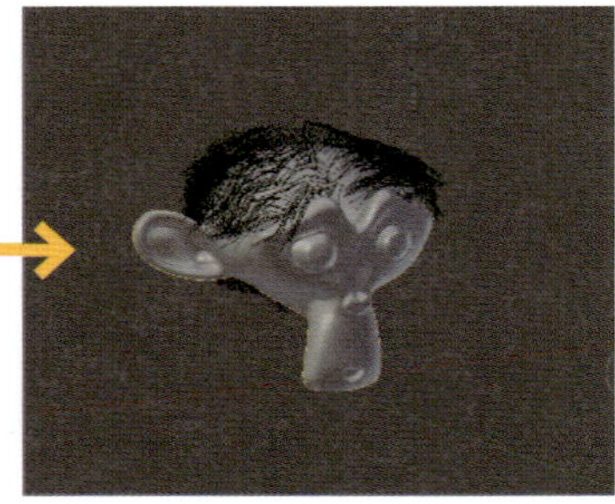

10 髪の長さを整えます。後ろ髪やもみあげなど、他より長く、短く仕上げたい部分には、[▼ブラシ] - [長さ] の [伸長]、[収縮] を使用して調整を行います。その後、[▼ブラシ] - [くし] で再調整して仕上げます。

11 ヒゲなど、別の毛を生やす場合は、頭髪同様に、[▼ブラシ] - [追加]、[くし]、[長さ] (もしくは [カット]) で形を整えます。

POINT 髪のパーティクルヘアーにそのまま追加してもよいが、新しくパーティクルヘアーを追加することで、誤って髪の形を崩してしまう恐れがなくなるので安心。ただし、追加した場合は、次に説明する毛の太さの調整をパーティクルごとに設定する必要がある。

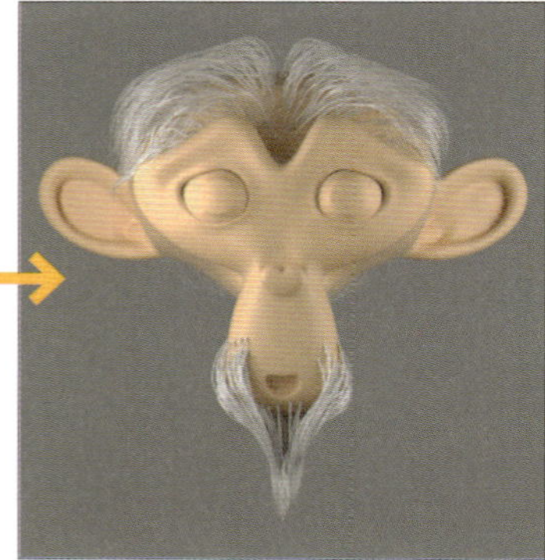

12 [パーティクル]タブ - [▼Cycles ヘアー設定] - [太さ：] からレンダリング時の [ルート (毛の根本側)] の太さを調整します。リアルな毛の細さを目指すと、毛の密度が足りなくなる場合があるので、植毛する必要があります。

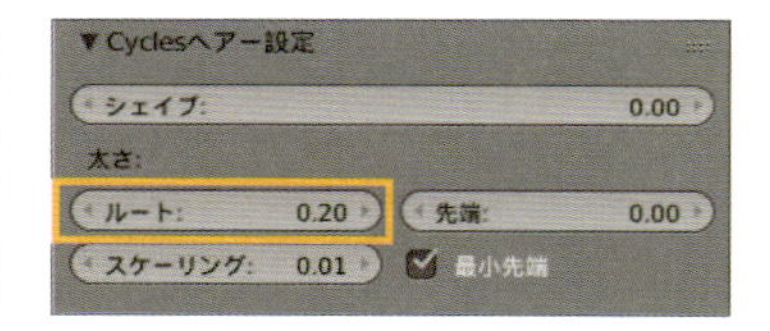

13 整えた髪に植毛するには、[▼ブラシ] - [追加] で「補間」にチェックします。すでに整髪済みの場合、[▼ブラシ] - [追加] で「補間」のチェックを入れることで、他の毛に合わせた形で密度を上げることができます。これを利用して、必要なぶんだけ密度を上げていきましょう。

POINT [パーティクル] タブで、[▼子] から[シンプル] や[補間] を設定すると、自動的に密度を上げてくれるけれど、髪型を丁寧に作っているときには、必要なぶんだけ[追加] で増やすのがオススメ。

今回の作例ではスザンヌをおじいちゃんに仕上げてみましたが、応用すればさまざまな髪型のキャラクターを作ることができます。慣れてしまえば簡単なので、気軽にチャレンジしてみましょう。

MODIFIERS & SHORTCUT KEY

この章で使用したモディファイアとショートカットキー

モディファイア

配列複製(Array)	▶ オブジェクトを規則的に複製して並べるモディファイア。距離や倍率、他のオブジェクトとの関係で複製規則を指定できるほか、始端と終端に別のオブジェクトを指定して、中間だけ複製することも可能。先端を結んだロープや、列車の先頭車両、ヘビの頭と尻尾などに。

ショートカットキー

Ctrl + Tab	▶ オブジェクトモードとウェイトペイントモードの切り替え
オブジェクトモードで複数選択して、Ctrl + G	▶ 新たにグループを作成

[▼グループの操作]

グループ名の変更、グループへの追加や削除は [オブジェクト] タブの [▼グループ] で行うことができる。

Shift + G キーで同じグループのオブジェクトをすべて選択したりすることも可能。

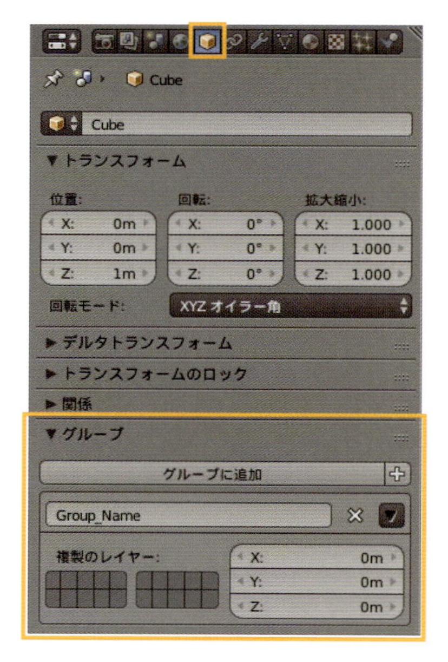

CHAPTER 09

モデルの作り方を考える

イメージを形にするヒント

ここまでで基本的なモデリングのアプローチを紹介してきた。
この章では「どうやって作ったのか」見抜く練習をしてみよう。
たくさん紹介された機能を思い出して自分で作り方を考えることで、
モデリングするとき、すぐに手を動かせるようになろう。

紹介する作り方は答えのひとつだけれど、別の機能を使って作ることだってもちろんできます。
モデリング前に効率的な作業手順が考えられるようになると、より上手に作れるようになり、
そのうち日常目にするさまざまな物の作り方も思い浮かぶようになってくるでしょう。
作例に次いで作り方の説明をしていくので、まずは絵を見て、
読み進める前に自分で考えてみましょう！

01 作り方を考える①
ソファーとぬいぐるみ

まず、「ポリゴンモデリング（P.41 ～）」と「細分割曲面（P.51 ～）」を思い出してみましょう。
いろんな形を作れる最もスタンダードなモデリング方法です。
ぬいぐるみの目以外は、すべて立方体からモデリングしています。
さて、どんな手順で作ればできるでしょうか？　じっくり眺めてみよう。
ここでは、モデリング方法のみに絞って解説していますが、
完成モデルや一部の工程はわかりやすくするため、
マテリアルやテクスチャを追加したもので説明します。

ぬいぐるみのモデリング

ぬいぐるみはパーツこそ多いけれど、ひとつひとつはとってもシンプル。
まずは基本のおさらいをしましょう。

ぬいぐるみの頭

最初にぬいぐるみの頭から作っていきます。キャラクターは可愛い顔ができると作るのが楽しくなってくるもの。

❶ プリミティブの立方体を用意して、編集モードに移ります（Tab キー）。

❷ 鼻先となる部分を「縮小（S キー）」、「移動（G キー）」して顔のイメージを作ります。

❸ 後頭部を「押し出し（E キー）」、「縮小（S キー）」して、頭部全体のシルエットを決定します。

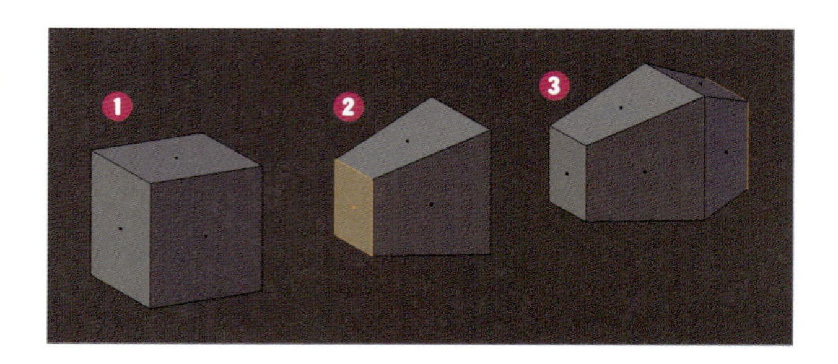

少ないポリゴンでも、完成形の雰囲気は伝わるのがわかりますか？
ポリゴンモデリングでは、できるだけ少ないポリゴンで形を作り、
必要なぶんだけ徐々に細かくしてゆくのが理想です。

頭の丸みを出す

次に、形に丸みを出していきます。

❶「ループカット（Ctrl+R キー）」で一周分割します。

❷「ループカット」で作られた辺を拡大して、形に丸みを出します。

❸ 同様に、横方向へも「ループカット」。❷と同様に拡大して丸みを出します。

ポリゴンを増やしても、何かの役割がなければ無駄になってしまいます。何のために増やすのか考えて、増やしたらすぐ調整しましょう。

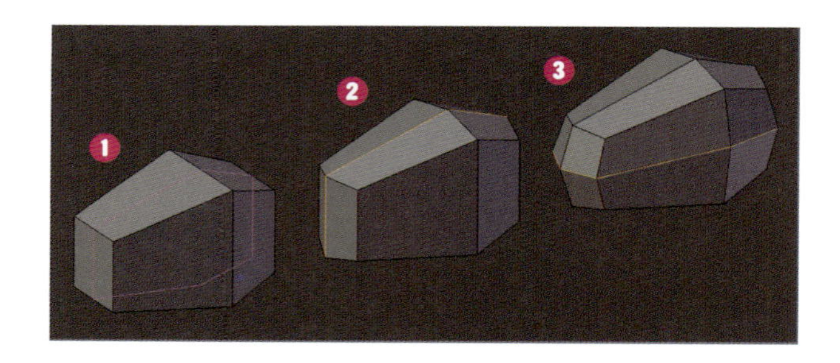

POINT 初心者は、参考にした完成モデルの細かいワイヤーフレームを見て「自分もとりあえずポリゴンを増やす」という失敗をしてしまいがち。でも最初から細かいと、苦労ばかりできれいな形が作れなくなってしまうので、球体以外は少しずつ丁寧に細かくしてゆくのがコツ。

細分割曲面を使用する

❶「細分割曲面」モディファイアを使用して、ビューとレンダーを「3」にしました。丸みを帯びたが、少し細い印象に。

❷「ループカット」を行い、「拡大」や「移動」で頭部の膨らみと鼻先の細さを調整しました。好みの形に仕上がれば頭の完成。

「ループカット」せずに「拡大」する手もありますが、「細分割曲面」を外したときに印象が変わってしまうほどの極端な変形は避けたいため、一列ポリゴンを増やして調整しています。

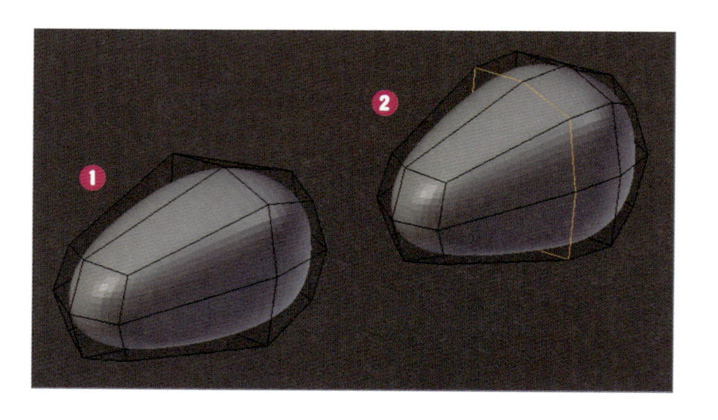

目を作って印象を確認する

❶オブジェクトモードに戻って「UV球」を作成します。
「ミラー」モディファイアで「鏡面コピー」するとき、オブジェクトの原点（図の黄色い点）を中心にミラーされるので、編集モードで「拡大・縮小」や「移動」を行います。
❷UV球を少し平たく「縮小」しましたが、UV球は上下に集まるようなメッシュになっているので、あらかじめ横向きに90度回転しておきました。

図では、向きを変えた縮小結果を比較していますが、輪郭部のメッシュ構造が変わるのは避けたいところです。より少ないポリゴン数だとその違いがわかりやすくなります。

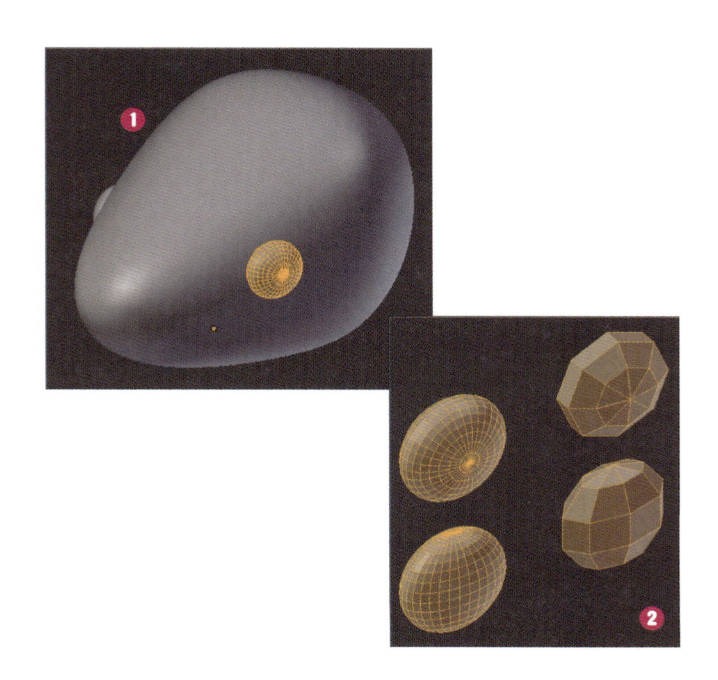

ぬいぐるみの鼻

頭と同じように、立方体を作って下部を縮小、押し出しで上部が少し平たくなるよう整えたら、「細分割曲面」モディファイアで丸めます。

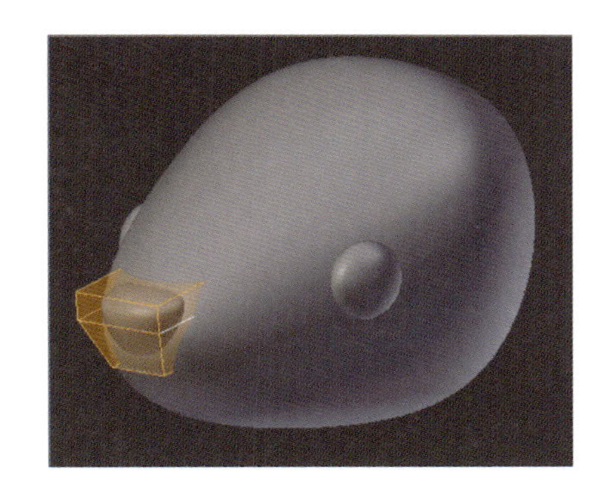

ぬいぐるみの耳

耳は中心部を凹ませて作ります。こういうときには、[面を差し込む（I キー）] が役に立ちます。
❶ 正面の面を選択します。
❷ [面を差し込む] でひと回り小さい面を作ります。耳の縁を作るため、この面は奥行き移動しません。
❸ [押し出し（E キー）] で奥に凹ませ、やや縮小しました。

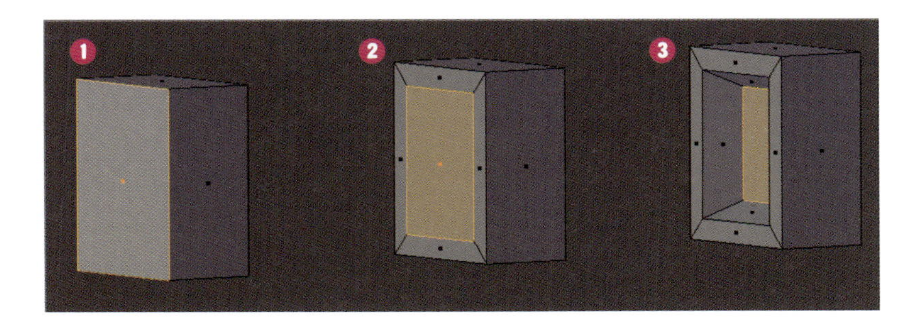

「細分割曲面」を使って形を整える

❶「細分割曲面」モディファイアを、ビュー、レンダーともに「3」にして、丸みを帯びた状態です。
❷先端に向けて細くなる形にしたかったので、「ループカット」で根元近くを分割しました。「細分割曲面」は、頂点の間隔が狭いほど形がシャープに（元の形に近く）なります。
これも「ミラー」モディファイアを使うので、オブジェクトの原点は中心のまま、編集モードで横に移動、回転で可愛らしい角度にします。

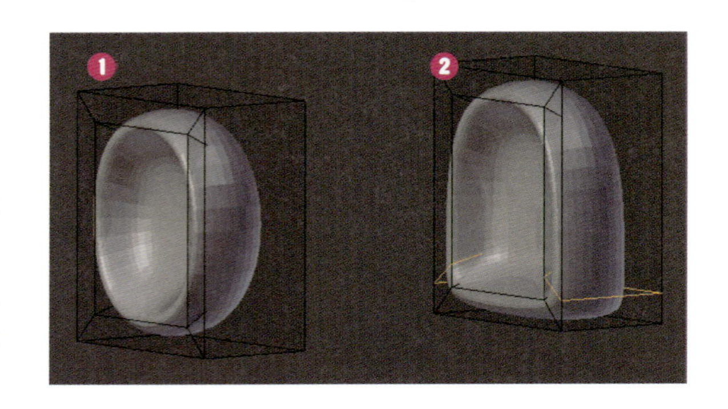

胴体のバランスを決める

❶プリミティブの立方体を作り、編集モードで首側を縮小して、末広がりの形にしました。
❷お腹の辺りを「ループカット」して、下部を縮小し、丸みのある印象に。

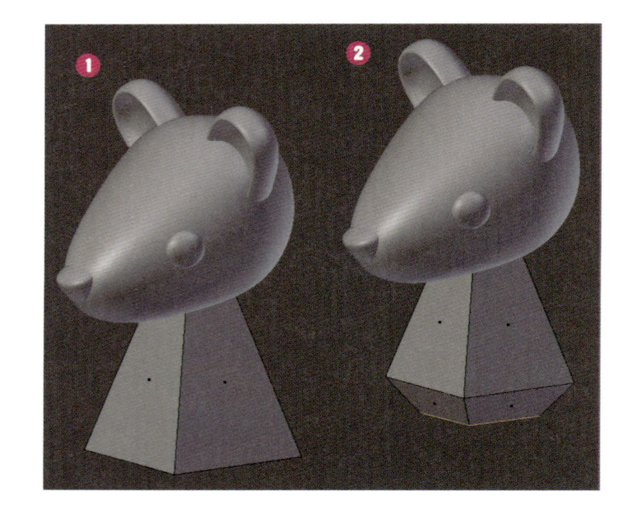

ループカットと細分割曲面で仕上げる

❶頭（P.124）と同じように、前と横にループカットを入れて「拡大・縮小」、「細分割曲面」モディファイアを使用しました。
❷お腹の丸みが足りないのと、首が細くなりすぎたのを、それぞれ「ループカット」と「拡大・縮小」で整えています。
頭も鼻も胴体も、作り方の流れはほとんど同じです。少ないポリゴンでシルエットを決めるのがポイント。あとは脚と腕を残すのみで、これらも同じ作り方となります。

ぬいぐるみの脚

脚を作るときは、「ミラー」モディファイアで両脚揃った状態を見ながらバランス調整していきます。
❶ 最初に、先端が太くなるシルエットを作ります。
❷「ループカット」して丸みを出します。
❸「細分割曲面」モディファイアを使用して丸めます。

ぬいぐるみの腕としっぽ

❶ 腕は、脚を「複製（Shift+Dキー）」して、太さなど少し形を整えました。ほとんど同じ形なので、複製すると作業が早くなります。
❷ じつはしっぽもついています。「UV球」と「立方体」に「細分割曲面」モディファイアを使用したものは、若干ですが丸さが異なります。

図に並べた球体２つは、上が「UV球」で、下が「立方体」。UV球は固さを感じるので、しっぽは立方体で作っています。

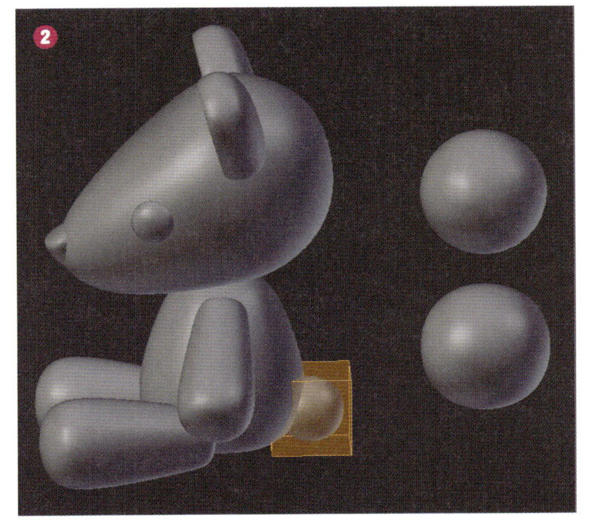

これでぬいぐるみは完成です。
ポリゴンモデリングの感覚はつかめたでしょうか？

ソファのモデリング

ソファは、計画的に作っていく必要があります。使うモデリング機能はぬいぐるみと同じで、
［押し出し］や「ループカット」、それに「細分割曲面」と「ミラー」モディファイアです。
ここで問題になりそうなのが、肘掛けと背もたれを一体で作る手順です。
一見簡単そうだけど、作る手順は思い浮かぶでしょうか？

どの大きさに合わせて作りはじめるか？ を考える

中央が目指す完成形です（脚部を除く）。見本とするソファのサイズを調べて作りはじめると、普通は右の直方体になるでしょう。でも、よく考えてみると、モデリングのときに使うツールは［押し出し］です。直方体から作るには、削る作業が必要になってきます。もちろんそれで作れないことはないですが、ある程度モデリングに慣れて問題解決できる人でないと「どうしたらいいんだろう……」となってしまう場面がいくつか想像できます。
実際に試してみるのもよい経験ではありますが、本書では左のような直方体から作りはじめることにします。

［押し出し］の面の準備

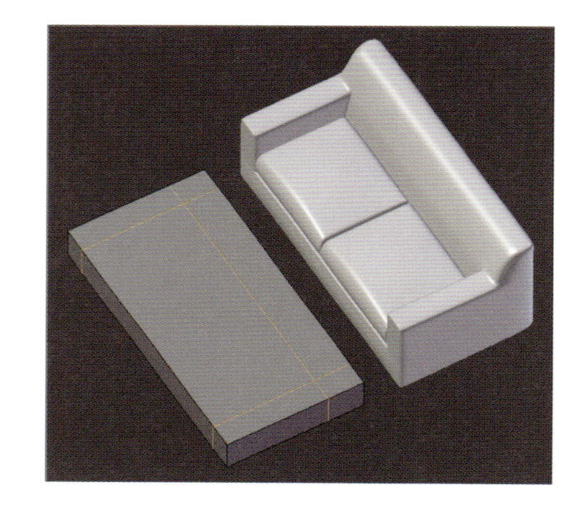

「ループカット」で、［押し出し］のための面を準備します。
「ループカット」で２本切ったとき、１本ずつ移動すると左右対称ではなくなってしまうので、「拡大・縮小」と軸指定を使うようにするとよいでしょう。X軸方向へ拡大するなら、S→Xキーという順です。

POINT 切る位置を示すために図では完成モデルを並べていますが、実際に作るときは、商品写真や略図などを参考に作成。

［押し出し］を行う

❶肘掛けの高さまで［押し出し］を行います。肘掛けだけ、背もたれだけ、というように分けて押し出すと繋がらないので気を付けましょう。ここまでは一緒に押し出すという断面の想像が最初は少しややこしいかもしれません。
❷選択し直して、背もたれの高さまで［押し出し］ます。

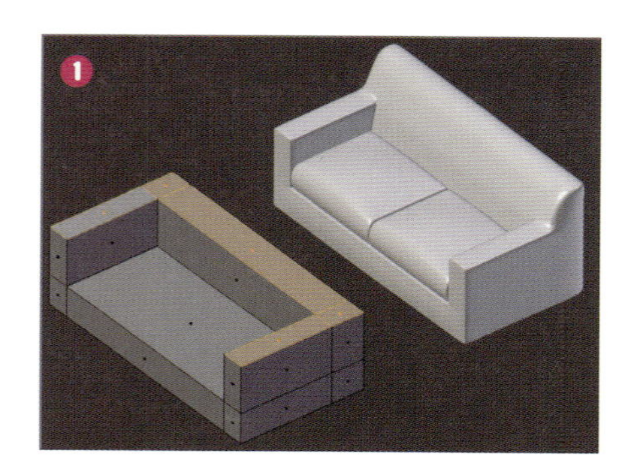

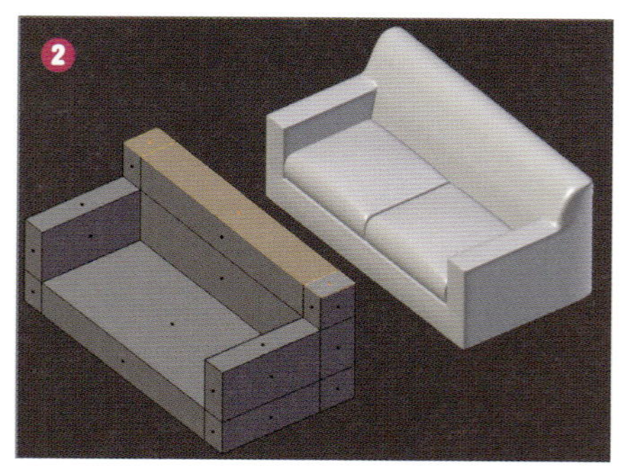

背もたれの角度

辺を１列ごとに選択、移動して、背もたれの角度を作成します。

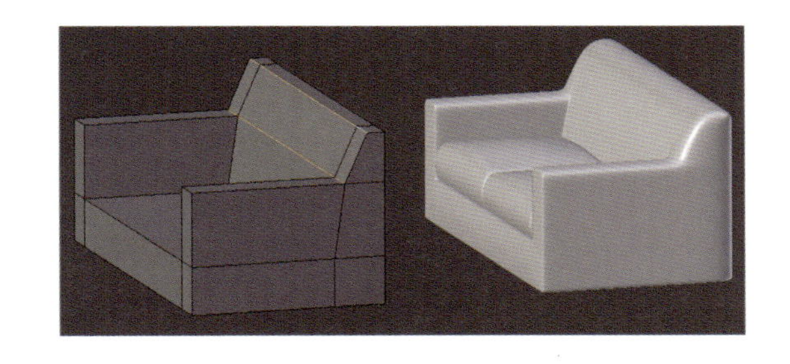

ここまでで、クッションを除いたソファの基本形が完成です。
次に、「細分割曲面」モディファイアを使って丸みを付け、ループカットで角を立たせていきます。

ループカットで形をシャープに整える

図は、それぞれの軸方向へ「ループカット」した様子を、順に並べたものです。端に寄せたループカットがほとんどですが、一部に中央を切っているものがあります。これは多少膨らませ、丸みを持たせるための準備です。

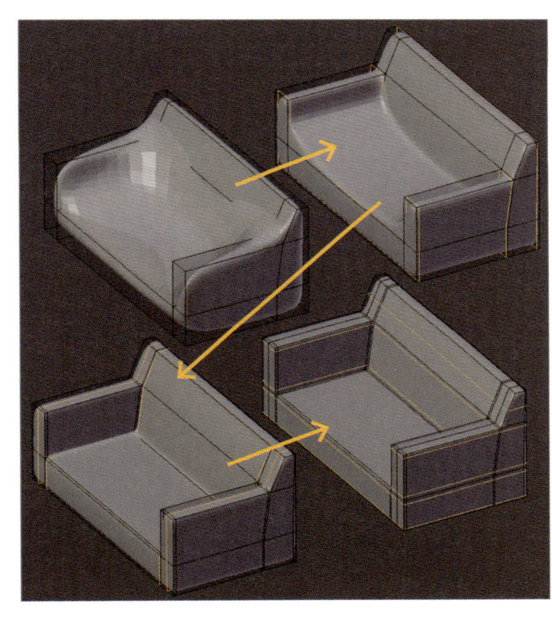

細分割曲面を使用してゆるくなってしまったモデル（左上）、奥行き方向に必要な分だけループカット（右上）、幅方向必要な分だけループカット（下左）、高さ方向に必要な分だけループカット（下右）

カーブの部分を調整する

柔らかいカーブを描く部分を、辺の移動で調整して完成です。
左右同じように作るのが難しければ、中心に「ループカット」を入れて半分削除し、「ミラー」モディファイアを使って作ることもできます。

クッションの表現

❶ 立方体を追加し、編集モードでサイズを調整してクッションの大きさの直方体にします。左右の位置を移動するときも編集モードで行います。これは「ミラー」モディファイアを使用してもうひとつクッションを増やすためです。ミラーに限らず、配列複製を使うのもいいでしょう。手段はひとつではありません。自分のアイデアを考えるのが大切です。
❷ 各方向に2本ずつ「ループカット」して、間隔を広げ、「拡大」や「移動」で膨らみを表現しました。また、わかりやすくするため、「ミラー」は隠しています。
❸ 「細分割曲面」モディファイアで、座り心地のよさそうな柔らかい感触が表現できれば完成です。

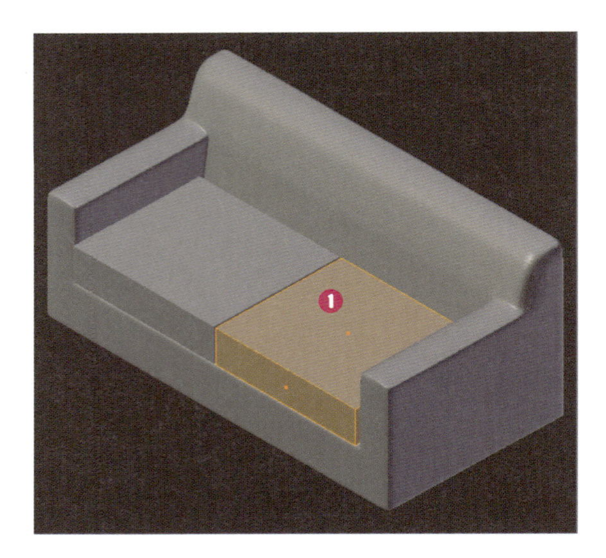

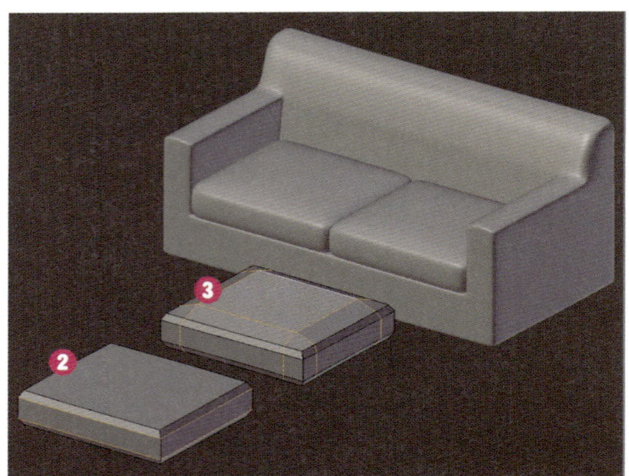

ソファの脚

ソファの脚は、立方体を作り、底面を面選択して縮小しました。
編集モードで脚の位置に移動したあと、ミラーモディファイアを使用。X、Yの2軸に鏡面コピーすることで、1本を4本にしています。

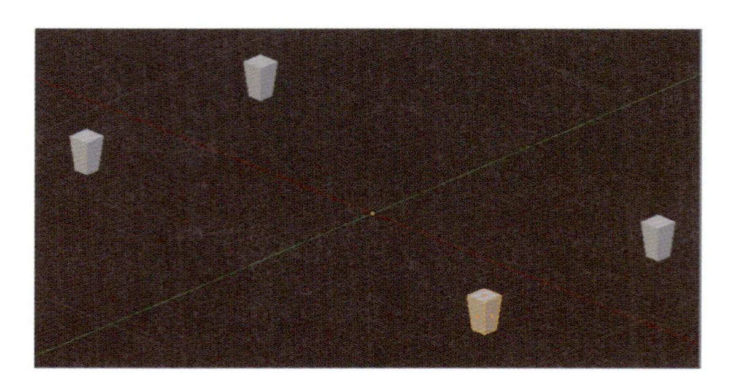

以上で、ぬいぐるみとソファの完成です。
同様の作り方で身近なものがモデリングできないか、見回してみましょう。

02 作り方を考える② アール・ヌーヴォー風の花瓶

ちょっぴり美術品っぽく、アール・ヌーヴォー風のガラス花瓶を作ってみました。
当時は、日本の芸術の影響も強かったそうですが、
現代なら可愛らしいイラストタッチを反映してもいいかもしれません。
さて、今回のポイントは花瓶の曲線と、カエルや蓮のレリーフ。この作り方がわかるでしょうか？

花瓶のモデリング

順番に考えていけば、この作例を見抜くのは簡単。
まずはレリーフがないものとして考えてみましょう。コップも花瓶も、上から見ると丸です。
こういうときは「スクリュー」モディファイアを使います。

ベースの花瓶

❶「カーブ」を使って、図のような曲線を描き、「スクリュー」モディファイアを使いました。
❷オブジェクトの原点を中心に回転体が作られるので、底の部分はX軸の座標を「0」にしましょう。

> **POINT** このカーブの形状で仕上がりがうまく想像できなければ、反対の手順で「スクリュー」を使ってから「カーブ」を編集することも可能。

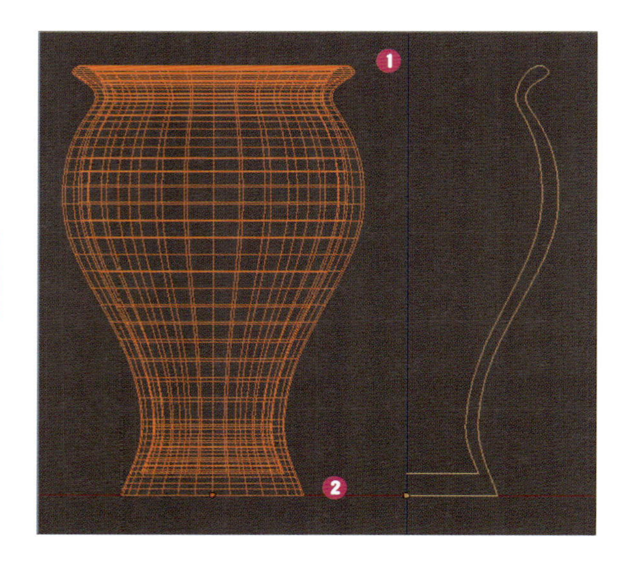

レリーフをスカルプトする準備

盛り上がった柄の部分は、「多重解像度」モディファイアを使って、スカルプトモードで彫刻しました。
多重解像度を使うには、「カーブからメッシュに変換」する必要があります。今回はその前に、少しポリゴン数を減らしました。やらなくても問題ない行程ですが、低ポリゴンでの編集がしやすくなる、テクスチャのためのUVが作りやすくなるなどのメリットも。
カーブの［解像度：］、スクリューの［ステップ数：］それぞれの加減は、ポリゴンが極端に縦長や横長にならない、バランスのいい密度を目指して調整しましょう。

> **POINT** ゲーム用のモデルとして書き出すなど、最後にポリゴン数を減らすかもしれない場合は、変換前に減らしておくのがおすすめ。一度ポリゴンメッシュに変換してしまうと、増やすのは簡単だが、減らすのはひと苦労だ。

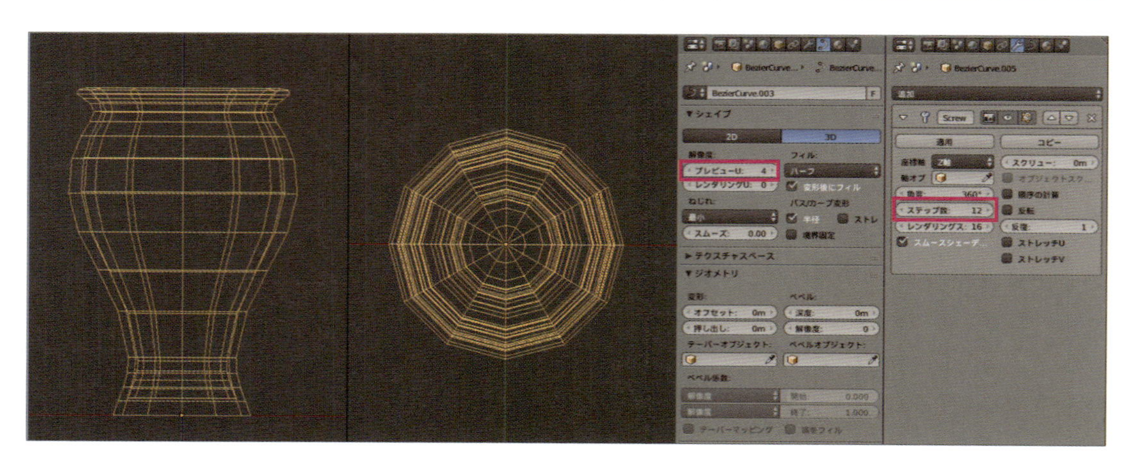

スカルプトモードでラフスケッチ

❶ ここではカエルですが、描きたいモチーフをツールシェルフから［▼ブラシ］-［Crease］ブラシで描き込んでいきます。
❷「前面のみ」のチェックを入れると、花瓶のような薄い形状で裏側に影響が出るのを防ぐことができます。気に入れば、そのまま本格的にスカルプトして、気に入らなければ「多重解像度」モディファイアを削除して、もう一度やり直します。

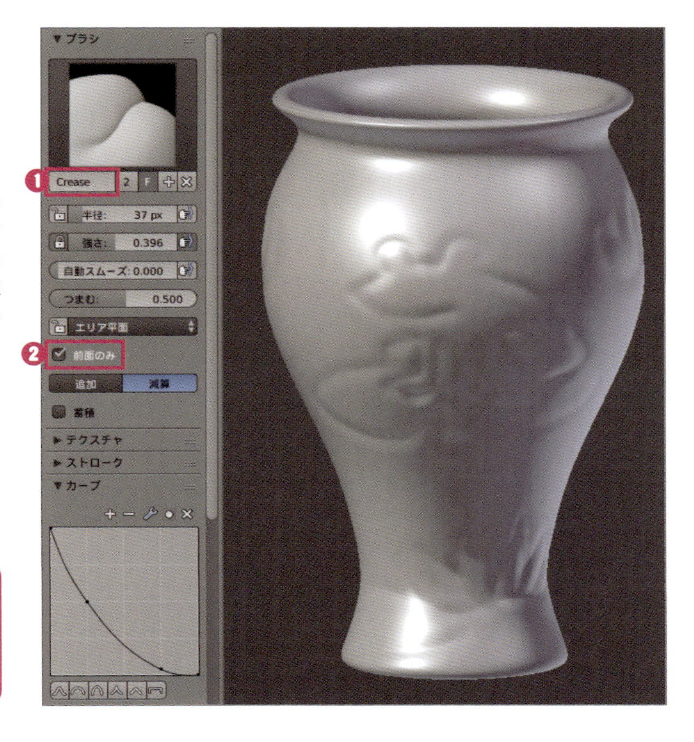

POINT こういった作業には、ペンタブレットがあると便利。私はサイドスイッチのダブルクリックを、中ボタンクリックに設定変更して使用中。通常操作もマウス同様に扱えるのでとっても快適でオススメ。

スカルプトしない部分を守る

絵が決まったらマスクブラシでスカルプトしない部分を守ります。
元の花瓶の形を崩したくない部分は、［マスク］ブラシを使うと保護することができます。輪郭部分を丁寧に縁取りしてから、広い部分を塗りつぶしていきましょう。

POINT 手間はかかるが、こうしておくことで大きなブラシを使って、レリーフ部分だけを一気に盛り上げることができる。
マスクするにはドラッグして塗り、マスクを消すときには Ctrl キー＋ドラッグする。はみ出した部分を消すようにしたほうがきれいに塗れる部分もあるので工夫してみよう。

大きなブラシで盛り上げる

マスクができたら、ブラシサイズを大きくしてサッと盛り上げます。ブラシの跡が残ってしまうようなら、Shift キー＋ドラッグで[Smooth] ブラシをかけます。
さらに[Inflate] ブラシなどで中央を膨らませたり、[Crease] ブラシで線画部分を彫り直したりして完成です。マスクをすべて消しておきましょう。

POINT 表面のザラザラした質感は[▼テクスチャ] で表現している(Chapter.11 を参照)。ポリゴンで作りきれない細かい凹凸は[テクスチャ] で簡単に表現できる。
この方法はレリーフにも便利だし、模様を彫るときにも周囲の形を崩さないので、応用してみよう。

上部の形状を作る

上部のミルククラウンをイメージした形状を作ります。
同じ形を繰り返し作りたいときは、[▼対称/ロック] 内-「放射：Z」の値を上げてスカルプトします。他の方向に繰り返したいときは、[X：]や[Y：]の値を上げます。
このように 、膨れた形をスカルプトするには[Inflate] ブラシを使用します。

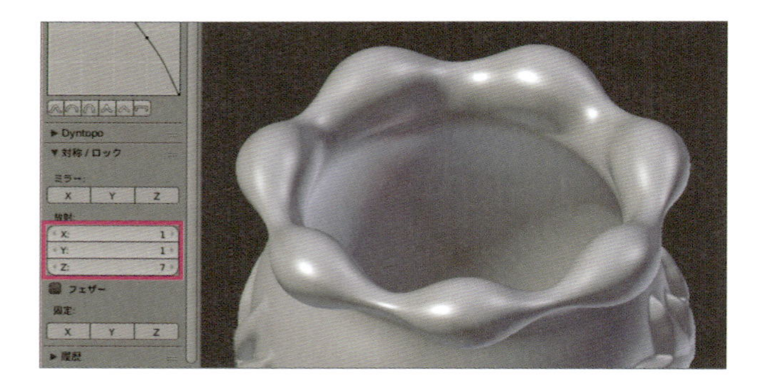

ベースの形を作って、その後スカルプトするというモデリングの流れがつかめたでしょうか。
優れたCG作品には、すべてをスカルプトモデリングで仕上げた作品も多いけど、
このように一部分だけ使う方法も効果的です。

03 作り方を考える③
ひまわり

たくさんのひまわりが咲く、夏をイメージした場面です。
日常よく目にする草花は、作品に使う機会も多くなります。だけど、いざモデリングしようと思うと、構造が複雑で何処から手を付けてよいか混乱してしまうかもしれません。
この機会に作り方を考えてみましょう。1種類できるようになれば、他の花も作れるようになります。

ひまわりのモデリング

今回は、わざとポリゴン数の少ないカクカクの状態で仕上げています。
実写のようにリアルな 3DCG や、アニメのような 3DCG もいいけれど、いかにも CG ！といった仕上げも、
画材としての 3DCG らしさが感じられて魅力的な表現です。

モデリングのために観察してみると、細かいパーツが密集してできていることに気付くはずです。
さらによく見てみると、同じパーツが無数に複製されていて、
実際にモデリングしたパーツ自体はそんなに種類がなさそうなことがわかります。
さぁ、こういうときは何を使えばモデリングしやすいか、わかりますか？

複製して使うパーツは、正面から見えるこの3つです。左から、舌状花、筒状花、葉。
ひまわりを作るためには、まず調べることから。ひまわりはひとつの大きな花ではなくて、外側も内側も小さな花の集合です。構造を知ることはとても大事で、知ったうえで省略したりデフォルメしたりしましょう。ちなみに裏側は見えないので、今回は作り込んでいません。

発生源を作る

パーティクルヘアーで複製するための、発生源を作ります。
無数に複製する必要があるときは、「配列複製（P.105）」か「パーティクル（P.109）」のどちらかが便利です。今回は、複製したものの大きさや密度を「ウェイトペイント」でコントロールしたいので、「パーティクル」を使うことにしました。

ひまわりの筒状花は独特の並び方をしています。これを再現するために、UV球を作成し、編集モードで、Ctrl+E キーで「分割の復元」を使用して、ポリゴン数を減らしました。
これは本来、「細分化」で増やしすぎてしまったポリゴンを減らすための機能ですが、[▼分割の復元] - [反復] に奇数を設定するとおもしろい構造になるのを思い出しました。これらの頂点位置からパーティクル複製を行います。

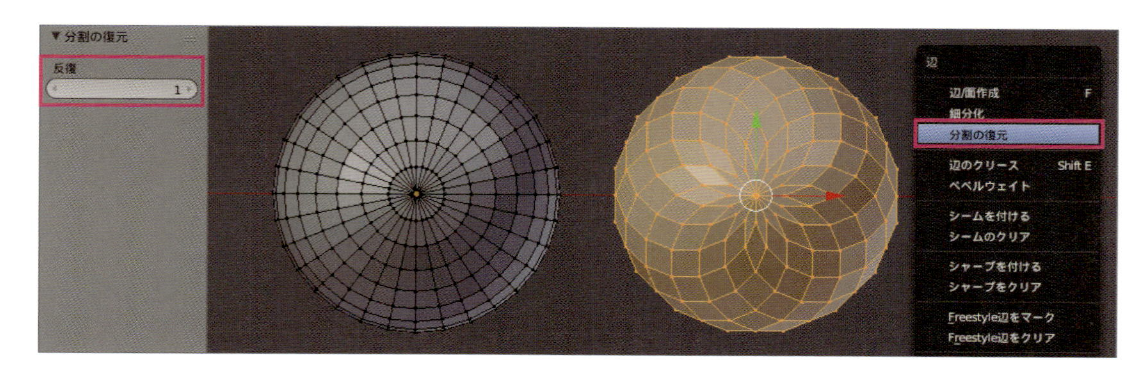

舌状花の土台

筒状花と同様に、分割の復元で交互になるようにします。
❶ 円柱の上下面を削除した左のままでは花びらが重なってしまうので、「分割の復元」で交互になるようにしました。
❷ 上一列選択して、少し回転するだけでもずらすことができます。機能が思いつかなければ、アイデアで解決するのも大切です。

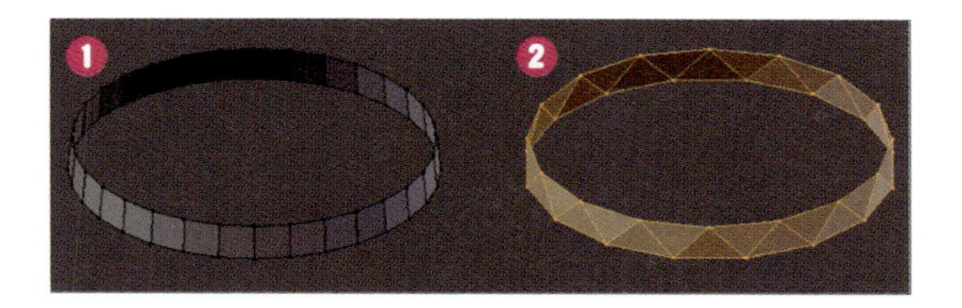

パーティクルのヘアーモードで花を作る

❶ それぞれの発生源オブジェクトにパーティクルを設定して、タイプを「ヘアー」に切り替え、複製するオブジェクトを選択します。
❷ [▼放射] の [発生源：] を [頂点] に切り替え、「ランダム」のチェックを外します。

POINT 「ランダム」がチェックされたままだと、同じ頂点に重なったり、なかなか発生しない頂点があるため、必要パーティクル数が何倍にも膨れ上がってしまう。「ランダム」を外すことで、発生源オブジェクトの頂点数だけの「数」で足りる。

頂点数とパーティクルの数を確認する

❶編集モードに切り替えると、画面上部の情報に、選択しているオブジェクトの頂点数が表示されます。
❷頂点：417（選択）/417（全体）という状態なので、パーティクルの [数：] も「417」としました。
❸ [▼回転] - [初期方向：] を [ノーマル] に指定。中心部の花の大きさを少し小さくします。図を見ると、中央部の色が緑がかっていて、低い値になっているのがわかります。

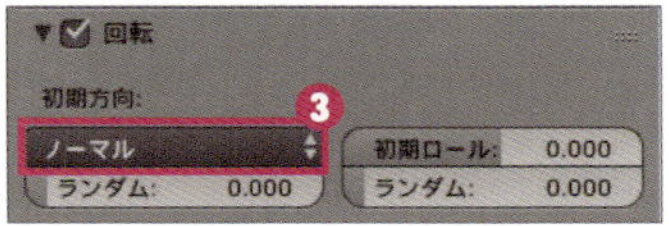

POINT ここでいう「ノーマル」は、面の向き（法線方向）のことを指す。

茎を作る

ベジェカーブを使用して茎を作りました。

カーブを扱うのが苦手なら、立方体や円柱などのメッシュから［押し出し］て作ってもOK。

花の裏側を広げる

図の辺りまでは角度によって見えてしまう可能性があること、花の裏が透けてしまうと困るため、おおまかに形作っておきます。

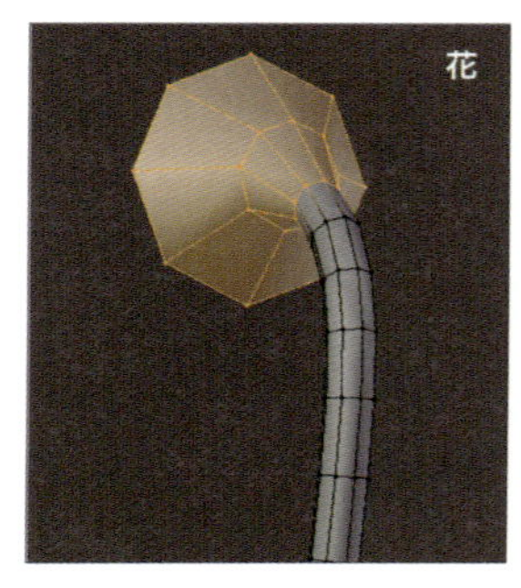

POINT ひまわりの苞のふくらみの有無による、横向きの見栄えの違いを見てみよう。

茎に葉を生やす

葉を生やすのにも、やはり「パーティクルヘアー」を使用していきます。

POINT 葉の密度と長さは、「ウェイトペイント」を使ってコントロールする。バランスよく、都合のいいところに葉が生えてくれるように、数とシードを何度も変えて試している。

花を増やす

❶花1本をひとつのオブジェクトにするため、すべてのパーティクルヘアーを、個々のオブジェクトに変換します。[モディファイア]タブから、「Particle System」の[変換]ボタンを一度だけクリックします。パーティクルで複製されていたオブジェクトが、個々に選択できる別オブジェクトに変換されます（または複製を実体化[Shift＋Ctrl＋Aキー]）。
❷このままでは、変換したオブジェクトと、パーティクル複製されたものが重なっているので、[パーティクル]タブからParticleSystemを削除します。

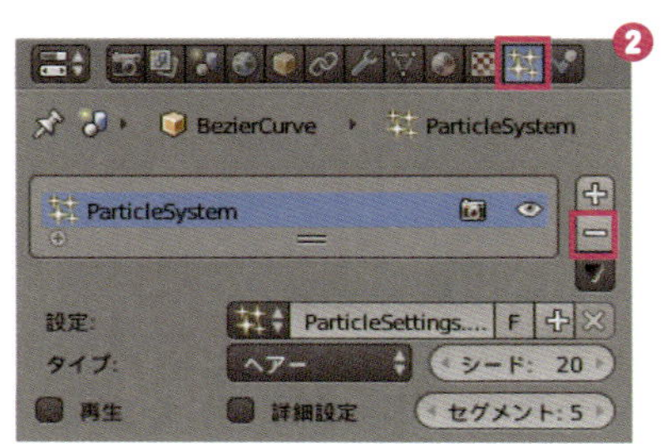

POINT 次の工程でバリエーションを作成するので、パーティクルを削除する前に茎を複製しておき、[シード：]を変えた葉を変換するのもおもしろい。

バリエーションを作成する

たくさん増やすとき、それが工業製品でなければ、いくつかバリエーションを作っておいたほうが自然に見えます。

POINT 茎の曲がり方や花の大きさ、向きを変化させた3種類をX軸方向に倒してグループ化した状態。ポリゴンメッシュに変換してしまった茎は、プロポーショナル編集を使って移動や回転を行うと変形しやすい。

花を複製する

地面に無数のひまわりを植えます。
絵を作るときは、カメラに映る範囲だけ高密度であれば問題ありません。比較的狭い範囲に100本のひまわりを複製してみました。PC性能ギリギリまで活かして無駄なく配置するには、カメラの画角に合わせてハの字形状の地面を作るのも手です。

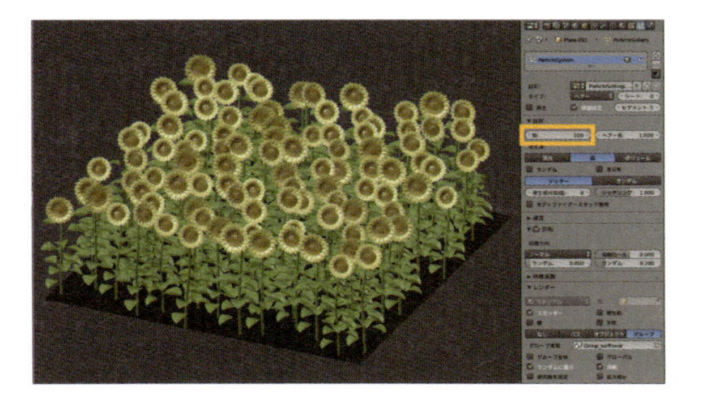

POINT 回転にわずかなランダムを加えることで、バリエーションの少なさを補っている。ランダムサイズを使うのも有効。

パーティクルを活用したモデリングがわかってきたでしょうか？
パーツを分けて考えれば、他の植物も作ることができそうです。

CHAPTER 09

04 作り方を考える④ ヤカンとストーブ

冬の北国、小さな駅でストーブが焚かれている。そんな場面を作ろうと思ってモデリングしたストーブとヤカンです。このモデルはChapter14でも使用しています。一見複雑な形に見えるけれど、パーツごとに作りやすい方法を考えてみましょう。モデリング方法が思い浮かぶでしょうか？

ヤカンのモデリング

比較的簡単そうな、ヤカンから答え合わせしていきましょう。
自分ならこう作る！　というアイデアは考えてみたでしょうか？

ヤカンの本体

本体部分は「カーブ」と「スクリュー」を使用して作成します。
上から見て丸いものは、だいたい「スクリュー」で作ることができます。カーブで作れるものは「カーブ」で作るのが一番正確で、形や分割の細かさなど、後から調整も効くので積極的に使います。
フタもツマミも1本のカーブで作って、ツマミ部分だけはマテリアルを変更するために、Pキーで別オブジェクトに分離します。

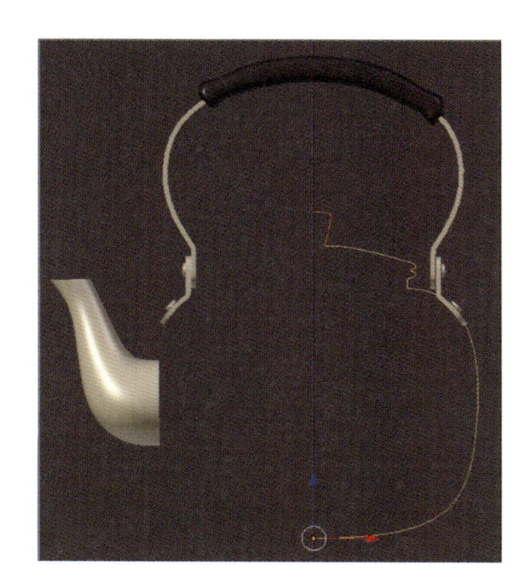

POINT フタを取った絵を作るなら、組み合わせる構造のカーブを別々に作ったほうがいい。仕上がりの絵を考えて、見る人が違いに気づかないような作り込みは避けていく。

ヤカンの取っ手

取っ手は平面の作成から「厚み付け」モディファイア、「細分割曲面」。そして「ミラー」を使用します。平たいだけなら「カーブ」を［押し出し］てもよいのですが、両端が丸く角の落ちた形状になっていたので、ポリゴンを編集して丸みを出しました。均等な厚みは、平面で作ってからモディファイアで調整可能な状態にすると作りやすく、直しやすいです。
取っ手は左右対称な形だったので、反対側は「ミラー」モディファイアで作りました。これもやはりラクチンなだけじゃなく、形を修正するときに、ひとつ直せば全部直るという状態が便利なのです。

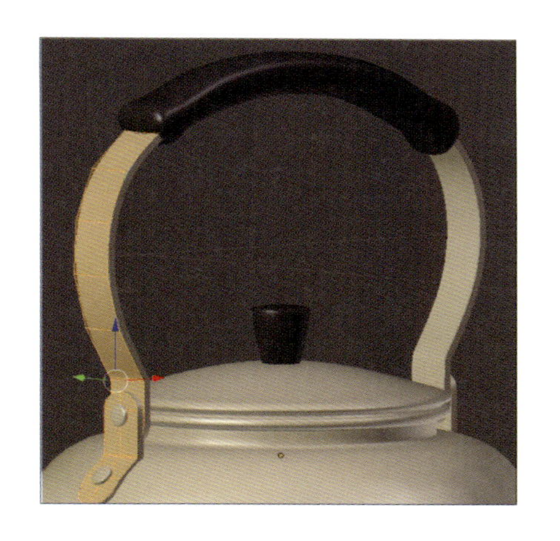

ヤカンの注ぎ口

注ぎ口は円柱を作成し、［押し出し］や「ループカット」で徐々に整えて、「細分割曲面」モディファイアで仕上げます。「細分割曲面」を使う場合、円柱を作るときの頂点数に気を付けましょう。ポリゴンの縦横比があまりにも違いすぎると、密度の高いほうは無駄に負荷をかけることになります。作例では頂点数の初期値「32」から「8」まで下げて作っていますが、もし32分割もされていたら形を整えるのも大変です。

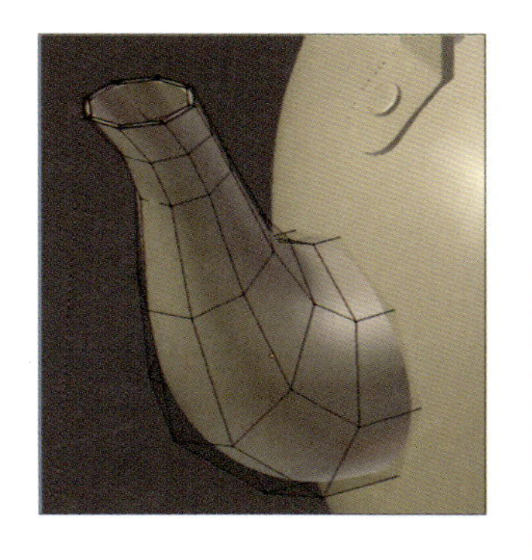

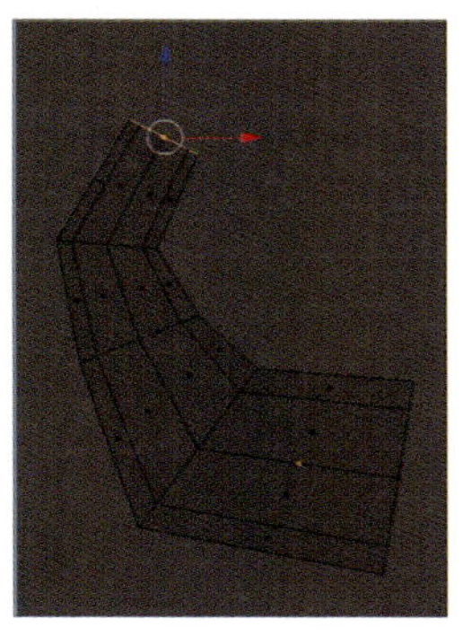

POINT 分割数の加減は、いろんな人の作ったモデルのワイヤーフレームを観察して勘を身に付けよう。ポリゴンが増えると作りにくいので、皆できるだけ少なくしようと工夫しているのだ。
［押し出し］は、端の面を選択してCtrlキー+［左］クリックすることでもできる。これは、適度に角度も付けてくれるので、曲がった形状を作るときには便利。ひとつ押し出すごとに少し縮小して徐々にすぼめよう。

COLUMN

● 見えない作り込みより絵に力をいれる

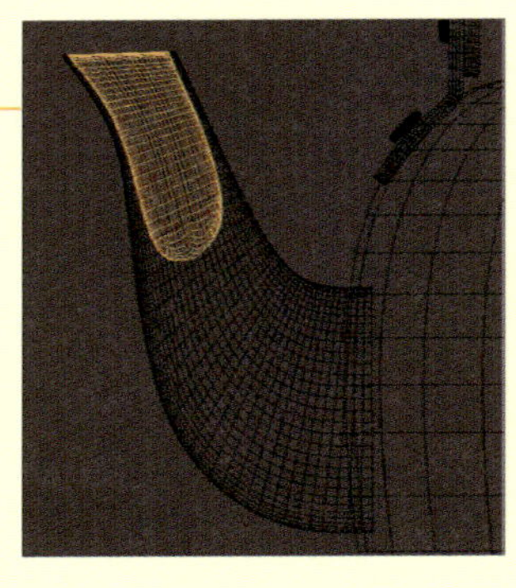

注ぎ口の内側は、じつはこの程度しか穴を開けていません。
ひまわりの花の裏側（P.138）と同様、カメラで撮影したときにわからないところまでは作り込まないという考え方だ。
「見えないところまで作り込まれていて素晴らしい！」という評価もあるかもしれませんが、本書で行うのは絵を作るためのモデリングなので、見えない作り込みよりも絵の魅力アップに時間を割きます。その時間でもうひとつオブジェクトが作れるかもしれません。

ストーブのモデリング

一見すると、超複雑な形をしているストーブですが、うまく分解して考えることができたでしょうか？同じパーツを複数使っているところ、カーブやスクリューで作れそうなところをよーく見て考えてみましょう。

フェンスを複製する

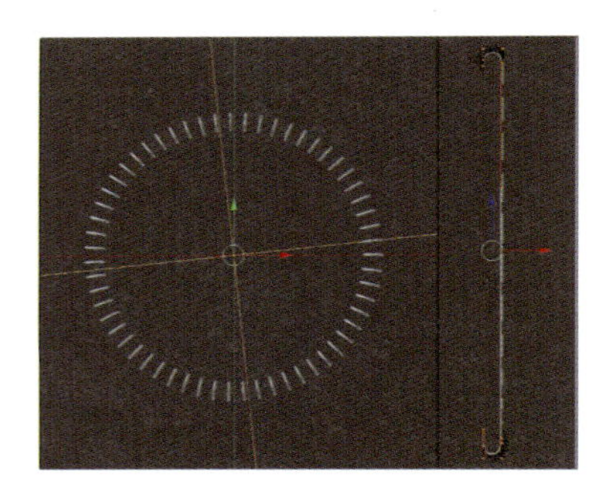

一番密度を高く見せているフェンス部分です。
ここは［カーブ：］-［ベジェ］から作った１本を、［モディファイア］タブ-［追加］-［生成］-「配列複製」モディファイア（P.105）を使用して、［オフセット(OBJ)］に［エンプティ（空）］を指定して複製しました。

POINT 数十本もの複製を行うと、それだけで密度が上がり、完成度も高く見える。しかし、作る側として見ると、難しそうにも感じてしまうところ。こういうとき「同じものがたくさん並んでいるときは配列複製だ！」と覚えていれば安心して挑むことができる。

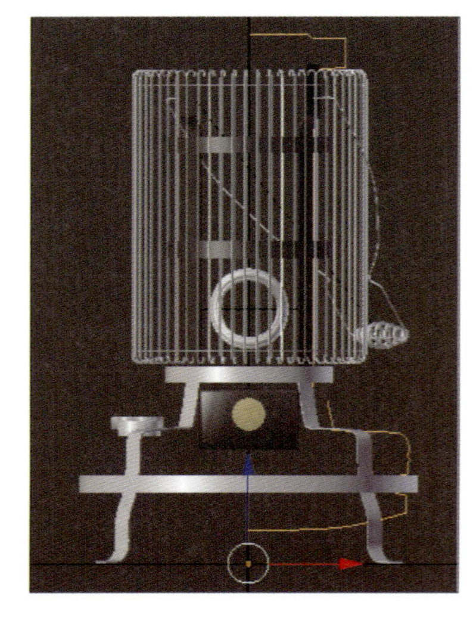

本体部分

ヤカンの本体と同様、「カーブ」と「スクリュー」を使用します。複雑なカーブも作れるように練習していきましょう。いくらでも修正ができるのもカーブの魅力なので、あきらめるまで失敗はありません。他にも図には薄い板を輪にしたようなパーツがいくつかありますが、それらも「スクリュー」で作っています。
最後に、ストーブの火が見える窓の部分を「ブーリアン（P.64）」で作るため、本体部分の形ができたら「メッシュ」に変換します。適度な大きさの円柱を作り、ブーリアンで穴を開ければ完成です。

窓部分

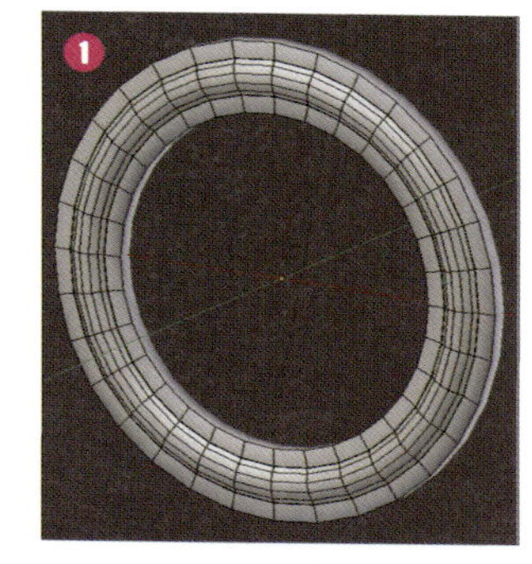

❶ 編集モードで円柱を作成し、[メッシュ] - [面] - [面を差し込む (Ⓘキー)] を使用して、内側へ内側へとモデリングします。また、不要な部分を削除しました。
膨らみは「ループカット」と「ベベル」を使用して作っています。[▼ノーマル] - [自動スムーズ] を有効にし、平面と曲面をシャープに分けてしまうのもいいですが、角度の変わる辺のすぐ近くに、もう一本「ループカット」を入れると、もう少し繊細な表現もできます。
❷ こうして作った窓を、「カーブ」モディファイアで本体の大きさと同じカーブに添わせて変形しています。

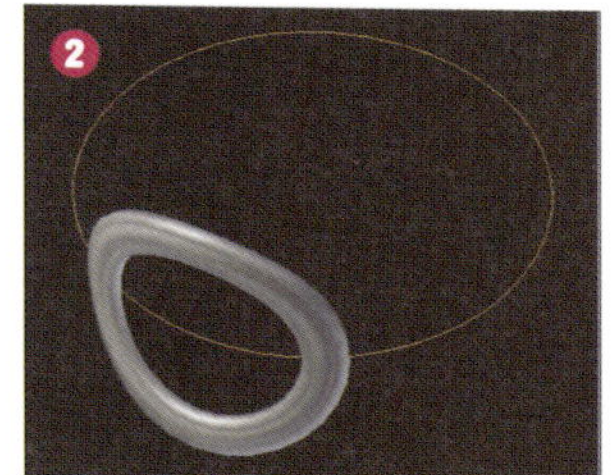

POINT 「カーブ」を使って変形するとき、まったく分割していない場合、曲面に合わせて曲がってくれず、左のようにめり込んでしまう。折り目の方向を意識して、右のように分割しておけば安心だ(上下2頂点選択した状態でⒿキーで切れ目を入れるなど)。

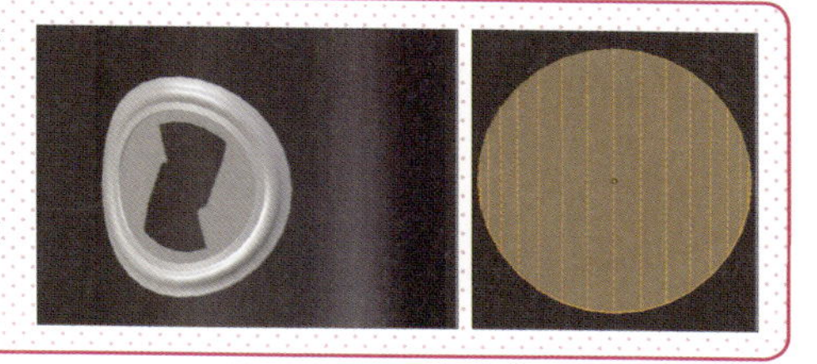

脚部

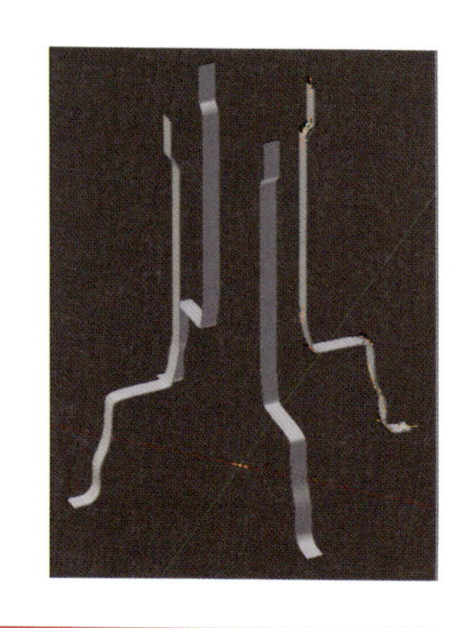

本体を支える脚は、「カーブ」で作り、「ベベル」オブジェクトをに断面形状の長方形カーブを指定します。
「ミラー」でX、Y方向に鏡面コピーを作り、オブジェクトモードでZ軸を45度回転しました。原点付近に見えるちいさなものがベベルオブジェクト用カーブです。そのままだとスムーズのかかり方に違和感が出るため、「辺分離」モディファイアを使い、「辺の角度」にチェックを入れ、[分離角度：] を80度（90度未満）に指定しました。メッシュに変換してしまえば、モディファイアの代わりに [自動スムーズ] を使うことができます。

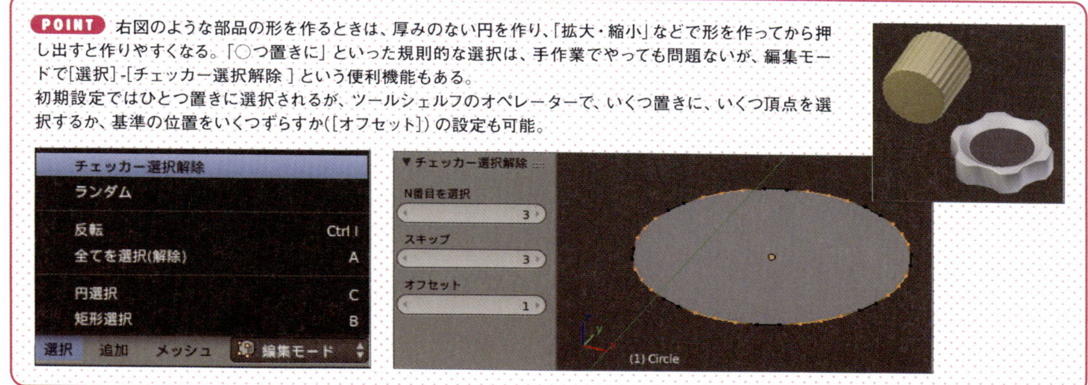

POINT 右図のような部品の形を作るときは、厚みのない円を作り、「拡大・縮小」などで形を作ってから押し出すと作りやすくなる。「○つ置きに」といった規則的な選択は、手作業でやっても問題ないが、編集モードで[選択] -[チェッカー選択解除] という便利機能もある。
初期設定ではひとつ置きに選択されるが、ツールシェルフのオペレーターで、いくつ置きに、いくつ頂点を選択するか、基準の位置をいくつずらすか([オフセット]) の設定も可能。

COLUMN

● ちょっとひと工夫、コイル状の変形

持ち運ぶときに握る部分ですが、作ろうと思うと、案外コレが難しいのです。
上図左のように仕上げたいのですが、中央のように「スクリュー」して「メッシュに変換」、中央部を「プロポーショナル編集」を使用して拡大すると、右のように断面の形が変形してしまいます。カーブの状態のまま、「拡大縮小」ができれば問題ありませんが、この手順はなかなか難易度が高いものです。

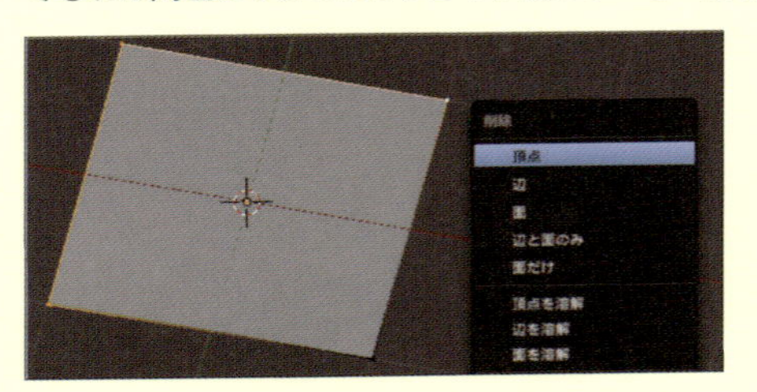

1 平面を作成し、編集モードで［削除］-［頂点］で3頂点を選択して削除します。今回は、メッシュからカーブを作る手順で作ります。この手順は、1頂点だけのオブジェクトを作るのが目的です。

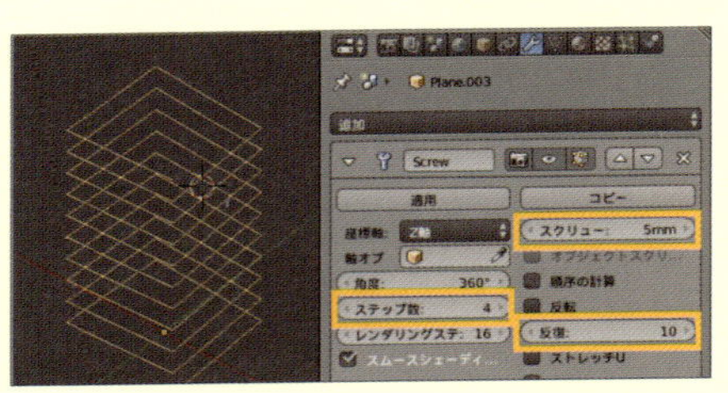

2 オブジェクトモードで「スクリュー」モディファイアを使い、［ステップ数:］を「4」にします。［▼スクリュー:］と［▼反復：］はモデルを見ながら調整します。ここまでできたら Alt + C キーで、メッシュからカーブに変換します。

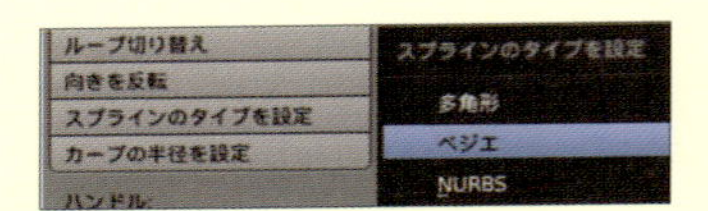

3 編集モードで、［スプラインのタイプを設定］から［ベジェ］を選択します。

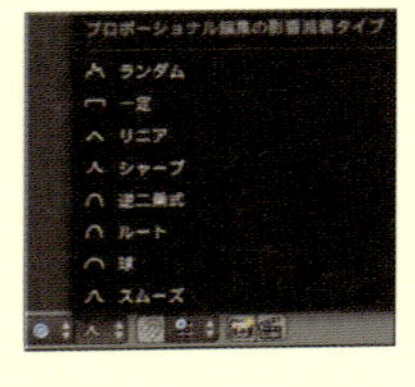

6 「拡大縮小」の前に、編集モード-［メッシュ］-［プロポーショナル編集の影響減衰タイプ］を設定しておきます。今回は「シャープ」を使うとよさそうです。
いろいろ試してみて、一番理想的な形に変形してくれるタイプを選ぶのがおすすめ。

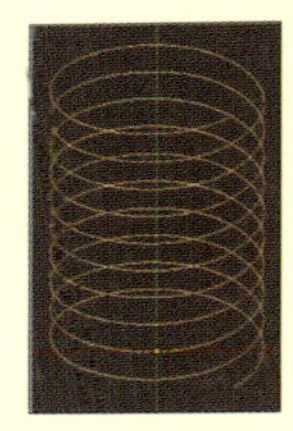

4 「ハンドル」を［自動］にして、両端のハンドルを少し整えると、このようにきれいなコイル状のカーブができあがります。

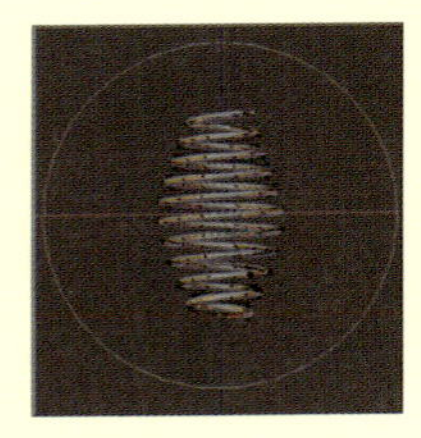

7 両端からそれぞれ4つずつ（一周分）頂点を選択して、Z軸以外を縮小します（S キー → Shift + Z キー）。そうすると、このように断面が変形することなく、コイル状の形を膨らませることができます。
細く作った場合は、中央部の頂点を4つ選択して拡大するとよいでしょう。

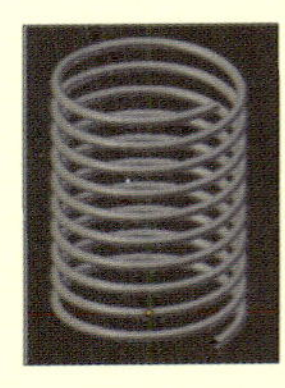

5 カーブにベベルの「深度」と「解像度」を設定すると、カーブ1本で作られたコイルの完成です。

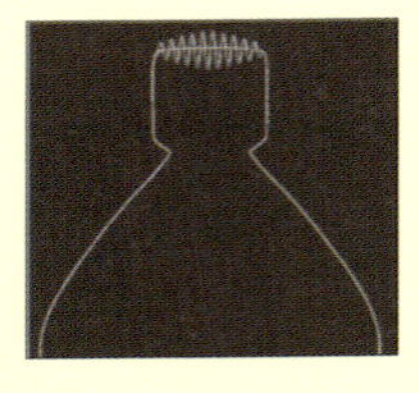

8 できあがったら「移動」「回転」して組み立て。［ペアレント］しておくと、一緒に回転できて便利です。さまざまな機能を知っていると、困ったときにもパズルを解くようにモデリング方法を考えることができます。それが一番スマートな方法じゃなくても、結果が同じなら大成功です。

コイル状のカーブを作ってくれるアドオン（P.267/Add Curve：Extra Objects）も、Blenderに組み込まれています（無効になった状態）。今回は工夫して作る一例として紹介しました。他の形で悩んだときに、もしかしたら応用できるかもしれません。

CHAPTER 10

リアルな質感を出す！マテリアル

マテリアルノードを使いこなそう

どんなに頑張って作ったモデルも、
質感やライティングがイマイチだと報われないし、
うまくできれば多少モデリングが苦手でも「伝わる」絵になる。
ここからは、絵を仕上げる「レンダリング」に向けて、
できあがったモデルの質感設定をして見栄えをグッとよくしていく。
どんどん仕上がりに近づいていく、たのしい行程だ。

「キミが落としたのは、このメタルスザンヌかな？　それともこっちのクリスタルスザンヌかな？」
「いいえ、私が落としたのは、3Dプリンターで出力した、スザンヌフィギュアです」
BlenderのCyclesレンダーはとても優秀で、本当に高品質な絵を作ることができます。
物理ベースレンダリングと呼ばれる、3DCGを専門に勉強している人しか知らない新しい技術です。
これからはじめる人も、過去に挫折したことのある人も、これを知らずにいるのはもったいない！
ちょっと勉強すれば簡単にリアルな絵が作れてしまうので、ぜひ遊んでみましょう。

CHAPTER 10

01 マテリアルでできること

3DCGでは色や柄（テクスチャ）と、質感（透明や反射など）を設定して作った材質を、「マテリアル」と呼びます。これを、モデリングしたオブジェクトに使用することで、本物らしく見せていくのです。
同じマテリアルでも、光の色や強さや向き、空の色、地面や周囲の環境などによって見え方が異なります。
作例のようにならない場合は、ライティング（P.207 ～）の項目も合わせて勉強していきましょう。

Blenderレンダーと Cyclesレンダー

Blenderには、Blenderレンダーと Cyclesレンダーの２種類のレンダリング方法が用意されています。
Blenderレンダーは、アニメ調の3DCGを表現したり、ゲームグラフィックを作ったりするのに便利ですが、
この本では、フォトリアルで存在感ある3DCG表現が得意な、Cyclesレンダーを使用して絵作りしていきます。
塗装をして、写真を撮るような感覚で絵を作っていくので、試してみましょう。

図は、ほぼ初期設定のまま、同じシンプルなシーンをレンダリング比較した画像です。
Cyclesレンダーは、地面に当たった光の照り返しが影を明るくし、距離が離れた影ほどボケているのがわかるでしょうか。
Blenderレンダーでも似た絵を作ることは可能ですが、いくつかの工夫を重ねる必要があります。
陰影も質感もCG特有の苦労が少なく、絵作りに集中できるCyclesレンダーを楽しんでいきましょう。

Cycleレンダーで作る質感

「Blenderの基本」で、Blenderレンダーから Cycles レンダーに切り替えて、マテリアルの設定、ランプの設定を変更して保存しました(P.19)。読み飛ばしていたら、いま一度確認してこの設定を行います。

Cycles レンダーには、いくつかの基本的な質感がすでに用意されていて、プロパティの［▼サーフェス］から選ぶだけで見違えるように質感が変わります。代表的な以下の３つを紹介します。

ディフューズBSDF

つや消しの材質を作るのに使用する

光沢BSDF

周囲が映り込む金属色の材質を作るのに使用する。映り込みにカラーが反映されているのがわかる

グラスBSDF

透明な材質を作るのに使用する。「IOR(屈折率)」を調整して、水、ガラス、ダイヤモンドなどを作り分ける

POINT 図はヘッダーから「3Dビューのシェーディング」を「レンダー」に切り替えて、Cycles用マテリアル(P.19)のサーフェスを指定し、レンダリングで F12 キーを押している。

マテリアルの割り当てや除去

さぁ、実際に自分で作ったモデルに使用しましょう。
最初に、新しいマテリアルを作ったり、いま使っているマテリアルを除去したり、
すでに作ってあるマテリアルを選ぶ操作を覚えます。
マテリアルは、選択したオブジェクトに使われているぶんだけが表示されます。
編集モードでは面ごとに異なるマテリアルを設定することもできます。
また、一度作ったマテリアルは、複数のオブジェクトに使うことが可能です。

マテリアルを割り当てる

❶ 右側の＋－ボタンがマテリアルスロットの追加と削除です。使うマテリアルの数だけ＋ボタンで追加します。不要なマテリアルスロットは、オブジェクトモードで－ボタンをクリックすることで削除できます。追加したマテリアルスロットは空の状態なので、すでに作成してあるマテリアルから選択するか、[新規] ボタンで新しく作成しましょう。
❷ [割り当て] ボタンは、選択した面を、選択したマテリアルで塗りつぶします。図ではひとつの面だけを選択して [red] という [▼サーフェス] - [カラー：] を赤にしたマテリアルを作成して割り当ててみました。
❸ [マテリアル] タブと同じアイコンが [割り当て] ボタンの下にあります。クリックすると、作成したマテリアルがすべて表示され、選択して使うことができます。色だけではわかりにくいので、マテリアルごとに名前をつけておくと便利。

POINT マテリアルの名前を変えるには、アイコン右のマテリアル名を書き換えるか、マテリアルスロットのマテリアル名をダブルクリックして変更することができる。

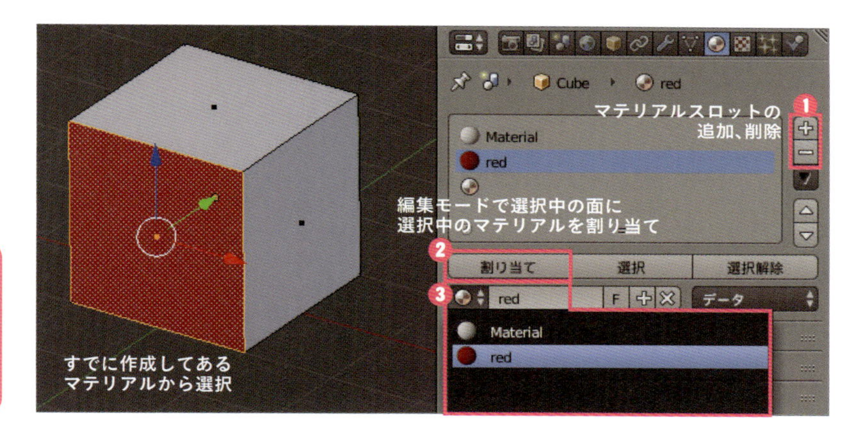

では実際に、自分で作ったオブジェクトを開いて、前ページで説明したディフューズBSDF、光沢BSDF、グラスBSDFを設定し、レンダリングしてみましょう。

光沢やグラスがいまいち納得できない質感なら、映り込む景色が何もないからかもしれません。
ライティングの項目 (P.216) でコツを紹介します。

粗さの設定

紹介した「ディフューズBSDF」「光沢BSDF」「グラスBSDF」、それぞれに[粗さ：]という項目があります。
これは、テクスチャーで表現するよりも、もっと細かい表面の粗さを設定して、
周囲の映り込みをボカすための項目のこと。
イラストを描くときなどにハイライトという明るい部分、
これは周囲にある光源や窓明かりなどの強い光が映り込んだものです。

つや消しだと気付きにくいかもしれませんが、身近なものをよく観察してみてください。つや消しの質感であっても明るさのグラデーションが見られ、その一番明るい場所の正体は、蛍光灯の映り込みがボケたものであったりすることがわかってきます。

粗さの値による変化

さて、上の図では「グラスBSDF」と「光沢BSDF」で、この[粗さ：]の値をさまざまに変化させてみました。
「0.0」〜「1.0」の範囲で調整しますが、「0.5」を超えるとほぼつや消しの状態となってしまうので、私は「0.1」以下の値で調整することが多く、たとえばリアルな質感にしたいとき、粗さ「0.0」の映り込みはシャープすぎるので、気付かれない程度にボカすのが上品に仕上がるテクニックです。大切なのは、実物がどのくらいきれいに映り込んでいるのかをよく観察することです。モデリングもマテリアルも、CGはとにかく観察が上達のコツとなります。
さあ、実際に自分のモデルで粗さを調整してみましょう。

「グラスBSDF」のIOR（屈折率）の設定

「グラスBSDF」は「IOR（屈折率）」を使用して、ガラスに限らず、さまざまな透明材質を表現することができます。
図は屈折率を使用した例で、このほか屈折率を検索するなどして、値を調べることができます。

IOR（屈折率）の値での変化

「グラスBSDF」は、奥の景色が屈折して見えることで質感を表現するため、
単色の背景では見栄えしないので気をつけましょう。
自分のモデルで試すときは、色を付けた別のオブジェクトを背後に配置するとよいでしょう。
「テクスチャ（P.161）」まで勉強すると、背景の密度が上がってグラスの質感が活きるようになってくるはずです。

CHAPTER 10

02 マテリアルノード入門

それではもうひとつの大切な基本質感、「ツヤのある非金属」を設定するために、いよいよマテリアルノードを使っていきます。ノードは一見難しそうに見えるので、独学だとハードルになるかもしれません。でもノードを組むときのルールと、なぜそうなるのかさえわかってしまえば簡単です。構えずに一緒に操作してみてください。

マテリアルノードの使用

図の画面右側が「マテリアルノード」です。
ノードエディターは、[マテリアル]タブに表示されている、「グラスBSDF」「光沢BSDF」「ディフューズBSDF」のマテリアルがそのままノードになって表示され、互いに連動してくれます。

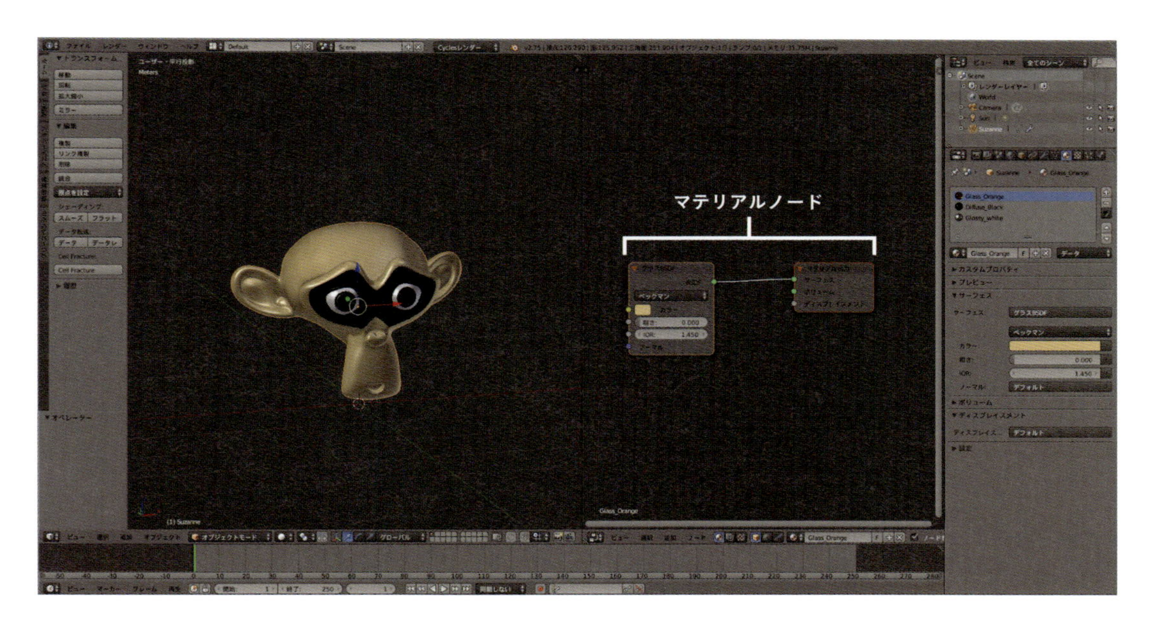

☑ ノードエディターを表示する

STEP 01

3Dビューのヘッダーから［エディタータイプ］-［ノードエディター］をクリックします。画面がノードエディターに切り換わります。

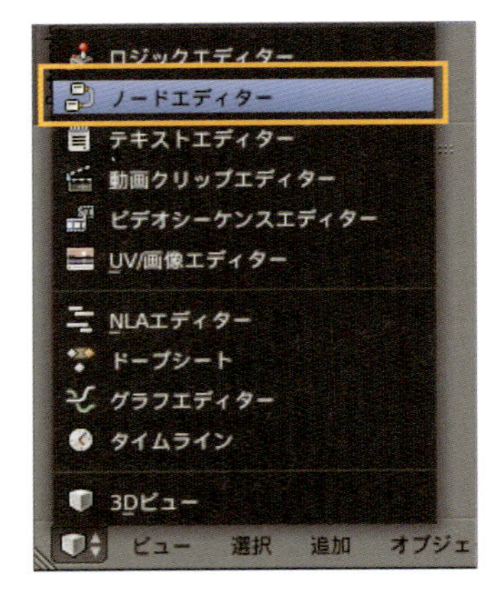

STEP 02

3Dビューのヘッダーから「表示・編集するノードツリータイプ」を「シェーダー」に切り替えます。

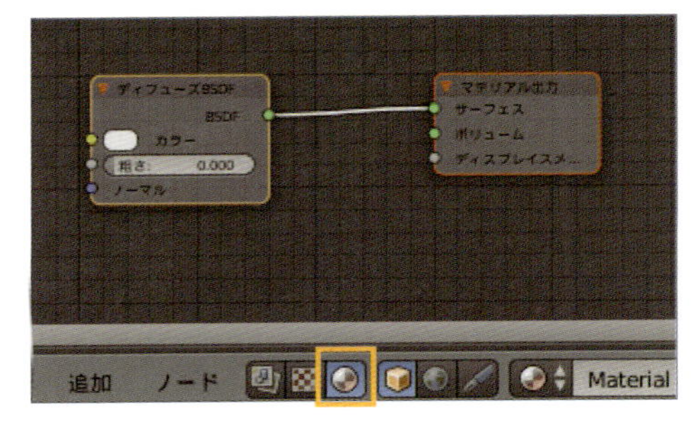

POINT もし画面が狭いようであれば、画面をクリックして、N キーを押してプロパティシェルフを隠そう。

☑ マテリアルノードの使い方

STEP 01

表示を確認します。「グラスBSDF」「光沢BSDF」「ディフューズBSDF」の3種類をノードエディターで見ると、図のように表示されます。
左から右へと順に繋いで、最終的に［▼マテリアル出力］に接続する仕組みです 。まだ1種類ずつなのでシンプルです。

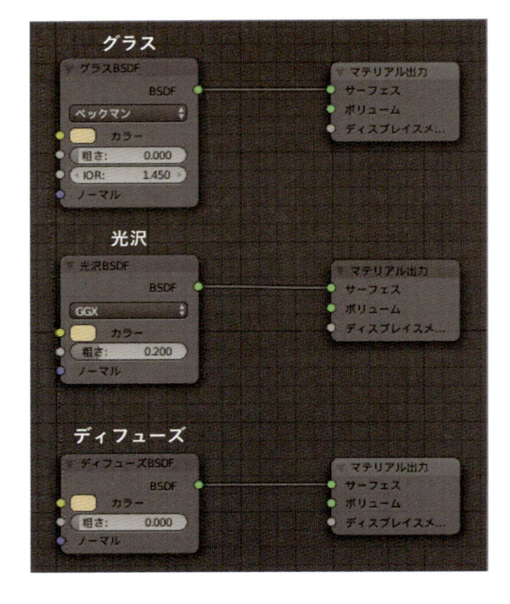

STEP 02

ノードを追加します。「ディフューズBSDF」のマテリアルを選択しましょう。これにツヤを入れていきます。Shift+Aキーで、[追加] から新たなノードを追加することができます。[シェーダー] - [ミックスシェーダー] を選択して、見やすいところにおきます❶。同様に「光沢BSDF」も追加して配置します❷。この光沢BSDFは色を変えずに白いままにします。この「シェーダー」のなかにあるものは、いずれも質感を表現するノードです。

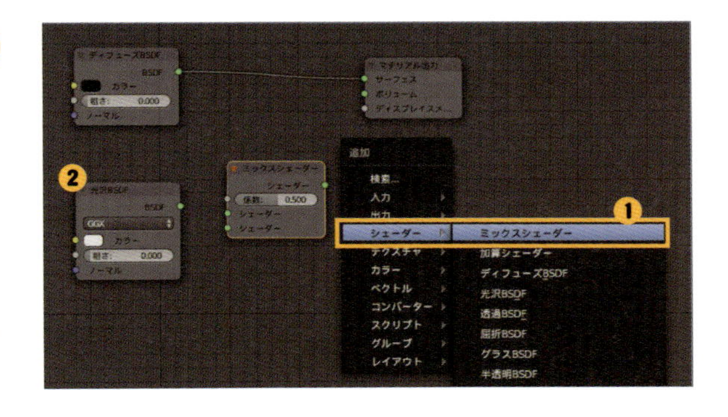

STEP 03

ノードを間に挟み込みます。「ディフューズBSDF」と「マテリアル出力」の間に、「ミックスシェーダー」をドラッグして挟み込みます。ノードを繋ぐ線が黄色くなったときに、マウスを離します。

POINT もし間違えて繋いでしまった場合は、Altキーを押しながら左ボタンドラッグで、ノードを取り除くことができる。または、繋がっているノードの端をドラッグして外し、元通りに繋ぎなおすことでも対処できる。

STEP 04

続いてドラッグしてノードを繋ぎます。「光沢BSDF」ノードの右側、「BSDF」からドラッグして、「ミックスシェーダー」の左側、「シェーダー」に接続します。左から右へと繋いでいくルールがあるので、各ノードの左側は入力、右側は出力となっています。

「ミックスシェーダー」は、2種類のシェーダーをひとつに混ぜるノードです。係数の値が「0.5」より小さければ上のシェーダーが優勢に、「0.5」より大きい値ならば下のシェーダーが優勢になります。

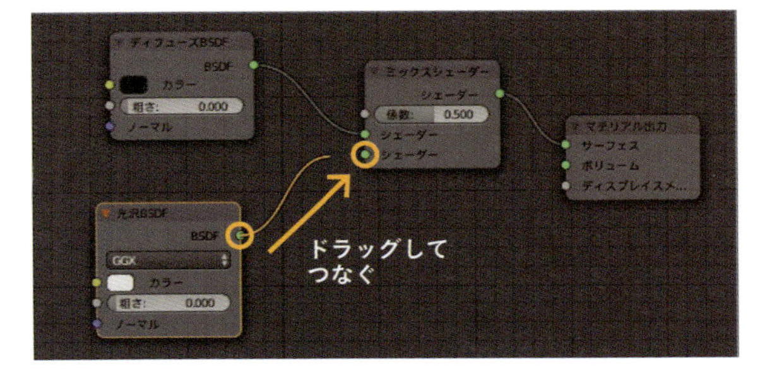

POINT じつはこの「両方のシェーダーが強くならない仕組み」がリアルなマテリアルのための大切な条件。Cyclesレンダーでは、わざと崩さない限り、何も意識しなくても物理的に正しい現実的なマテリアルになるよう作られている。

ディフューズBSDFと光沢BSDFをミックスしてツヤを出す

ここで作った図のマテリアルは、「ディフューズBSDF」の素材色と、周囲の映り込みの「光沢BSDF」をひとつにしたものです。金属色ではない場合、鏡面反射に素材色は反映されず、景色そのままの色で映り込むのが特徴。白い「光沢BSDF」は、周囲の景色をそのままの色で写り込ませるための工夫です。

「ミックスシェーダー」の係数をみていきましょう。「ミックスシェーダー」の入力のうち、上に「ディフューズBSDF」を、下に「光沢BSDF」をそれぞれ接続した場合の係数による変化を見てみましょう。どの程度の値を設定すれば欲しい質感になるか、本物や写真をよーく観察して設定すると美しく仕上がります。

同色の光沢との比較もしてみます。左のスザンヌは「光沢BSDF」、金属の光沢感を出しています。右のスザンヌが「ミックスシェーダー」で作った、光沢のある非金属マテリアルです。この図のノードの形を覚えましょう。工業製品の多くは、このマテリアルでリアルに表現できます。

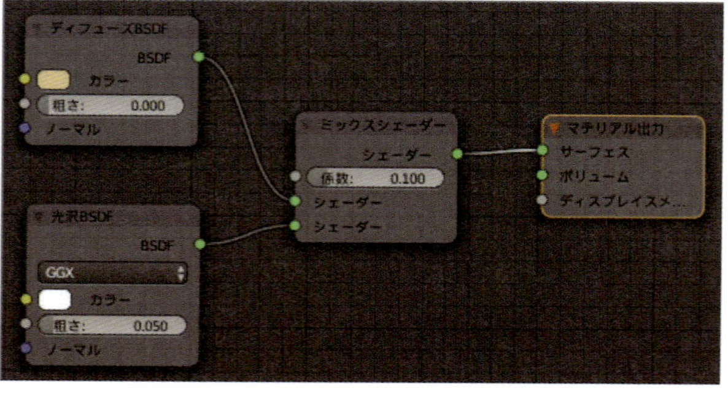

POINT 材質が金属であっても、表面が塗装されている場合は金属色にしていいのか？　を考える必要がある。絵で表現するのは、一番表面の材質。だから、塗装された金属は塗装の質感を表現し、逆に金属色に塗装されたものは元の素材が何であれ金属色として表現する。模型では、シルバーの上からクリアカラーを塗ることで金属色を表現する方法があるが、この塗装を表現する場合は、金属色として「光沢BSDF」を使うのが正解。目に見える質感を、素直に表現するのが大切だ。

ミックスシェーダーにフレネルを使う

「フレネル」は、視線と面の向きの角度によって、反射の強さが異なるという現象を再現するためのノードです。

普段、こんなことを意識したことはないと思いますので、ちょっと観察してみましょう。
もし、手元にスマホや携帯電話があったら、画面を消してください。
真正面から見ると自分の顔が映り込んで見えますが、それでも画面の黒さが勝っているはずです。
これを水平に近い角度にしてみるとどうでしょうか？　目の前の景色が、鏡のように鮮やかに映り込んで見えます。
これを表現に取り入れることで、マテリアルのリアルさがより増します。
金属の場合はそれを意識しなくていいので、光沢BSDFだけでOKです。

フレネルとミックスシェーダー

左が「フレネル」ノードを使用したもの。右が「ミックスシェーダー」で係数「0.1」に設定したもの。輪郭付近の一番明るい反射の強さで同じくらいです。比較してみると、フレネルを使わない右側のマテリアルにはCGっぽさを強く感じるのではないでしょうか。フレネルが自然な表現だということがわかるはずです。

フレネルノードの使い方

Shift+Aキーでノードを追加します。［入力］から「フレネル」を選びましょう❶。これを「ミックスシェーダー」よりも左側に配置して❷、フレネル右側の係数とミックスシェーダー左側の係数をドラッグして繋ぎます❸。

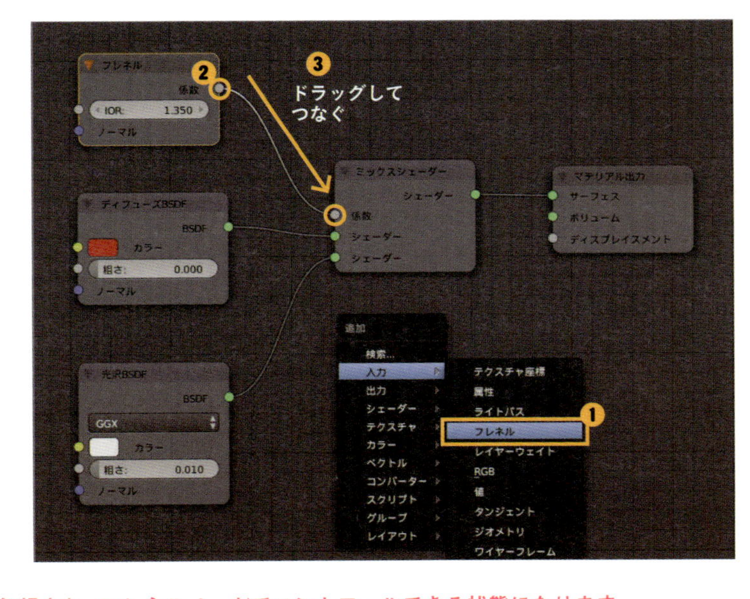

こうすることで、元々の係数の値は無視され、フレネルノードでコントロールできる状態になります。
「フレネル」の［IOR：］は、下げると反射が弱まり、上げると強まります。
初期設定の「1.450」のままでも問題ありませんが、よく観察し、少しだけ弱めたり強めたりしてみましょう。

CHAPTER 10

03 マテリアルを使いこなす

Cyclesレンダーのマテリアルを整理してみます。
質感設定するとき、どのマテリアルが適しているのか考えやすくなるでしょう。

よく使う4種のマテリアル

使用頻度が高い4種のマテリアルを紹介します。
世の中にはいろんな材質があるので、ものすごくたくさん覚えなければならないような気がしてしまいますが、じつはたった4種類を覚えて、[粗さ：]をコントロールするだけで、十分に高品質なCGを作ることができるのです。以下のノードとレンダリング結果を見比べてみましょう。

表面の粗い、ツヤ消しのマテリアル

ディフューズBSDFのみ使用

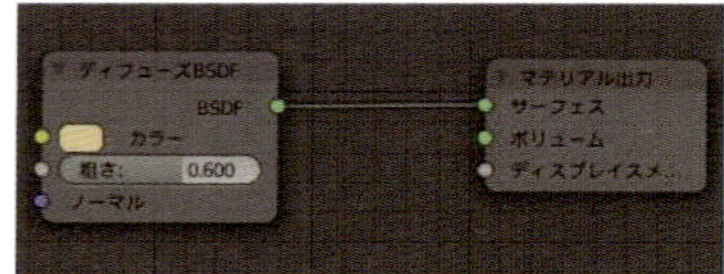

金属色を表現する光沢マテリアル

光沢BSDFのみ使用

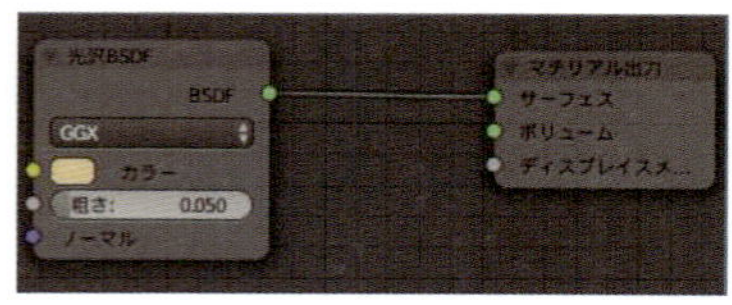

ガラスや水などを表現する、透明マテリアル

グラスBSDFのみ使用

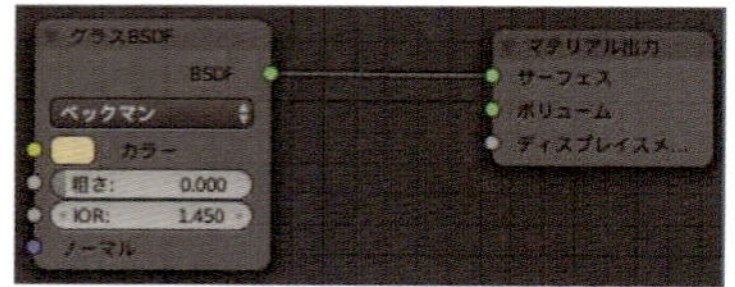

表面を磨いた、ツヤのあるマテリアル

ミックスシェーダーを使用して、
ディフューズBSDFと光沢BSDFをフレネルでミックス

これだけ表現できればバッチリです。
4種類なら覚えられそうでしょう？
3DCGでは、これらの基本となるマテリアルに、テクスチャ(P.163)を使ってさまざまな物の質感を表現していきます。

その他のシェーダー

ここまでで紹介した「ミックスシェーダー」などのほかにもシェーダーにはまだ種類が存在します。
使用頻度は低いながらも、「ベルベットBSDF」「SSS」「異方性BSDF」は単体で使えるので紹介します。
ノードエディター上で Shift ＋ A キーで［追加］-［シェーダー］から選択します。

ベルベットBSDF

起毛素材の独特な質感を表現するためのノード。テクスチャーで細かな凹凸感を足すことで、さらに良い質感に仕上がる。

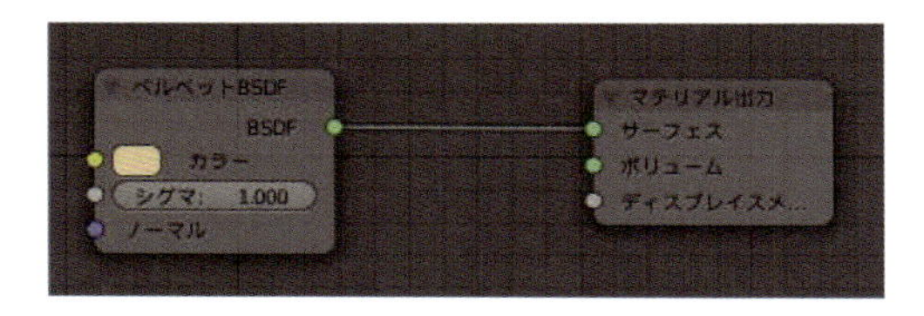

SSS

「Subsurface Scattering（サブサーフェイス・スキャタリング）」の略称。ジュースや牛乳、ロウソクに陶器に大理石、さらには人の肌など、半透明感をリアルに表現するためのノード。「ミックスシェーダー」で光沢を足して使うといい。レンダリングがとても遅くなるので、どうしても必要なときに。

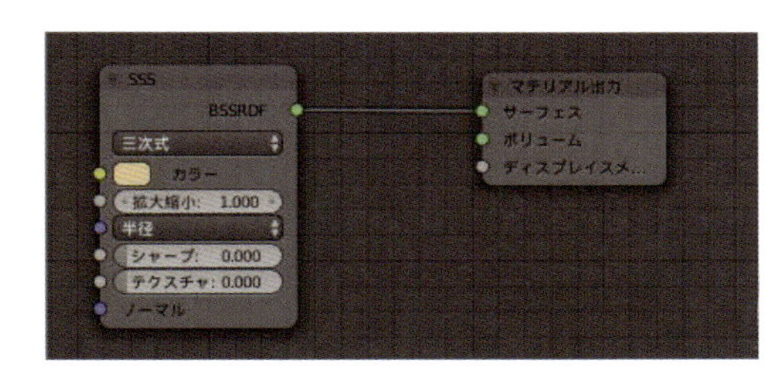

異方性BSDF

ヘアライン加工された金属反射を表現できるノード。ステンレス鍋やフライパン、キラシールなどに。

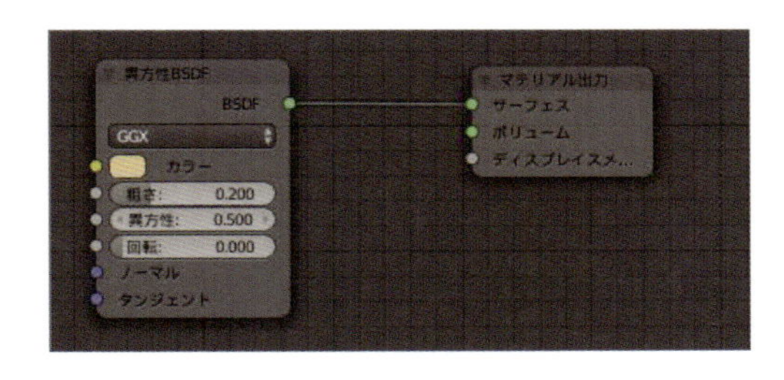

よく使う4種のマテリアルでの制作

背景は写真なので、ここでは自動車に注目してください。

デフォルメした自動車の質感を表現するため、前述した４種のマテリアル（P.156）を使います。
窓ガラスに「グラスBSDF」、タイヤに「ディフューズBSDF」、ホイールやライトなどシルバーの部分には「光沢BSDF」、ボディのカラーは塗装色なので「ミックスシェーダー」でツヤを出しました。隣に立っているプリミティブ熊は全身「ディフューズBSDF」で制作しています。
それぞれのマテリアルの使いどころがわかってきたでしょうか？

作例のタイヤには「ディフューズBSDF」を使ったけれど、「ミックスシェーダー」でぼやけた光沢をわずかに足すのもおすすめ。左が「ディフューズBSDF」のタイヤ、右が「ミックスシェーダー」のタイヤです。比べてみると、立体感や重量感が違って見えます。
ツヤ消しとはいえ、本来は映り込みがぼやけて目立たないだけなので、少し手間をかけて「ミックスシェーダー」を設定してあげると、より説得力のある仕上がりが期待できます。

「ライトパス」で影に透明感を出す

「グラスBSDF」を設定しても、影の濃さはディフューズBSDFほか、不透明なシェーダーと変わりません。
たとえばステンドグラスを作っても、色を透かした影が落ちてくれないということです。
ガラスが主役の絵作りをしていると、これには困ってしまいます。そこで、解決方法を一例紹介します。

ここでは、「グラスBSDF」を使って影を透き通るようにするための順番を紹介していくので、真似てみてください。

「グラスBSDF」を使うと、
影は不透明なマテリアルと同じになってしまう。

「マテリアル」ノードで「ミックスシェーダー」を使い、
ひと工夫すると影が透ける。

☑ 透き通った影を出すマテリアルノードの組み方

STEP 01

「グラスBSDF」だけが「マテリアル出力」に繋がっている最初の状態です。そこに Shift ＋A キーで［追加］-［シェーダー］から「ミックスシェーダー」と、「透過BSDF」をそれぞれ追加します。

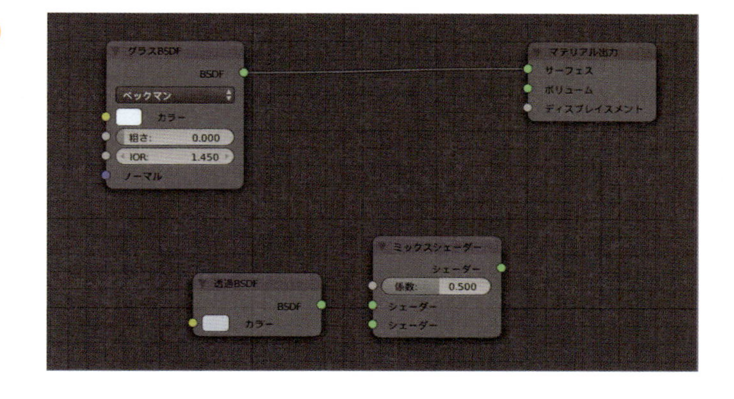

STEP 02

「グラスBSDF」と「マテリアル出力」の間に「ミックスシェーダー」を挟み込み❶、「透過BSDF」とミックスするようにノードを繋ぎます❷。

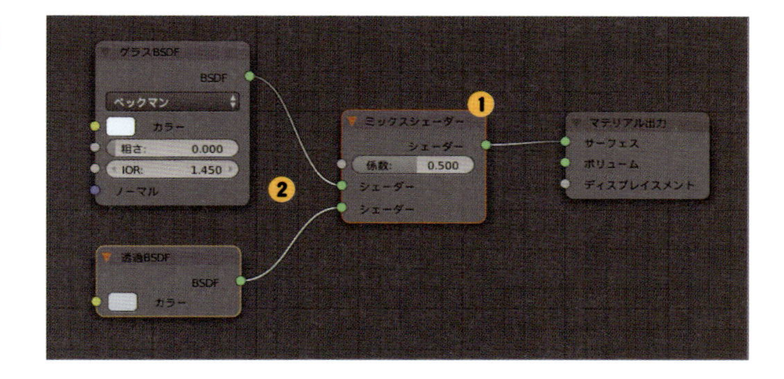

STEP 03

ノードを追加します。［追加］-［入力］から［ライトパス］を選択して追加します。

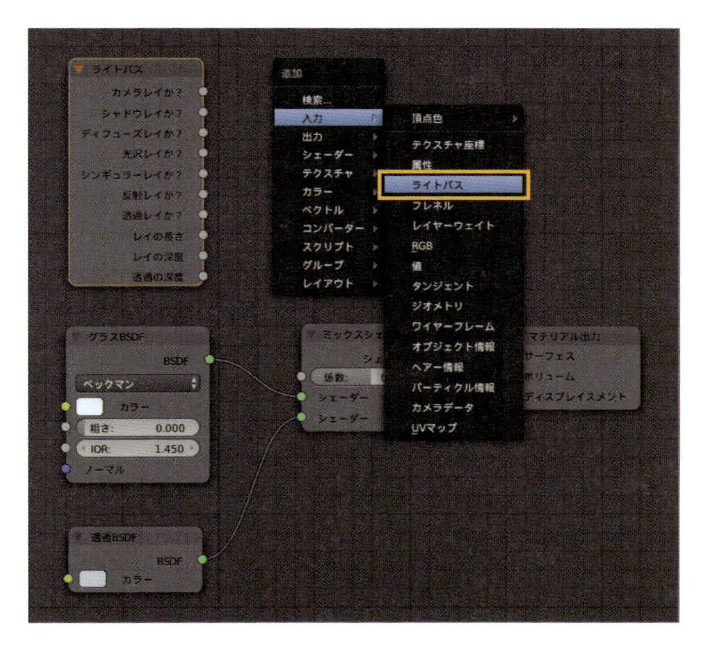

STEP 04

「ライトパス」の［シャドウレイか？］と「ミックスシェーダー」の［係数］を繋ぎます。こうすることで、見た目は「グラスBSDF」を、影は「透過BSDF」を使ってレンダリングされるようになります（P.158下図）。

POINT ライトパスの［シャドウレイか？］は、影の部分だけ別のシェーダーを透過した結果に置き換えることができるノード。

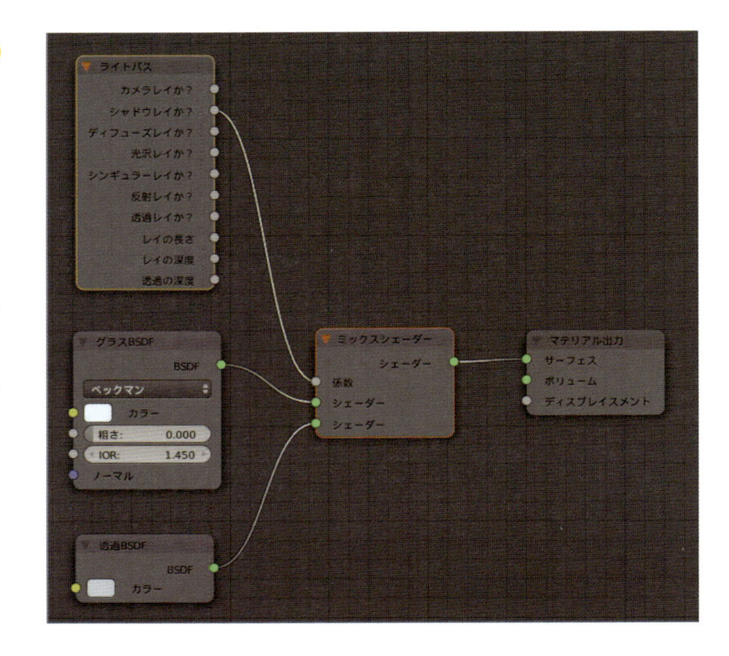

STEP 05

試しに F12 キーでレンダリングしてみると、図のように今度は影が消えてしまいました。「透過BSDF」は、白に近いほど透明で、色を付けたり、暗くなるほど不透明になるマテリアルです。
では、「透過BSDF」にグラスの色に近いカラーを設定してみましょう。今度は良い結果になったでしょうか？
「ライトパス」は普段あまり使わないノードなので、忘れてしまっても仕方ありません。透き通った影色に出したいときは、このページを思い出して設定しましょう。

マテリアルノードには、こういった工夫をするためのさまざまなノードやシェーダーが用意されているので、表現したい特殊な塗料や材質があるときは、日本語だけではなく、たとえば車の塗装の場合は「blender cycles carpaint」などで英語にも翻訳して、Webブラウザで検索してみるといいでしょう。

CHAPTER 11

手触りを伝えるテクスチャ

さまざまな質感を表現しよう

マテリアルに写真などの画像を貼ることで、
色柄や手触り感を表現するのがテクスチャの役割。
テクスチャを貼ることで、1枚のポリゴンが石床にも布にも木材にもなる。
色だけでなく、ポリゴンで作りきれないような細かい起伏を表現することもできる。

上図はプリミティブモデリングの章の絵（下図）に、布のテクスチャを貼って、
手触りの優しいミニチュア感を出しました。テクスチャで質感を表現するのはCGに限ったことではなく、
たとえば部屋を見回すと、部屋の扉や家具の木目はほとんど化粧シートや突き板で、
目に見える表面だけ素材感を変えているものも多いのです。合皮も見た目の印象を革らしく見せるための
工夫ですし、スマホケースは保護というより見た目の色や質感を変えて楽しむ部分も大きいはず。
細かいところでは、部屋の壁紙の白も単純な白1色ではなく、わずかに模様や凹凸を加えられています。
CGにテクスチャを貼るのも似たようなことで、高級な木目に見せたい、重たい金属に見せたい、
柔らかい布に見せたい、長年使い込んだ風合いを出したい、イカしたデザインを貼りこみたい、
といったこだわりを叶えるためのテクニックなのです。

CHAPTER 11

01 テクスチャでどんなことができる？

早速、テクスチャを使用した変化を見ていきましょう。
同じマテリアルでも、テクスチャの有無で表現力がグンと上がるのがわかるでしょうか。

テクスチャで表現が広がる

色柄を表現する

どちらも似た色合いのマテリアルの「ディフューズBSDF（P.148）」ですが、図右にはマテリアルノード内の［カラー］にテクスチャを使用しています。最も一般的なテクスチャの使い方で、単色では表現しきれない色を画像として貼り付けます。写真を貼れば、その材質に見えるくらい効果的です。

細かい凹凸を表現する

どちらも同色のマテリアルの「ディフューズBSDF」ですが、図右には［ノーマル］に画像を使用し、ざらっとした手触りが出てくるのがわかるでしょうか。多くの自然物にはとても細かい凹凸があり、とてもモデリングだけで表現しきれるものではありません。そこで、テクスチャの明るさを凹凸に置き換えて、細かな凹凸を表現するのです。
この後紹介するバンプマップ（P.174）などの手法で、凹凸しているように見せかけていますが、ポリゴンの形状自体は変わりません。

粗さをコントロールする

どちらもマテリアルの「光沢BSDF(P.148)」ですが、図右は[粗さ]にテクスチャを使用しました。
表面がツルツルの部分と、ザラザラの部分とを描き分けるのに、テクスチャの明暗を使用することができます。ザラザラの部分はツヤ消しに近づき、反射がぼやけてハイライトが広くなります。ツルツルの部分は図左と同様、周囲の景色が映り込んだ色になるため、その差が模様のように浮かび上がります。古びた金属や氷の表現などに使います。

係数をコントロールする

どちらもマテリアルの「ミックスシェーダー(P.154)」を使用して、「ディフューズBSDF」と「光沢BSDF」を合わせたものです。、図左は[係数]に「フレネル(P.155)」を、図右は[係数]に「テクスチャ」を使用しました。
テクスチャの明暗で、「ディフューズBSDF」の部分と「光沢BSDF」の部分がハッキリ分かれています。このような模様に限らず、たとえば「箔押しされた印刷の文字だけ金色、他のデザイン部分は厚紙」といった質感分けを、テクスチャの明暗で行うことができます。

02 テクスチャ用素材の準備

テクスチャを使用するには、まず素材を用意する必要があります。いくつかの方法を紹介していきます。

撮影して写真を用意する

スマホのカメラでも、十分に使えるテクスチャ素材が撮影できます。
梱包のダンボールや包装紙といった、普段から目にするなんでもないものほど撮りためておくと便利。
楽しい思い出写真のついでに、地面や壁、木目や岩肌や苔、面白い柄の布など、
目についたものをたくさん撮影しておきましょう。CGを作るとき、思った以上に良い仕上がりになります。

良い例①

素材は、真正面から歪まないように撮りましょう。多少の傾きはPhotoshopなどの画像の加工ソフトを使用して修正できますが、斜めに撮った写真は加工しても解像度が不足したり、凹凸部分に違和感が出てしまいます。

悪い例❶

写真を撮るときに気をつけたいことは、影が写らないようにすること。影はCGのレンダリングで描かれるので、テクスチャからは影をなくしましょう。図の写真だと、どこに貼っても違和感が出て、繰り返し貼る「タイリング」という手法も使えなくなってしまいます。気付きにくいけど、ゆるやかに明るさが変化して、写真の下と上、左と右で明るさが異なるのもできるだけ避けたいところ。

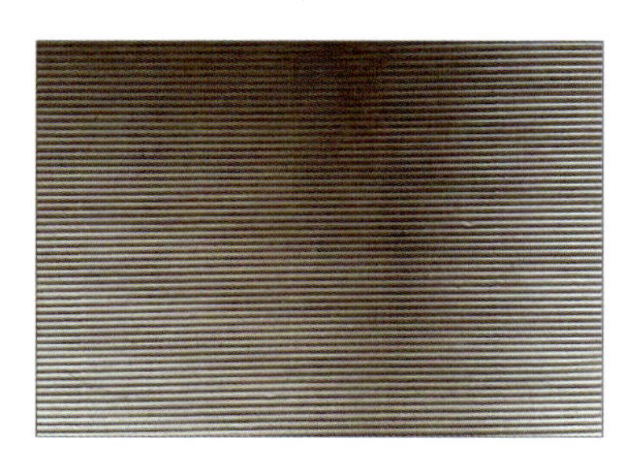

良い例②

やわらかいクッションを撮影した例。シワを伸ばし、撫でて整えてから撮影。

悪い例❷

シワのまま撮影。
じつは左の写真（良い例②）は、Photoshopを使用して、上下左右に繰り返しても継ぎ目がわからないシームレス（継ぎ目のない）画像に加工してありますが、この写真ではそれを行うことができません。目立った特徴があると、繰り返しがバレバレになってしまいます。

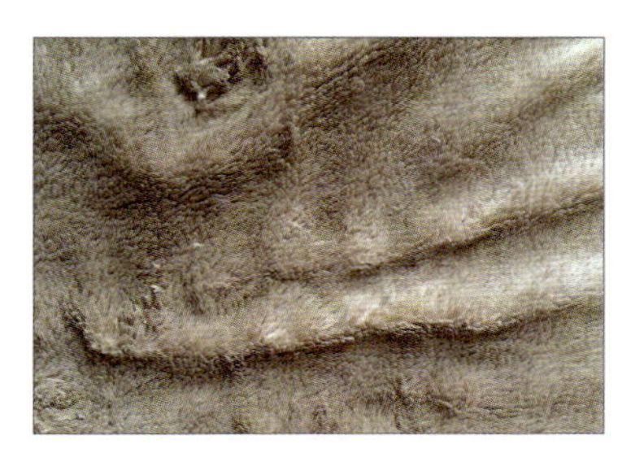

悪い例❸

ツヤのある材質を撮影するときは、影だけでなく、強いハイライトが入らないように気を付けましょう。シームレス加工がしにくいほか、素材の色が白く写ってしまいます。

POINT 注意したい点は、

- カメラのフラッシュ。使用すると間違いなく入る
- 窓際での自然光撮影。やはり外の明るさがテカリを生む

普通の撮影ならば、質感が出て良いハイライトともいえるが、テクスチャ素材ではかえって邪魔になる。撮影が難しい素材のため、角度を変えて何度か撮影し、合成するのもいい。

写真で撮るのは、こういった質感に限りません。
たとえば、絵の具やパステルなどで描いた絵を
写真に撮って取り込むと、
温かみのある面白いCGに仕上がります。

COLUMN

● 屋外でのテクスチャ撮影

屋外でのテクスチャ撮影は、曇りの日がオススメ。際立った強い影も、ハイライトも入りにくく、使いやすい素材写真を撮ることができます。さまざまな壁や地面、岩肌や樹皮など、撮影してフォルダにまとめておくと役立ちます。

図のように、一部分を切り取ってテクスチャにしたい写真の場合は、主役の色と背景（地面など）の色がハッキリ異なる色になるように配置して撮影しておくと、Photoshopなどで切り抜きがしやすくなる。

テクスチャ専門のサイトを利用する

「Textures.com」や「The TextureMill」などの、テクスチャ専門のサービスを利用するのも手です。
月額や年額でいくらか支払うことで、より多くダウンロードできるようになるという仕組みが主流です。
また、無料メンバーでも一定数のダウンロードが可能です。英語のサイトがほとんどなので、
メンバー登録や使用条件は、インターネットなどで翻訳してきちんと目を通しておきましょう。

Textures.com

http://www.textures.com/
カテゴリごとに分かれていて探しやすく、量や種類も豊富。タイリング用にシームレス加工済みのテクスチャ（☆Tiled）も多く、有料メンバー専用の高解像度テクスチャも用意されています。

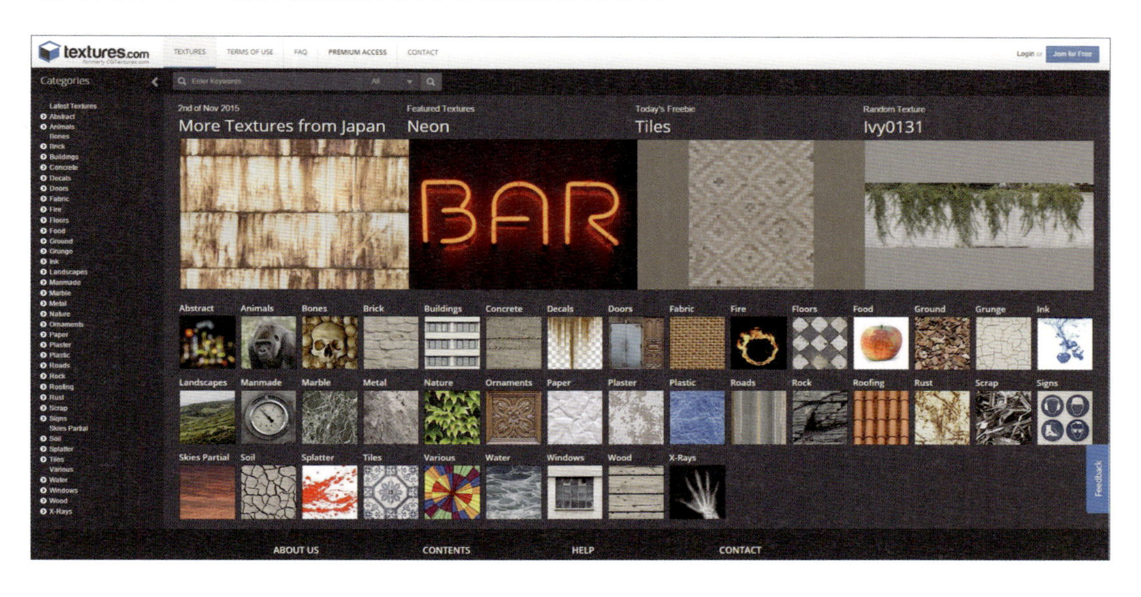

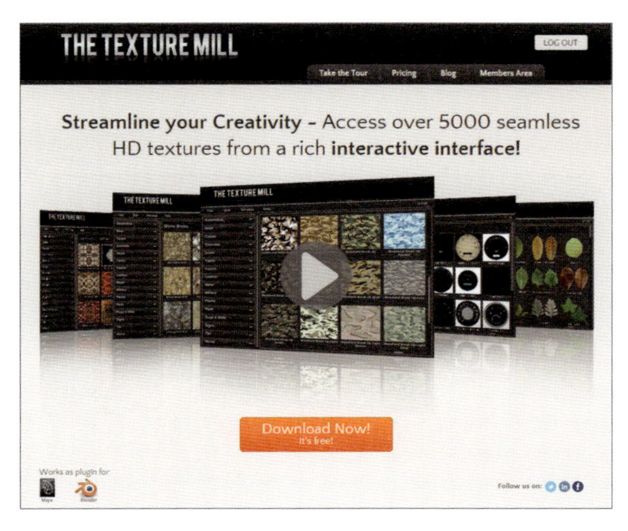

The Texture Mill

https://texturemill.com/
ダウンロードしたソフトをインストールすると、Blenderのアドオン（P.265・追加機能）として機能します。
[マテリアル] タブから呼び出し、選択したテクスチャから基本マテリアルを作ってくれて便利。

テクスチャ専用の機能を持ったツールを利用する

**テクスチャを作る機能をもったツールがあります。紹介するのはいずれも有料のツールで、
比較的簡単ですが、動画チュートリアルなどで使い方を習得する必要があります。
色だけでなく、質感や凹凸感を持ったマテリアルとして、各テクスチャを生成することができます。**

3D-Coat

http://3d-coat.com/
スカルプトモデリングの専用ツールですが、使いやすいテクスチャペイント機能を持っています。V4.5から、とても簡単に使えるPBR（物理ベースレンダリング）用のテクスチャ生成機能が追加。モデルの形状から角や溝など特徴的な部分を識別し、塗装剥げや汚れなどを作ることもできます。

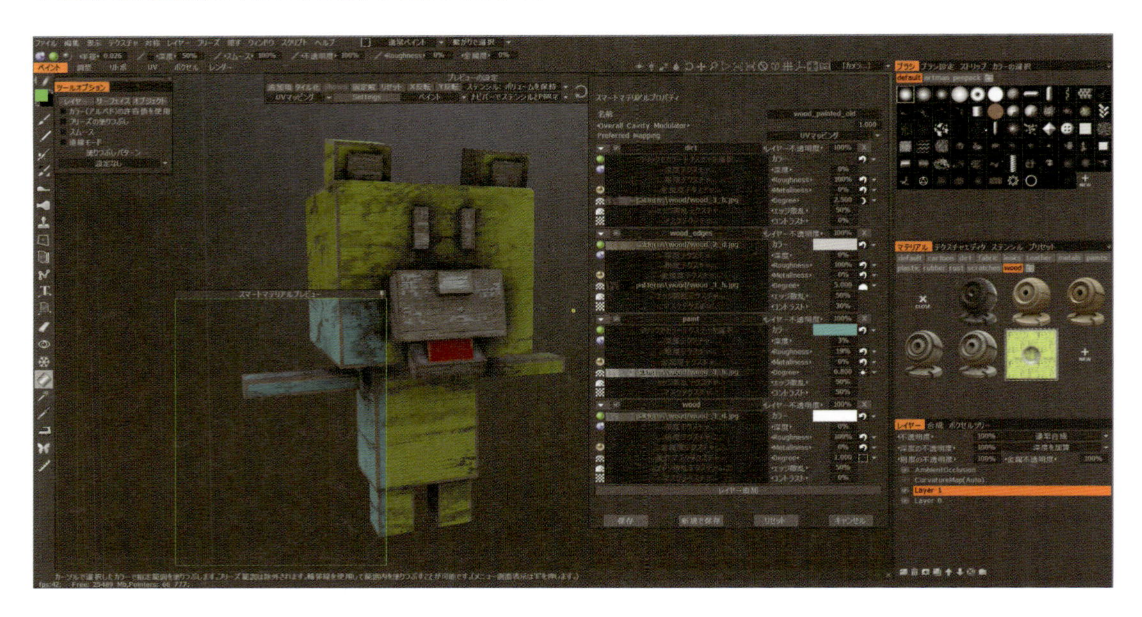

Substance B2M

https://www.allegorithmic.com/
1枚の写真から、より正確な凹凸の生成や陰色の除去、シームレス化などを行い、テクスチャとして使いやすくするツール。

マウスやペンタブレットで手描きする

Blender上で手描きで用意するのもいいでしょう。

Blenderにはテクスチャを直接描く機能（テクスチャペイント）が用意されていて、ペイントソフトのように扱うことができます（P.192）。リアルではなく、ゲームやイラストのようなテクスチャに仕上げるならこの方法がおすすめです。

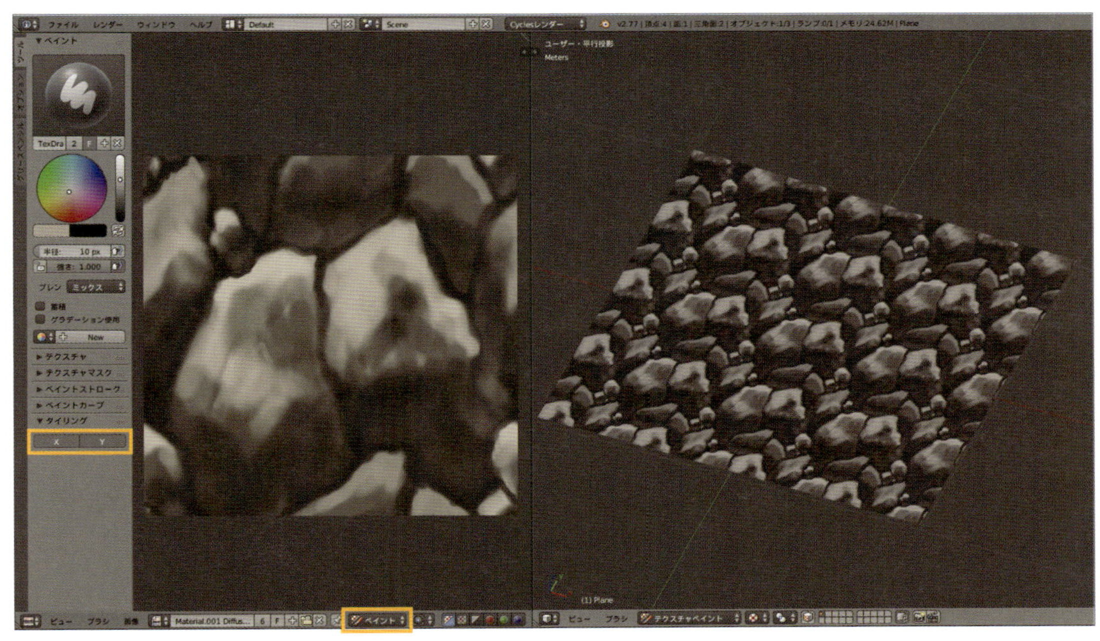

UV/画像エディターのモードを「ペイント」に変更、「▼タイリング」のX、Yそれぞれを有効にすることで、上下左右の繋がったテクスチャを描くことができる

UVマッピング

「UVマッピング（P.189）」という、オブジェクト専用のテクスチャを描く方法があります。

テクスチャの継ぎ目や歪みをなくすため、ペーパークラフトの図面のように平面化した状態で描く手法です。キャラクターモデルの場合は、UVマッピングを使用するとよいでしょう。
テクスチャを描く前に、マッピング用の展開図を作成する「UV展開」と呼ばれる作業が必要です。

CHAPTER 11 ▲手触りを伝える テクスチャ

CHAPTER 11

03 テクスチャを設定する

では実際に画像を貼ってみましょう。
ここでもノードを使用しますが、形を覚えてしまえば何も難しいことはありません。

マテリアルノードにテクスチャを設定する

最初はどんな形状にも貼れるマテリアルノードの作り方からはじめます。

マテリアルノードを作る

STEP 01

テクスチャ用のノードを追加します。右に「ディフューズBSDF」と「マテリアル出力」があります。ここまでは、Chapter10 で解説しました。テクスチャは、マテリアルより左に配置していきます。まずは、エディタータイプをノードエディターにして、同じようにノードを追加（Shift+A キー）してみましょう。

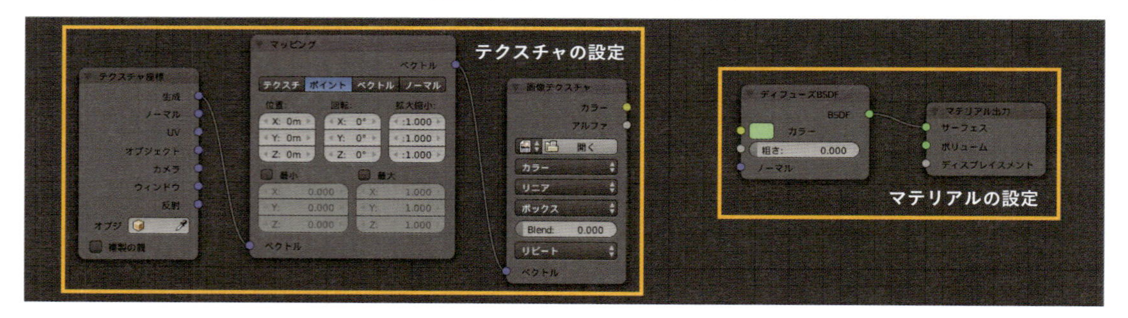

STEP 02

図の上部は、01左のテクスチャの設定部分を拡大表示したもの。下部は、各ノードの場所をメモしています。ノードを追加し、テクスチャを読み込みます。[追加] - [テクスチャ] - [画像テクスチャ] を追加したら、使用するテクスチャ画像を「開く」ボタンから読み込みます。

POINT 追加するノードがそれぞれ異なるグループに含まれていて、開くのがやや大変だが、何度も使うのですぐに覚えられるはず。ちなみに、「NodeWrangler」というアドオン（P.276 参照）を使うと、ショートカット（Ctrl+T キー）1 発でこの 3 つを追加してくれる。最初から Blender に搭載されてはいるものの、使用しない設定になっているため、興味があれば有効化してみるといい。

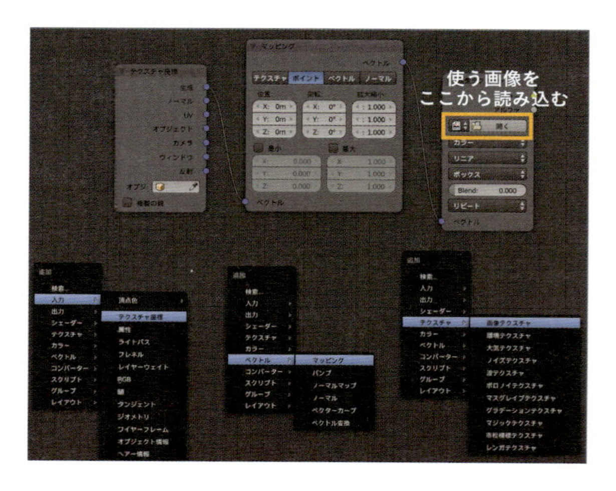

STEP 03

［画像テクスチャ］ノードの右「カラー」と、［シェーダー］ノード（図では「ディフューズBSDF」）の左側「カラー」をドラッグして繋ぎます❶。
3Dビューのヘッダーから3Dビューのシェーディングを「レンダー」に切り替えてみると（ショートカットキーを使う場合は Shift ＋ Z キー）、テクスチャが貼られているのが確認できます❷。

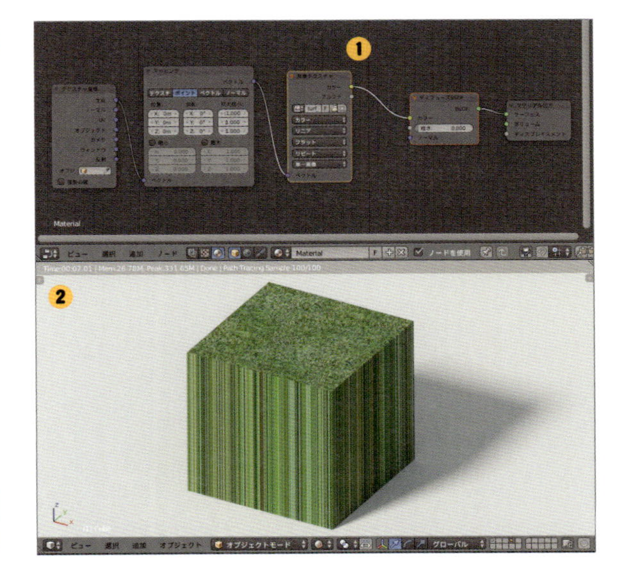

POINT デフォルトだと「フラット」の表示なので同じ模様が下まで続いている。

テクスチャの投影方法を切り替える

テクスチャの表示はわかったけれど、このままでは端の色が伸びて、側面が使いものになりません。じつは、テクスチャの投影方法には「フラット」「ボックス」「球」「チューブ」の４種類があって、オブジェクトの形によって使い分けることができます。ほとんどのオブジェクトは「ボックス」で投影すれば問題ないので、「フラット」から「ボックス」に切り替えると覚えておきましょう。

図は、スピーカーを作る際に写真をテクスチャにして、投影方法を変えた例です。
左から「フラット」は金太郎飴のように奥まで同じ模様が流れ、「ボックス」は３方向から面の向きの近い方向で貼られます。「球」は包み込むように、「チューブ」は円柱に巻きつけるように貼ります。

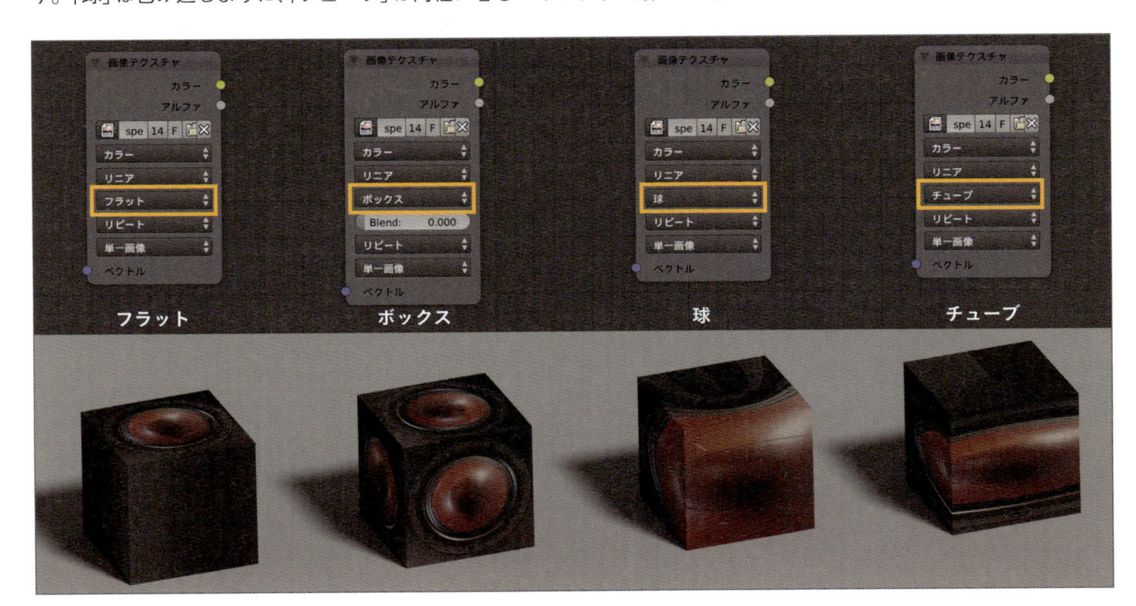

CHAPTER 11 手触りを伝える テクスチャ

マッピングノードを使用する

マッピングノードを使用すると、画像を貼る「位置」「角度」「大きさ」を指定することができます。
以下の例を参考にしてください。

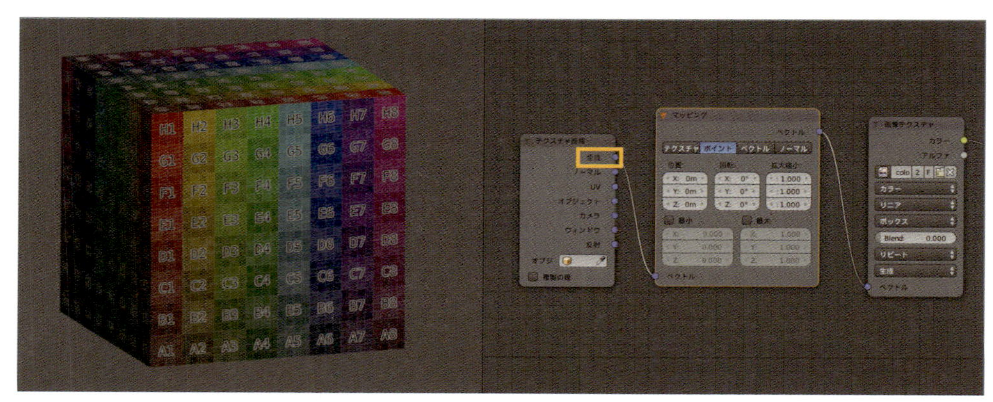

マッピングノード初期状態。テクスチャ座標は「生成」

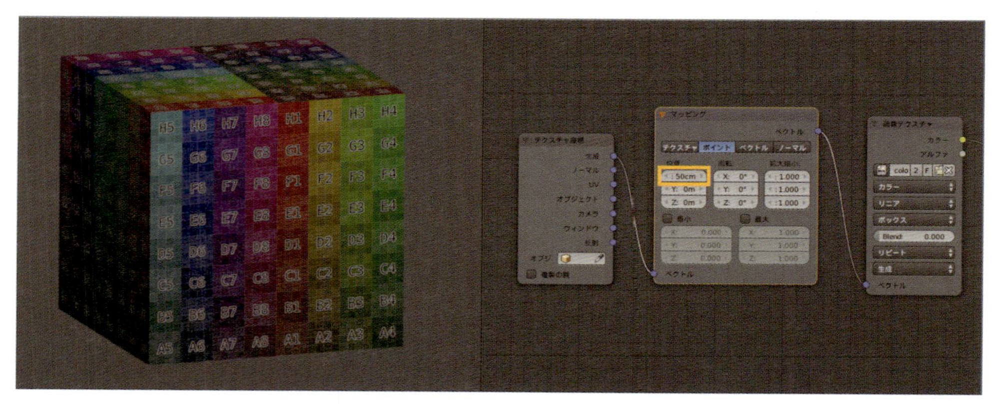

マッピングノードの「位置：」の「X：」に「50cm」を設定した。テクスチャが移動しているのがわかる

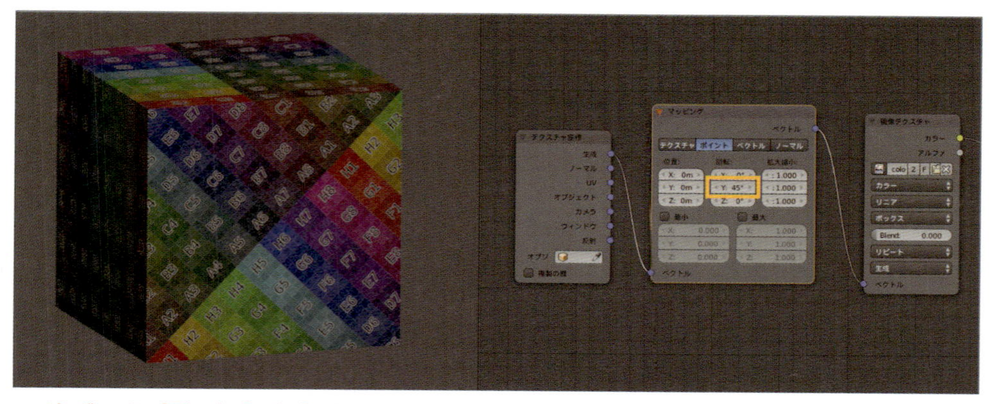

マッピングノードの「回転：」の「Y：」に「45°」を設定した。テクスチャがY軸を中心に回転したのがわかる

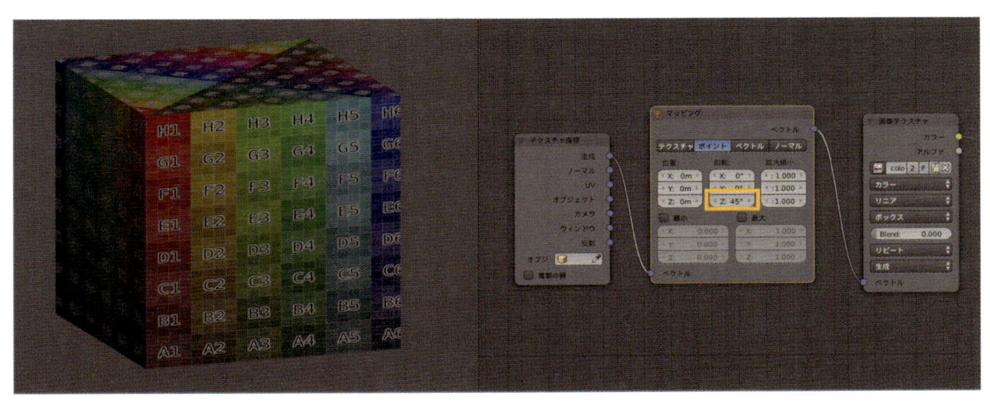

同様に、「回転：」の「Z：」に「45°」を設定した。テクスチャが「Z：」に軸を中心に回転したのがわかる

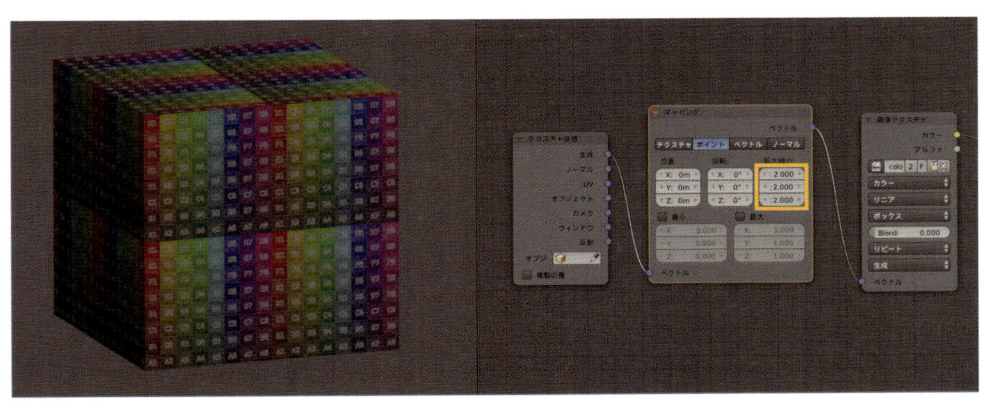

マッピングノードの「拡大縮小：」のXYZそれぞれに「2.0」を設定した。テクスチャが2回繰り返されたのがわかる

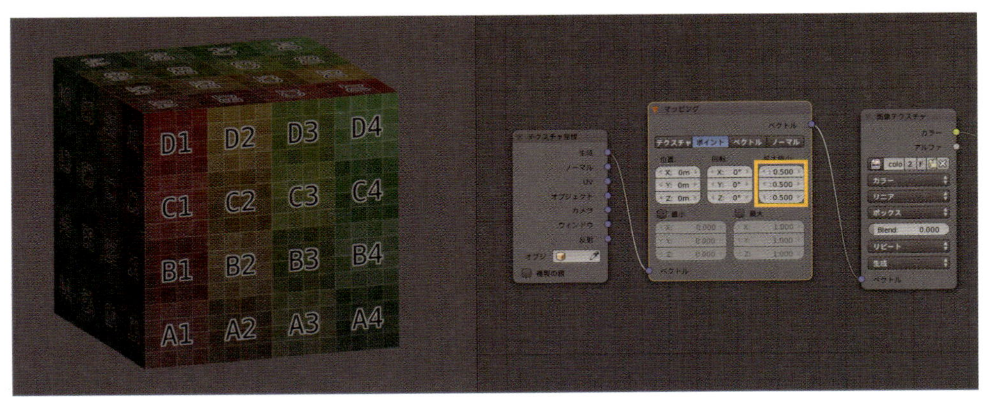

同様に、「拡大縮小：」XYZそれぞれに「0.5」を設定した。テクスチャが倍に拡大表示されたのがわかる

04 バンプで凹凸感を表現する

色のテクスチャを扱えるようになったら、次は凹凸表現にチャレンジしてみましょう。

バンプとは？

写真を貼ることだけでもかなりの素材感が出ますが、CGで光を当てたときに若干の違和感が出てしまいます。
それは、テクスチャに使われている素材が本来持っているはずの、
細かな凹凸が再現されていないことが原因のひとつです。
そこで、ポリゴンでは作り込めない細かな凹凸を「バンプ」ノードを使用して再現します。
バンプマップでは、画像の明るいところが凸、暗いところが凹になります。
まずは実際に使用した例を見比べてみましょう。

バンプの効果

要素を分解して考えるために、図下は左右でマテリアルを変えています。
左がカラーに写真を貼ったもの、右が単色に「バンプ」ノードを繋いだものです。カラーとバンプ両方にテクスチャを使用すると、図上のようになります。
いずれのマテリアルも、「ミックスシェーダー」を使用して光源が映り込むようにしています。

POINT ［カラー］のみの場合だと、表面がツルッとしていて平面に写真を貼ったのがバレバレ。バンプのみの状態になると、光源の映り込みが凹凸の影響を受けて明暗を生み出す。凹凸感により、単色でも木目を表現していることがわかるかな？ この両方を使用することで、CGで作ったシーンのライティングに対応可能となるのだ。

バンプの使い方

ノードが複雑に見えるかもしれませんが、ここは落ち着いて見てみましょう。
新たに追加したバンプノード（Shift＋Aキーで［追加］-［ベクトル］-［バンプ］）より右側は「ミックスシェーダー」のマテリアル設定です。左側はテクスチャを貼るための３つのノードです。これまで解説してきたなかで、はじめて紹介するのはバンプノードのみです。
❶「画像テクスチャ」の「カラー」を「バンプ」ノードの「高さ」に繋ぎます。これは「テクスチャをバンプマップとして使うよ」という合図のようなものです。色は関係なく、画像の明るさだけを使用しています。明るいところが凸、暗いところが凹です。これは「反転」にチェックを入れると逆になります。
❷続いて、「バンプ」ノードの「ノーマル」から、各シェーダーノード（「ディフューズBSDF」や「光沢BSDF」など）の「ノーマル」へと接続します。

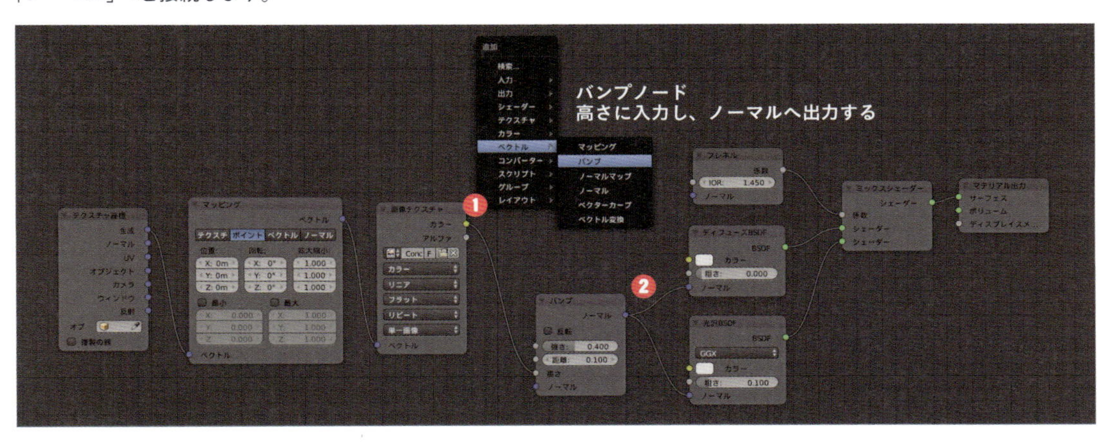

これでできあがり！
今回のように、ひとつのテクスチャを、「カラー」と「バンプ」の２つに分岐させて使用することができるのもノードの利点です。

バンプマップ専用の画像を用意する

バンプマップ専用の画像 を用意すると、もっと凹凸の表現力を上げることができます。

上のテクスチャは「ディフューズBSDF」のカラー用で、下のテクスチャはPhotoshopを使用し、凸部分が明るくなるように描いたバンプ用のものです。さらにPhotoshopでぼかしフィルタを少しかけています。こうすることで、黒い部分のフチが斜めに盛り上がったように仕上げることができるのです。画像の明るさが凹凸になるので、グラデーション部分は傾斜のように描かれます。モデリングしなくても、テクスチャで表現できることはテクスチャに任せていいのです。

テクスチャの貼り方が同じ場合、「画像テクスチャ」ノードより左側は、同じものを使うことができます。
下のノードがどういう状態かわかるでしょうか？

COLUMN

● ノーマルマップで細かな表現を行う

CGでいうノーマル（Normal）は、法線と訳され、面の向きのことを指します。実際のポリゴンは平らなので、ひとつひとつの面の向きは１方向ですが、テクスチャを使うことで面の中に細かな変化があるかのようにレンダリングさせます。
テクスチャを使った擬似凹凸表現には、「バンプマップ」のほかに、より高い表現力を持つ「ノーマルマップ」という技術があるので、どういうものか見てみましょう。

ノーマルマップとバンプマップを比較

画像を使って細かい凹凸を表現する方法は、「バンプマップ」と「ノーマルマップ（法線マップ）」の２つがよく使われます。図上を見比べると、「ノーマルマップ」のほうがより本物の凹凸らしく見えるのがわかるでしょうか。「バンプマップ」は、画像の明るさに応じて、ポリゴンの法線方向へ高さが付いたように見せるのに対し、「ノーマルマップ」は画像のRGBそれぞれの強さで面の向きを表現できます。

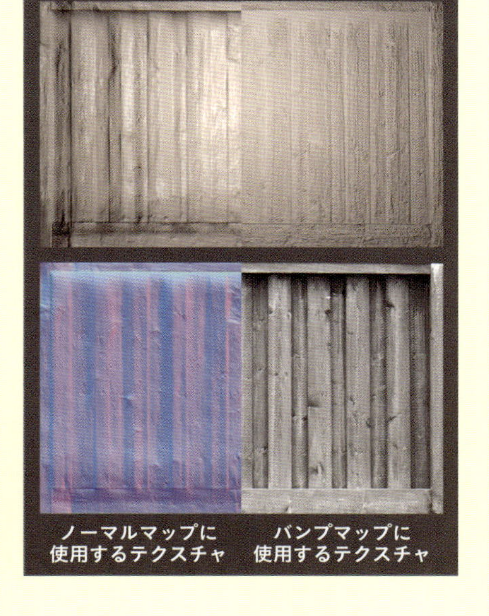

モデリングした造形からノーマルマップを作成

写真からではなく、実際にモデリングした造形から「ノーマルマップ」を作成するという方法もあり、Blenderにはこの機能が付いています。これも知識として見ておきましょう。
上の２つはまったく同じものに見えますが、実際には中央のワイヤーフレームのように、右側はたった１枚の板です。「ベイク」という機能を使って、下の「ノーマルマップ」を作成します。

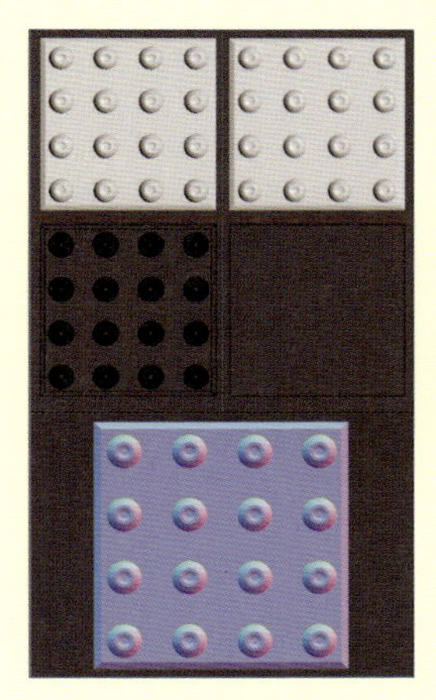

POINT 「ベイク」という技術は、ポリゴン数の制限が厳しい、ゲーム用のモデルを作るときに多用する。この本では「3DCGで絵をレンダリングする」ことが目的のため、わざわざ手間をかけてテクスチャにベイクする必要はありません。元のオブジェクトをそのまま使おう。

「ノーマルマップはこういうものなんだ」と覚えておくと、いつか役に立つかもしれません。3DCGを作る技術を持つ人は、ゲーム制作やヘッドマウントディスプレイを用いたVRコンテンツ制作など、リアルタイム用のモデル作りを頼まれることもあります。もしかしたら、自分でリアルタイム体験を作りたくなるかもしれない。そんなときにはとっても役に立つでしょう。

CHAPTER 11

05 テクスチャの追加で質感を表現する

金属のマテリアルの作成には、「光沢BSDF」を使って再現する手順を解説しました（P.156）。
さて、金属マテリアルにはテクスチャの出番がないかといえば、そんなことはありません。
金属もきれいに磨き上げていない限り、傷がついたり汚れがついたりと、使用感が出てくるもの。

テクスチャで金属やガラスの質感をさらに上げる

テクスチャをちょっと追加するだけで空間の嘘っぽさが減少するので、試してみましょう。
図左が「光沢BSDF」だけで作ったマテリアル、図右が「粗さ」に「テクスチャ」を使用したマテリアルです。
テクスチャを加えることで、水垢なのか、長年使いこんだ傷なのか、しつこい汚れを落とそうと擦った痕なのか、という使用感が表現できました。このテクニックを紹介します。

☑ 経年の使用感を足す

STEP 01

「粗さ」テクスチャをノードに接続します。テクスチャの貼り方はこれまでと同じだけれど、接続する先が［カラー］ではなく、［粗さ］となります。これで画像の明るさで「粗さ」をコントロールという状態です。
画像の明るさと結果を勘で当てるのはむずかしく、思ったような粗さ加減にならない場合もあります。

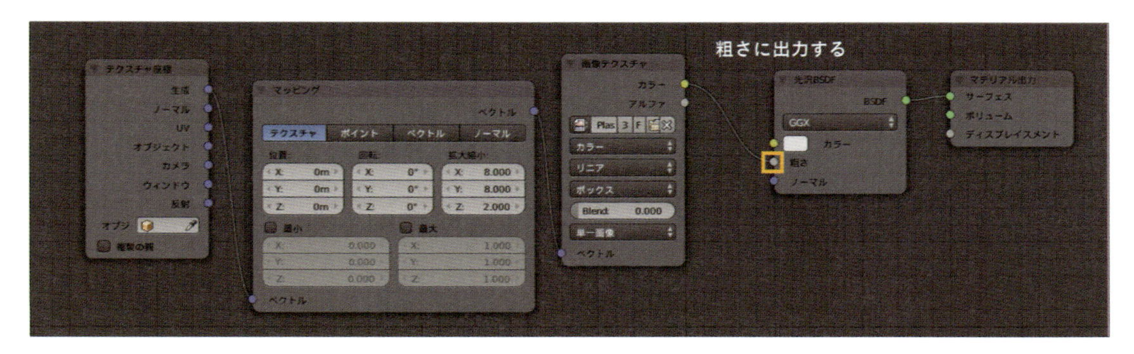

汚れや傷を表現するのに使われるテクスチャは、「Grunge Texture」や「Smudge Texture」と呼ばれます。作例では、右の画像を貼り付けて効果を見てみます。

STEP 02

図は、テクスチャの明るさによる、粗さの結果を比較しています。いずれのポットも同じテクスチャを使用していますが、左右両端は「ディフューズBSDF」の「カラー」に接続して、使用しているテクスチャの明るさがわかるようにしました。
左側は元々の画像の明るさそのままを使用しましたが、ポットが思った以上にくすんでしまっています❶。
右側には Shift ＋ A キーで［追加］-［カラー］-［RGBカーブ］を選択して、ノードを使用します。テクスチャのコントラストをつけ、暗部を増やしました❷。暗くなるほどよく磨かれた面になります。RGBカーブの使い方は次ページで解説します。

こんなテクスチャでこうなるよ、という例なので、左右を見比べてみよう。

STEP 03

「RGBカーブ」ノードを接続します。画像テクスチャをRGBカーブで色調整（ページ下を参照）してから、「光沢BSDF」の[粗さ]に繋ぎます。図の順番になるように、「画像テクスチャ❶」と「光沢BSDF❷」の間に「RGBカーブ❸」を挟み込みましょう。

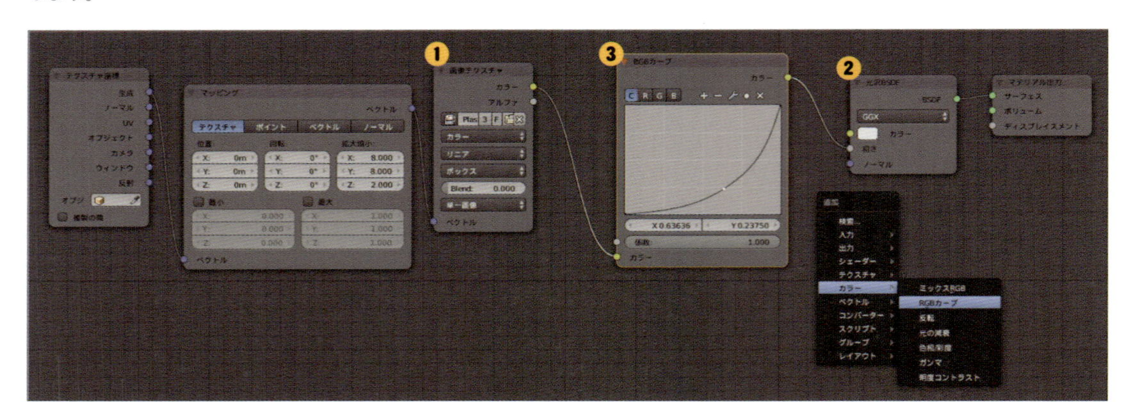

RGBカーブを使う

「RGBカーブ」は、最初はカーブが直線の状態なので、何も変化しません。
Photoshopなどを使う人にはお馴染みのカーブですが、はじめての人のために使い方を紹介します。

RGBカーブの使い方①

「RGBカーブ」ノードを追加すると、最初に斜線が描かれています（左下）。この状態が元画像とまったく同じ状態です（左上）。
斜線の中央付近をドラッグして下のほうへ移動すると、コントロールポイントが追加され、カーブになります（中下）。そうすると、画像が暗くなるはずです（中上）。
同じように、中央付近を上方向にドラッグすると（右下）、画像は明るくなります（右上）。まずはこれが基本です。
コントロールポイントはいくらでも追加できますが、増やしすぎるとカーブがぐにゃぐにゃになり、おかしな画像になる場合も。そのときは、❌アイコンをクリックしてコントロールポイントを削除しましょう。

元の明るさ

中央を下げると
中間色が暗くなる

中央を上げると
中間色が明るくなる

POINT 図はわかりやすいように、RGBカーブノードだけ切り出しているが、実際には上のように組んだ状態で使う。

RGBカーブの使い方②

はじめに左下、右上にある角のコントロールポイントも動かすことができます。左下のコントロールポイントを右へずらすと（中下）、「この明るさまでは黒」という範囲が増える（中上）。右上のコントロールポイントを左へずらすと（右下）、「この明るさまでは白」という範囲が増える（右上）。

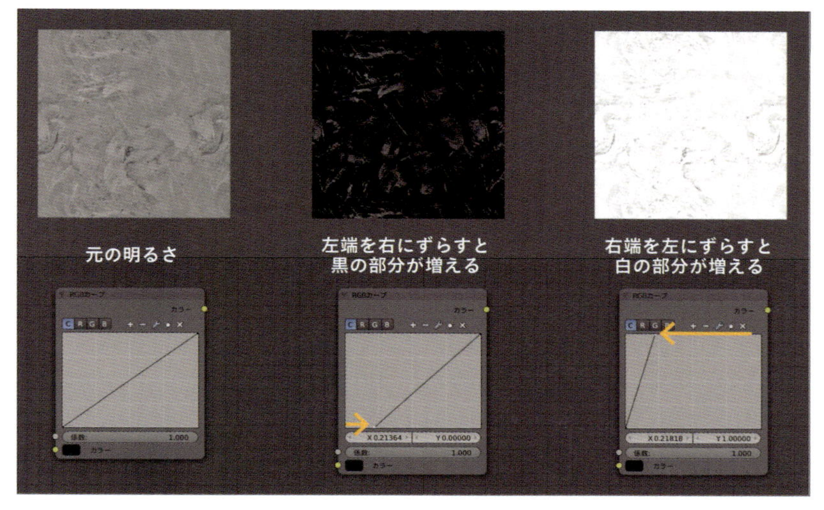

これを使って、好みの粗さになるよう、テクスチャの明るさやコントラストを調整してやるとラクチンです。

COLUMN

● 粗さで柄を描く

どちらの作例も、鏡のように反射する部分と、ボヤッと反射する部分の質感の差で模様を浮かび上がらせています。この表現を生かすには、映り込む光源が必要になるので、ライティングの章とあわせてチャレンジしてみてください。

粗さだけでロゴやテキストを浮かび上がらせる

パッケージ、ラベルなどの箔押し表現やガラスのサンドブラストなど、柄に合わせて粗さが異なるような表現ができます。

ガラス表面に粗さで柄を浮かび上がらせる

ガラス表面のカラーは1色だけれど、「粗さ」によって反射が変わるので、柄の部分が明るい色に見えます。

CHAPTER 11

06 部分的に異なる質感を表現する

ひとつの質感が作れるようになったら、次は部分的な質感の使い分けにもチャレンジしてみましょう。

 部分的に質感を分ける

ワインのラベルに注目。
黒い部分は紙の質感、文字の部分は金色です。
色を変えるだけなら「カラー」にテクスチャを貼ればいいのですが、
質感も変えるならテクスチャの使い方は少し変わってきます。

考え方は、２つのマテリアルを作っておいて、それを画像の明るさで、白いところ・黒いところそれぞれにマテリアルを振り分けるイメージです。

図のようなラベルの
金の箔押しを表現する

「ミックスシェーダー」の係数で質感を分ける

STEP 01

ノードの組み方を説明します。「ミックスシェーダー」の［シェーダー］に繋がっている２つ。これがそれぞれ黒い部分と、金色の部分です。［係数］に繋がっているのが、黒と金をそれぞれ分けるためのテクスチャ。暗いところほど上のシェーダーが優勢に、明るいところほど下のシェーダーが優勢になります。白黒をハッキリさせると、混ざらずそれぞれ振り分けられます。

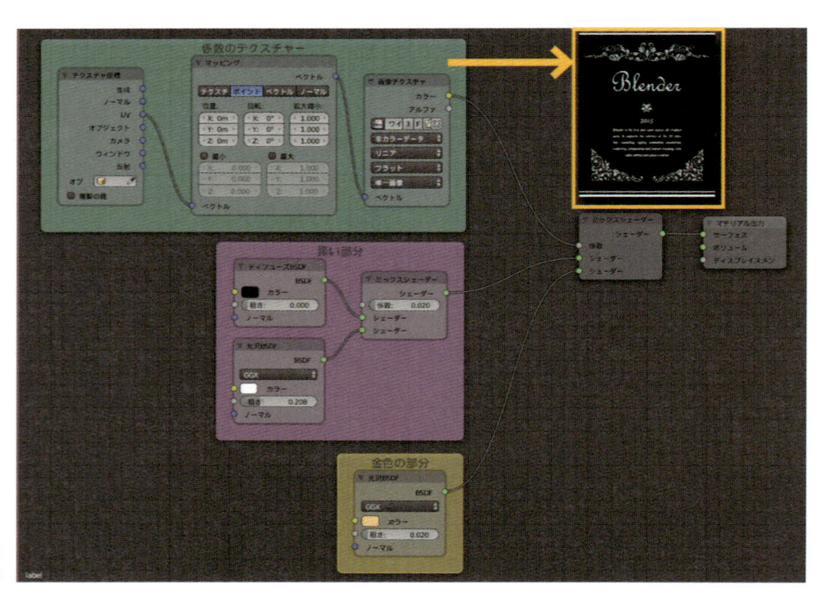

図はノード上でどの部分が何を
表すか色分けしている状態

STEP 02

作例のワインラベルは、さらに「バンプマップ（P.175）」を加えているので複雑です。紙の部分に［追加］-［テクスチャ］-［ノイズテクスチャ］を生成して、ラベルの白黒画像と合成、白黒を反転して「バンプ」ノードに繋いでいます。このノイズテクスチャなどプロシージャルテクスチャの生成はこの後に紹介します。

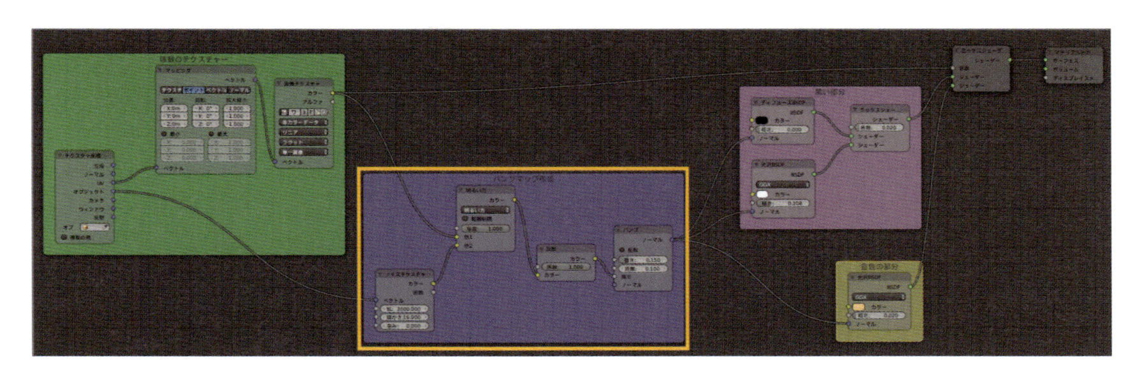

プロシージャルテクスチャを使う

「プロシージャルテクスチャ」は、Blender内で生成した模様を使用するテクスチャで、
数値やパターンの種類などを変更してアレンジすることができます。
マテリアルや用意したテクスチャに、複雑さを加えたいときに便利です。

テクスチャの使い方

❶ Shift ＋ A キーで［追加］-［テクスチャ］からテクスチャ選択します。ここでは「ノイズテクスチャ」を選択しています。もちろん「カラー」に限らず、「粗さ」や「バンプ」、「ミックスシェーダー」の係数など自由に使えます。たとえば、ガラスのわずかな歪みを「プロシージャルテクスチャ」と「バンプ」ノードで表現したりします。
❷ 使い方は画像テクスチャと同様です。模様の大きさは、［拡大縮小：］の数値でコントロールできるので、「テクスチャ座標」と「マッピング」ノードは用意しなくても大丈夫です。「市松模様」や「レンガ」テクスチャの向きを回転したいときに用意しましょう。

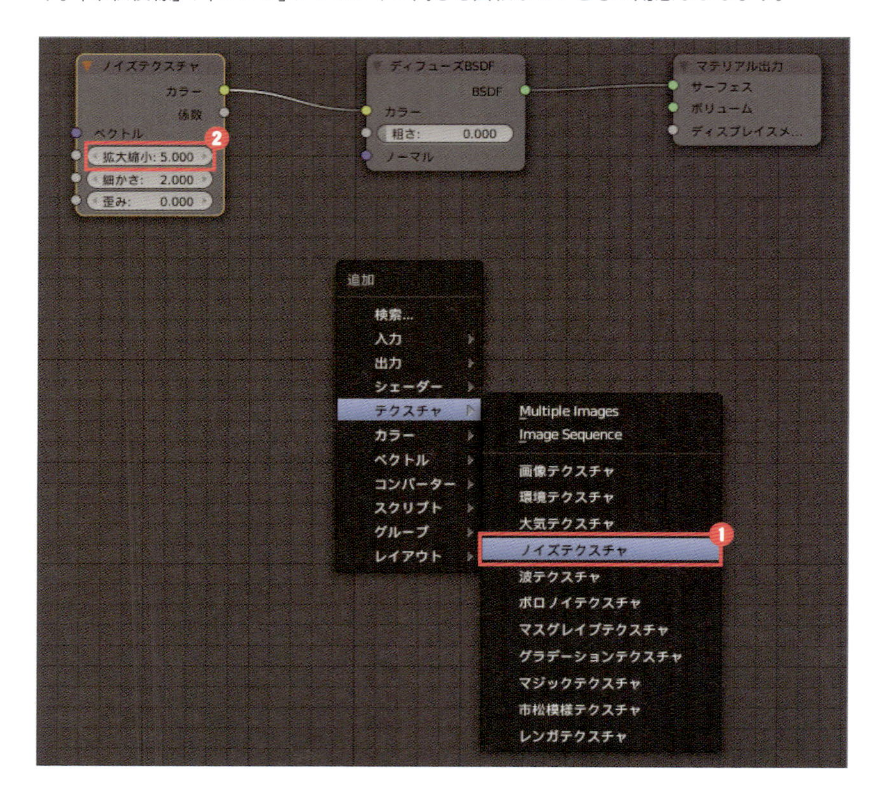

図はどれもノイズテクスチャを使用していますが、［拡大縮小：］の値を10倍、100倍にしたもの。同じ模様でも、大きさを変えると別の表現に使えそうです。

［拡大縮小：］を
10倍（中）、100倍（右）

07 正確な位置に貼るUVマッピング

ほとんどのオブジェクトでは、テクスチャの目的が材質表現なため、貼り方を「ボックス」にするだけでもそれらしく見えます（P.171）。それが、ここまでのテクスチャの貼り方です。
しかし、繰り返し模様ではないもの、たとえば本やポスターのような印刷物、あるいはキャラクターの顔や服などテクスチャを完璧な位置に貼らなければならないものには、「UVマッピング」が必要になります。

「UVマッピング」でテクスチャ画像の一部を使う

UVマッピングは、オブジェクトの展開図を作り、どこにどんな画像を貼るのかを指定するテクスチャの貼り方で、オブジェクトの形が歪んでいても複雑な立体でも、きちんと思い通りのテクスチャを描くことができます。

図は、レンガの壁に窓をつけました。左右ともレンガのテクスチャはまったく同じですが、
右には「UVマッピング」を使用して、窓の写真がはめ込まれています。

※レンガも窓も「The Texture Mill（P.167）」のテクスチャを使用しています。
※カーブモデリングしたものは、Alt+Cキーでメッシュに変換してからUVを作る必要があります。

☑UVマッピングの使い方

STEP 01

「ループカット（P.44）」などで図のようにポリゴンを分割します。窓のマテリアルを分けて、ここのみUV展開していきます。

STEP 02

画面を左右に分割します（P.21）。片方のエディタータイプを「UV/画像エディター」に切り替えます❶（ここでは画面左）。
3Dビューの視点を操作し、UV展開する面を、正面から見た状態にします（もし曲面ならできるだけ正面に）❷。
編集モードに移り、面を選択します。
Uキーを押し、［UVマッピング］-［視点から投影（バウンド）］をクリックします❸。
「UV/画像エディター」いっぱいに、選択面が表示されます（ここでは画面左）❹。
これがUV展開の行われた状態です。

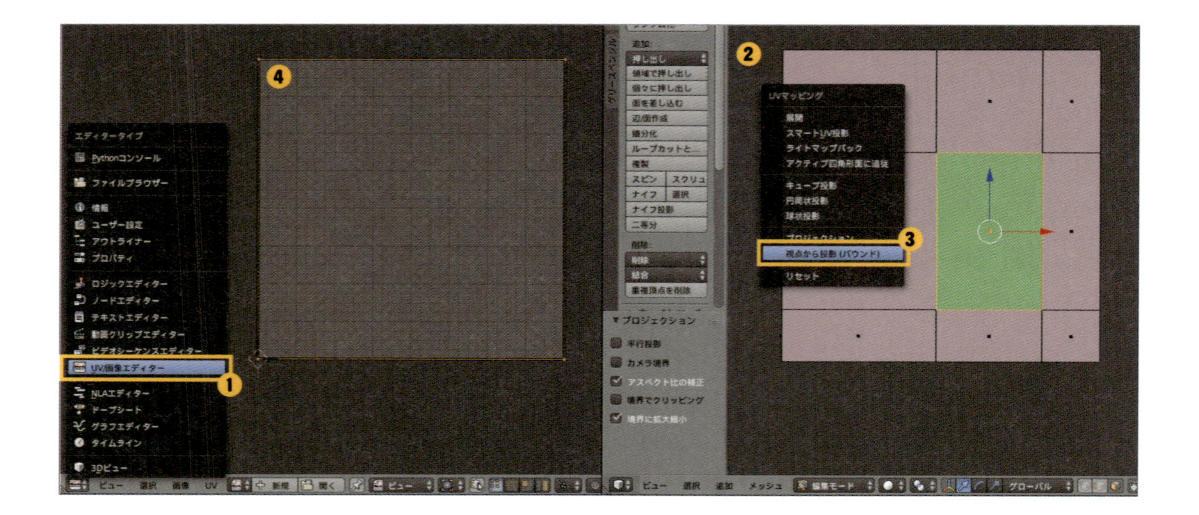

POINT 「UV/画像エディター」のヘッダーにRender Resultと表示されていたら、右側の☒ボタンをクリック。編集モードで選択されている面のUVだけが表示されるため、面が選択されているかも確認しよう。

STEP 03

窓のテクスチャを貼ります。テクスチャを貼るときの「テクスチャ座標」ノード は、[UV]から[ベクトル]へ繋ぎましょう❶。[ベクトル]に何も指定しないときは[UV]に設定されているので、「テクスチャ座標」ノードは省略することもできます。「UV/画像エディター」の背景に、読み込んだ窓のテクスチャを表示させます。正方形だったUVが、画像の比率で表示されるようになりました❷(左)。
3Dビューのシェーディングをレンダーにすると、テクスチャは表示されますが、窓のフチにある異なる柄の壁まで入ってしまいました❸。これでは違和感が残ってしまいます。

STEP 04

「UV/画像エディター」に表示されている頂点を移動して、窓枠に合わせました❶。この画面上では、G(移動)、R(回転)、S(拡大縮小)のショートカットを使って、選択した頂点、辺、面を調整することができます。もちろん、続けてXYZの各キーを押せば(P.37)、移動方向を制限することも可能。上手に調整すると、レンダリング結果から窓周辺の壁が消えて、窓だけがはめ込まれた状態に仕上がります❷。

POINT はじめから無駄のないテクスチャを用意していれば、この調整は必要ない。「UVマッピング」は、頂点の位置と画像のピクセルを一致させる貼り方なので、「ここだけ使いたい」という指定ができるという例だ。

UVの歪みを修正する

たとえば、湾曲した面からUVを作ると、右のように横幅の広い、狭いが発生してしまいます。

元のポリゴンの大きさは同じなのに、UVの幅だけ広い部分があると、広い面積の画像を詰め込むのでギュッと縮んでしまい、逆にUVの幅が狭い場所は、少ない面積の画像を引き伸ばされてしまいます。
図のように、縦横比が変化してしまうと、貼られたテクスチャも縦横比が変わってしまうのです。

比率を均等に整える

UVは、できるだけ元のポリゴンの比率に合わせるのが理想なので、1列ずつ Alt キー+[右クリック]選択し、均等に揃えましょう。UVによるテクスチャの歪みを確認するため、Blenderは図のようなカラーグリッド、UVグリッドと呼ばれる画像を生成することができます。

UVグリッドの生成

「UV/画像エディター」のヘッダーの［新規］ボタン❶、もしくは、［新規画像（Alt+N キー）］を選び、［生成された種類］から［カラーグリッド］または［UVグリッド］を選択しましょう❷。［OK］ボタンをクリックします❸。
新しい画像として作られるので、テクスチャ画像としてマテリアルに使用すると、レンダー表示で確認することができます。

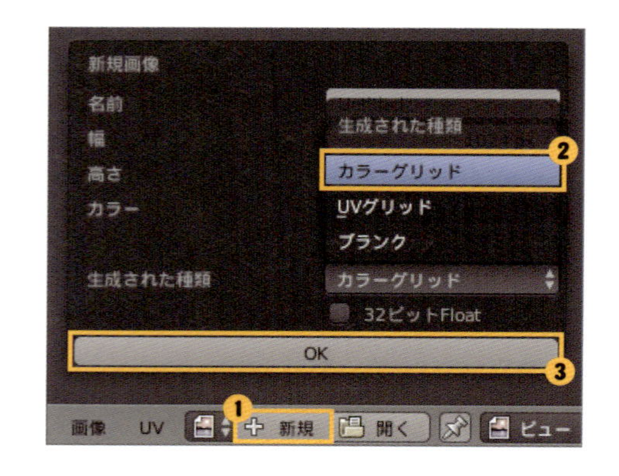

POINT UVの整列は少し面倒な作業だが、アドオンを使うと楽にできる。本書では、外部アドオンの説明まではしないけれど、「UV tool」というBlenderアドオンがオススメなので、検索してみよう。

「スマートUV投影」でもっと複雑な形を展開する

キャラクターモデルに自由なテクスチャを描き込みたいときにも「UVマッピング」を使います。今回は、窓やラベルのような1部分だけを展開するのではなく、図のような場合、全身あらゆる面にテクスチャを描けるようにUV展開する方法を試します。

スマートUV投影を使う

STEP 01

まずは下準備です。モデリングしたパーツが分かれていたら、オブジェクトモードで複数選択して、Ctrl+Jキーでひとつのオブジェクトにしましょう。Nキーでプロパティシェルフを表示させ、もし、[▼トランスフォーム] - [拡大縮小：] に「1.0」以外の数値が入っていたら、Ctrl+Aキーで [拡大縮小：] を選択して現在の大きさを「1.0」とします。

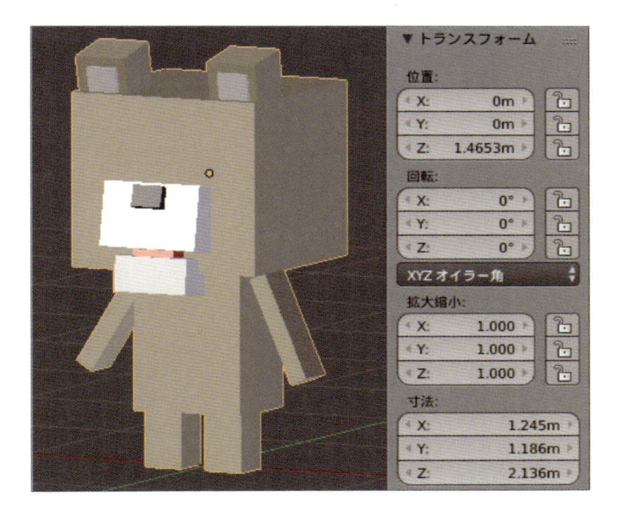

POINT 拡大縮小の数値はそのままではUVの縦横比が狂うため、「1.0」としている。

STEP 02

編集モードに移り、Uキーを押してUV展開を行います。[UVマッピング] - [スマートUV投影] を選びましょう。これは複雑なモデルであっても、自動でUVマップを作成してくれる便利な機能です。

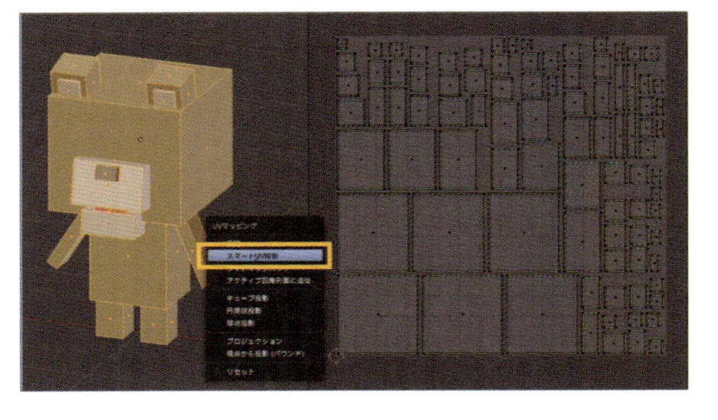

POINT 図ではポリゴンごとにバラバラになっているけれど、曲面を使用したモデルならある程度まとまりを作ってくれる。UVのまとまりは島やアイランドと呼ばれ、島ごとにUVを選択することが可能。

STEP 03

「スマートUV投影」の設定項目が表示されるので、[島の余白] をほんの少し増やしておきます❶。「0」にしてしまうと、隣接するUVの色がはみ出して、塗った覚えのない色が表示されてしまいます。[OK] ボタンをクリックします❷。

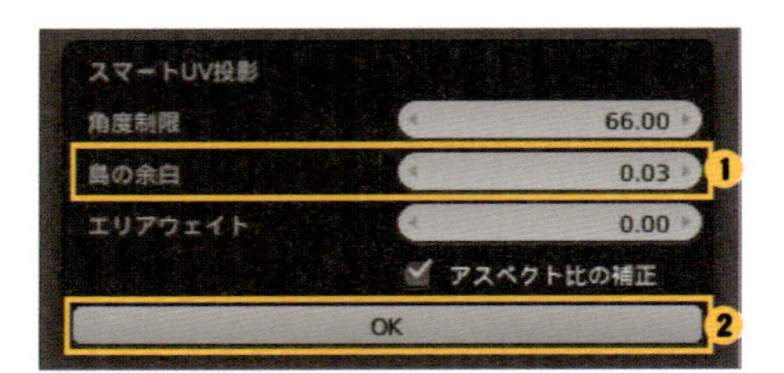

POINT 立体のUV展開にはどうしても継ぎ目(シームと呼ばれる) ができてしまうけれど、仕上がりを見てもわからないようにする大切なポイントだ。

「テクスチャペイント」を使って3Dモデルにペイントする

スマートUV投影で作られたUVは、どこがどの部分か判りづらくなっています。ここに普通のテクスチャを貼っても、模様の継ぎ目が目立ってイマイチです。そこで、Blenderに搭載された「テクスチャペイント」を使って、3Dモデルへ直接ペイントする手順を紹介していきます。テクスチャペイントをする前に、必ずUVを作成しましょう。UVがないときは、「シンプルなUVを追加」という項目でサポートされますが、スマートUV投影ほどは頼りにならないので注意。

☑ テクスチャペイントを使う

STEP 01

3Dビューのヘッダーから、「テクスチャペイント」に切り替えます。

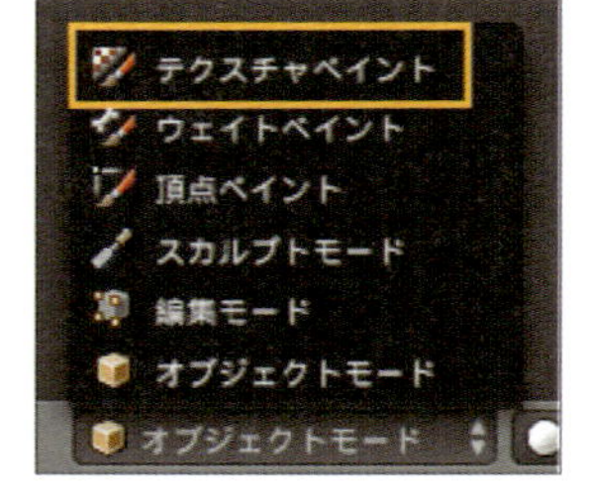

STEP 02

「ペイントスロット」-[ディフューズ色] 用の画像を作ります。図のようにモデルの色が変わりますが、これはテクスチャ表示のための画像が用意されていないことを示しています。

STEP 03

「テクスチャペイントスロットを追加」画面が表示されるので、画像の［名前］と［幅］［高さ］［カラー］を設定します❶。［OK］ボタンをクリックします❷。

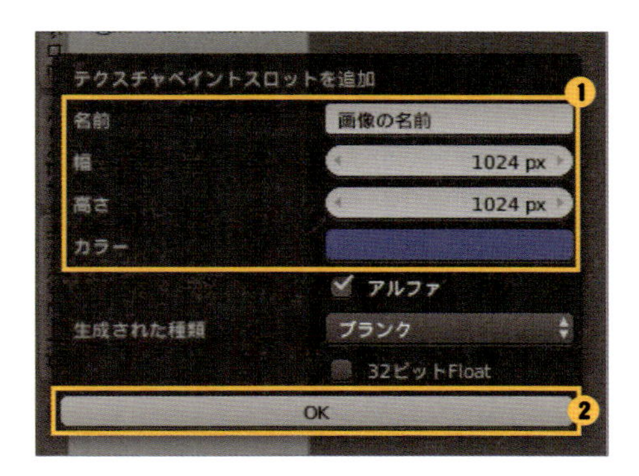

POINT ［カラー］はこれから塗る色の下地色を設定してもいいし、黒のままならUVのない部分がわかりやすい。

STEP 04

これで3Dモデルをペイントすれば(P.189)、図のようにBlenderがUV上の正しい位置に画像を描いてくれます。

STEP 05

このとき、マテリアルノードには、「画像テクスチャ」が接続されていない状態で配置されています❶。この状態だと、作業中にテクスチャ表示するだけで、レンダリング結果には表示されません。テクスチャをレンダリングに反映させるには、「画像テクスチャ」の［カラー］出力と「ディフューズBSDF」の［カラー］入力を接続すればOKです❷。

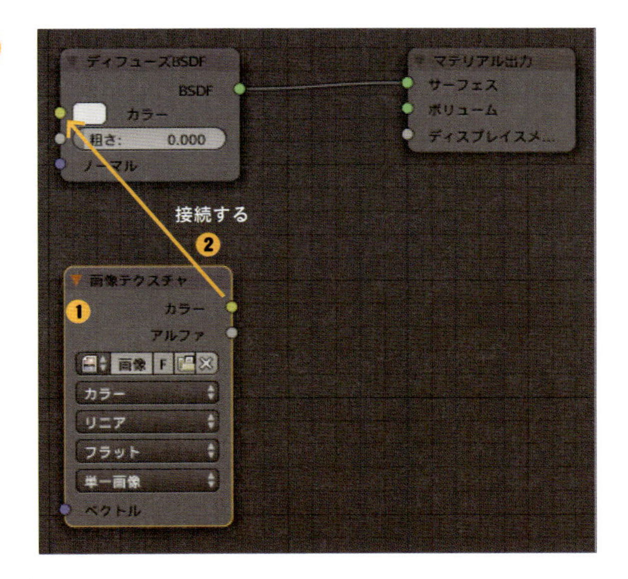

CHAPTER 11

08 テクスチャペイントの機能

UV展開に合わせて平面画像のテクスチャを描くのは難しいので、
Blenderには3Dモデルに直接描くことでUV展開に合わせたテクスチャを仕上げることができる、
テクスチャペイント機能がついています。ここでは、ペイントのための機能を紹介します。

テクスチャペイントツールを使う

ツールシェルフの[ツール]タブから各種ツールを選択できます。
「ブラシ」「対称」「カーブ」「ストローク」「テクスチャ」「テクスチャマスク」「外部」の設定を見ていきましょう。

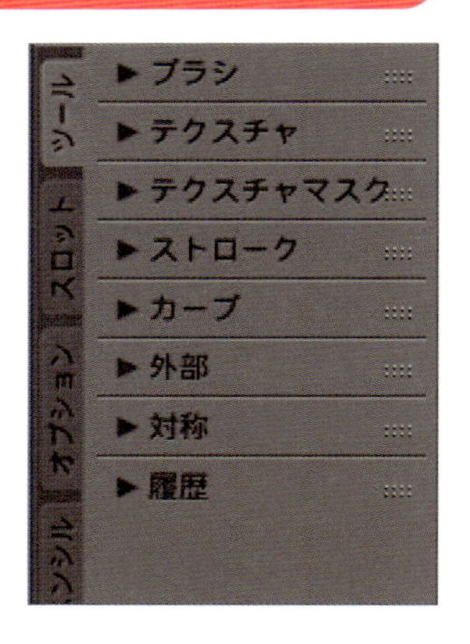

ブラシ

一番大きく目立つアイコンは、塗るためのツール。クリックすると他のツールに切り替えられます。

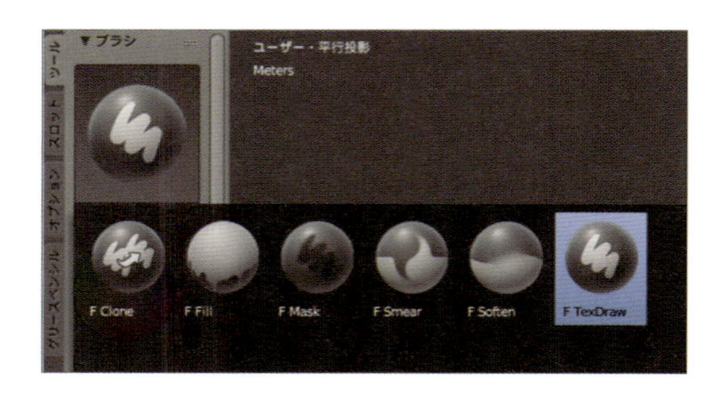

●ブラシの種類

	Clone	Ctrl キー+[左クリック]した部分を、別のところに転写するブラシ
	Fill	指定した色で、全体を塗りつぶすブラシ
	Mask	上塗りしたくない部分を保護(マスキング)するブラシ。スロットタブからマスク専用画像を作る
	Smear	指で擦ったように、色を引き伸ばすブラシ
	Soften	なぞった部分をぼかすブラシ
	TexDraw	テクスチャを描くためのブラシ

ブラシの設定

「ブラシ選択の下には、色（左が通常色、右が Ctrl キー＋［左ドラッグ］時の色）とブラシの半径、強さの設定がある。
それぞれの右にある指アイコンは、ペンタブレットを使用したときの筆圧感知のON/OFF。色の上にある ＋ － ボタンは、よく使う色の登録と削除。

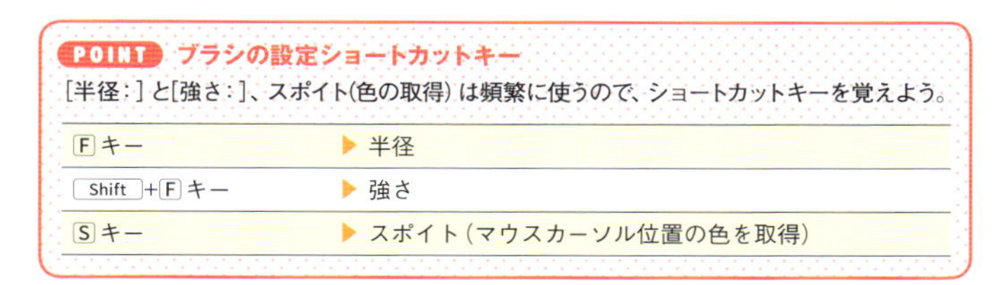

POINT ブラシの設定ショートカットキー

［半径：］と［強さ：］、スポイト(色の取得)は頻繁に使うので、ショートカットキーを覚えよう。

F キー	▶ 半径
Shift ＋ F キー	▶ 強さ
S キー	▶ スポイト（マウスカーソル位置の色を取得）

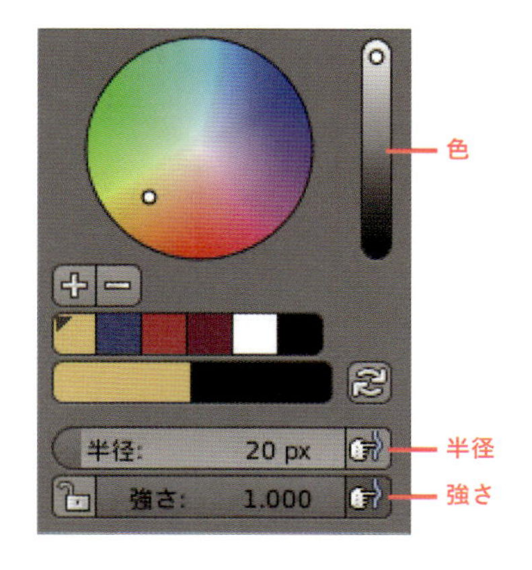

対称

左右対称に描きたいときは、Xを選択しておくとラクチン。
Yは前後対称、Zは上下対称です。
選択されたオブジェクトの原点が、対称の中心となっている。

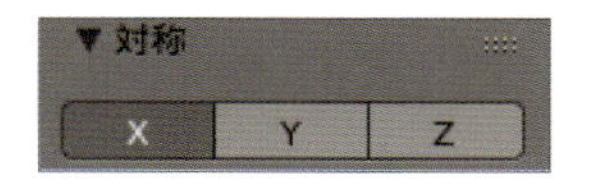

カーブ

カーブでブラシの輪郭調整ができます。ペイントするとき、ブラシの輪郭のやわらかさを、好みや使い分けで調整することができます。図はすべて、半径も強さも同じ値。

ブラシの選び方

カーブ下段のプリセットから選択すると、それぞれ図のような塗りになり、こだわって自分好みのカーブ編集をしてもいいでしょう。このカーブは、左側が中心部、右側が輪郭部の塗りの強さを表します。ボケ範囲の広いブラシ、狭いブラシを参考にして調整してください。

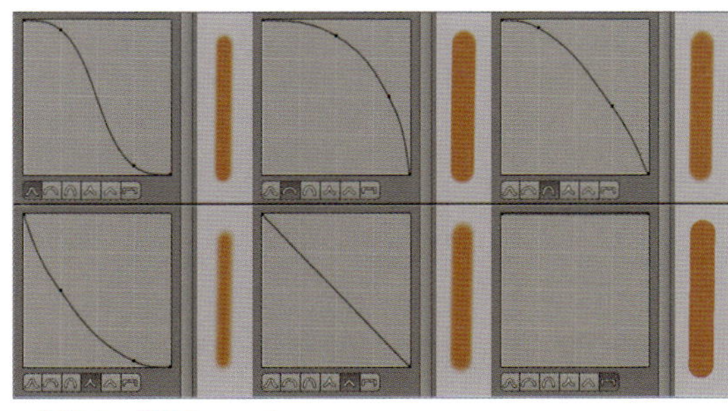

●［ブラシの形状をセット］

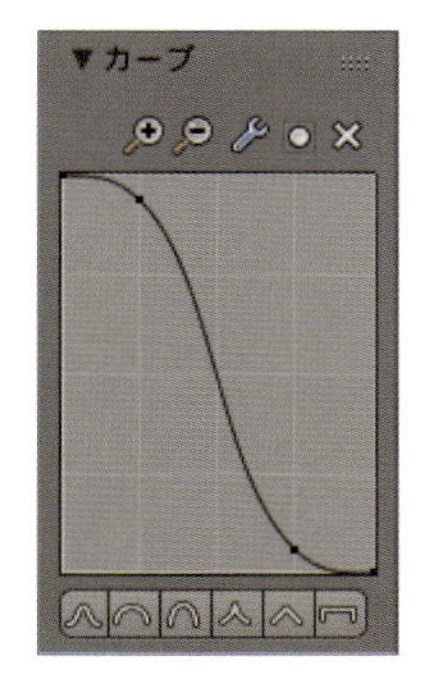

ストローク

ストロークを切り替えると、きれいに直線や曲線を描くことができます。

［ストローク方法：］の初期設定は［スペース］で、これが通常のペイント。直線を描きたいときには［ライン］を使う。どのストロークも実際に操作してみれば効果がわかりますが、［カーブ］だけは操作が特殊なので、ここで手順を紹介します。

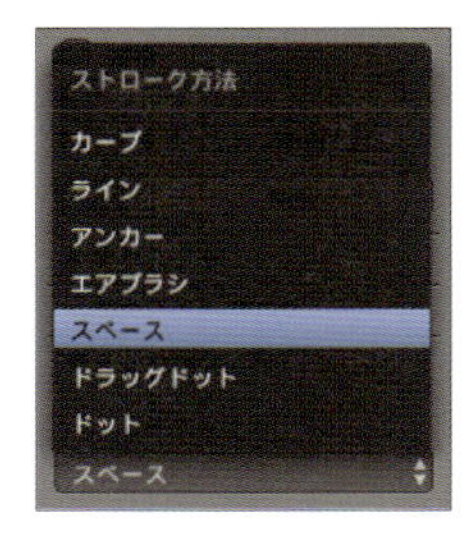

☑ [ストローク方法] の [カーブ] の扱い方

STEP 01

[ストローク方法：] を [カーブ] ❶に切り替えたら、カーブの始点になるところで、Ctrl キーを押しながら左ドラッグします❷。

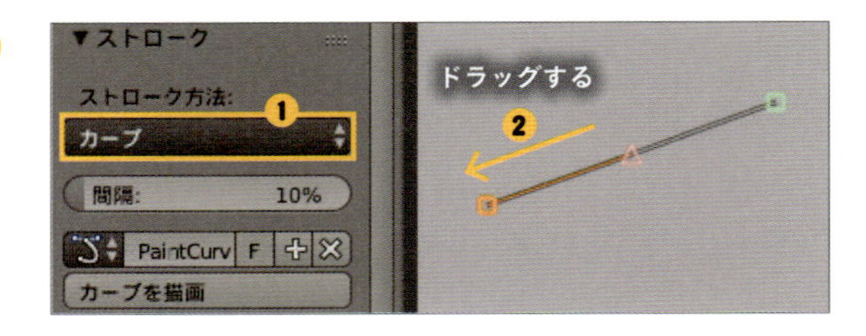

STEP 02

続けて次の点を Ctrl キー+左ドラッグすると、間にカーブが描かれます。モデリングのときに使ったベジェカーブと同様で、コントロールポイントとハンドル（P.75）を使ってカーブを描く仕組みです。

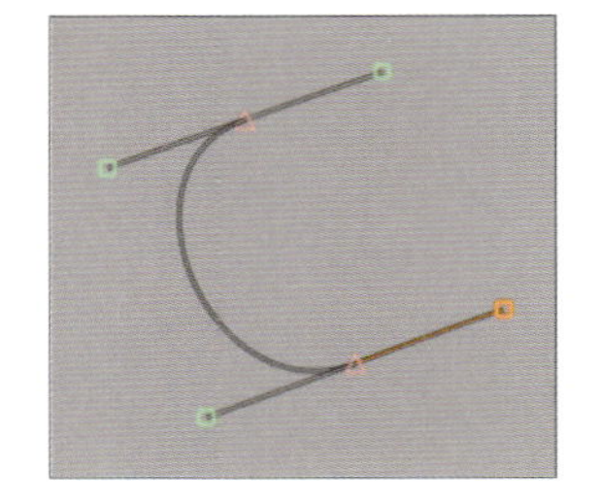

STEP 03

操作を繰り返し、描きたいカーブを仕上げていきます。このとき、Ctrl キーを押さずに左ドラッグするとコントロールポイントやハンドルの修正が可能です。また、G・R・S キーでの移動・回転・拡大縮小もできます。

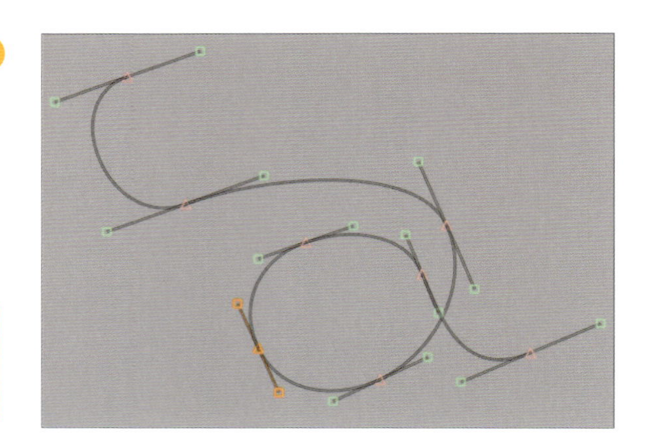

POINT このカーブは、ペイント中のオブジェクトに関係なく画面に描かれているため、視点を変更しても追従しないので気を付けよう。これを利用して、カーブを描く場所や大きさを変更することができる。

STEP 04

カーブが完成したら、最後に Enter キー（または「カーブを描画」ボタン）を押します。これで実際にカーブがペイントされます。描画しても元のカーブは消えずに残っているので、これを編集して同じ曲線や似た曲線を描くもよし、不要であれば A キーで全選択して X キーで削除します。

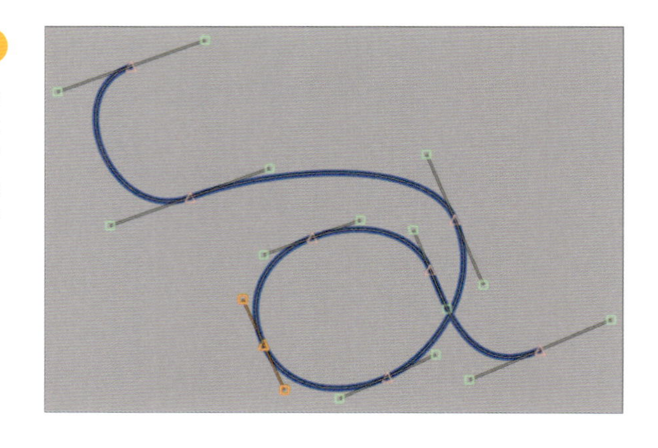

テクスチャ

ここでいうテクスチャは、「ブラシテクスチャ」のこと。読み込んだ画像でペイントすることができます。UVテクスチャでも写真のような質感を描きたいときなど、ブラシに読み込んで塗ることが可能。手順がちょっとだけわかりにくいので、紹介します。

テクスチャの使い方

STEP 01

[▼テクスチャ] - [新規] ボタンをクリックします。

STEP 02

プロパティの [テクスチャ] タブをクリックし1、最上段が [Image Texture] になっていたら、[Brush] に切り替えます2。[▼画像] 内 [開く] ボタンをクリックして3、使用するテクスチャ画像を読み込みます。
これで、テクスチャ画像を使ったテクスチャペイントができる状態になりました。画像の色とブラシの色を混ぜて塗ることになるので、ブラシの色は白に戻してから塗りましょう。

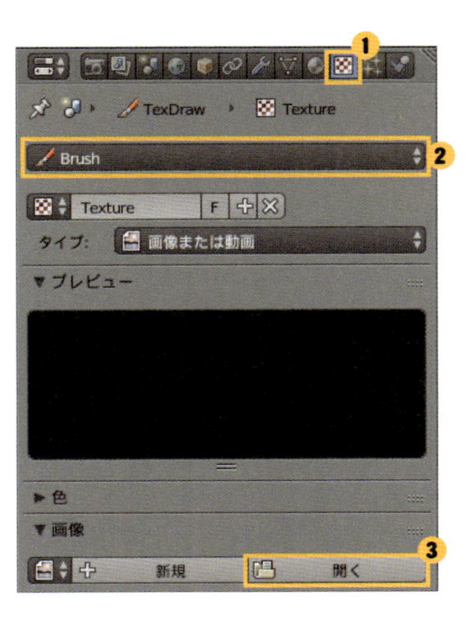

STEP 03

［ブラシマッピング（テクスチャ画像の扱い）：］のモードには、いくつかのモードがあります。初期設定は［タイル状］。これはサイズの数値を調整したり、ブラシの半径によって、ペイントされる画像サイズが変化します。もうひとつオススメは、［マスク］です。これは画面上にプレビュー画像を表示して、上から塗ったところだけが転写される仕組みです。

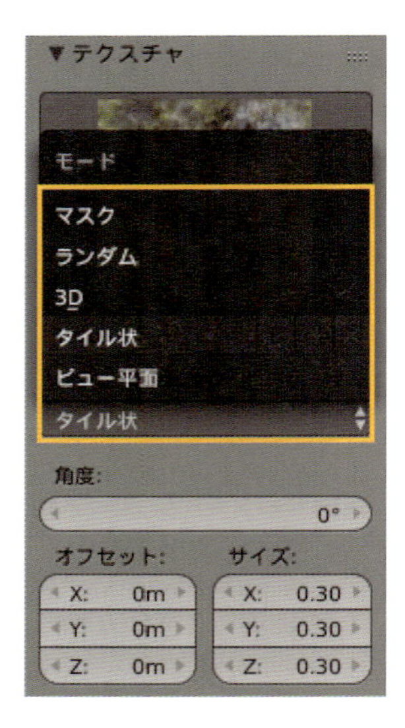

STEP 04

ここでは、［マスク］のプレビュー画像を操作します。

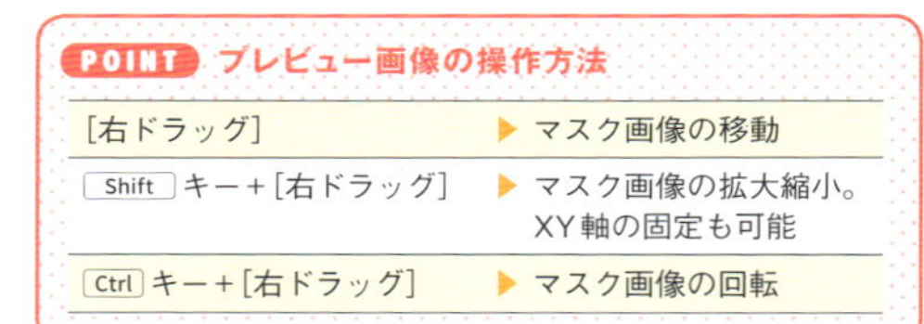

POINT プレビュー画像の操作方法

［右ドラッグ］	▶ マスク画像の移動
Shift キー＋［右ドラッグ］	▶ マスク画像の拡大縮小。XY軸の固定も可能
Ctrl キー＋［右ドラッグ］	▶ マスク画像の回転

STEP 05

「画像アスペクト比」は読み込んだ画像の縦横比に戻し、「トランスフォームのリセット」はマスク画像の移動、回転、拡大・縮小をリセットします。トランスフォームのリセットで画像の縦横比が1：1になるので、読み込んだ画像の縦横比が1：1ではなかった場合、画像アスペクト比をクリックして画像の比率に戻します。

テクスチャマスク

[▼テクスチャマスク]は、読み込んだ画像の明暗の強さで、ブラシの形を作る機能です。ペイントソフトでもさまざまなブラシを用いて絵を描くように、Blenderでも自作ブラシを作ることができます。

[マスクマッピング：]を[マスク]にしたときの操作は、[ブラシマッピング：]の[マスク]操作に Alt キーを足します。テクスチャとテクスチャマスクが両方混在することも可能なため、それぞれ独立して操作します。

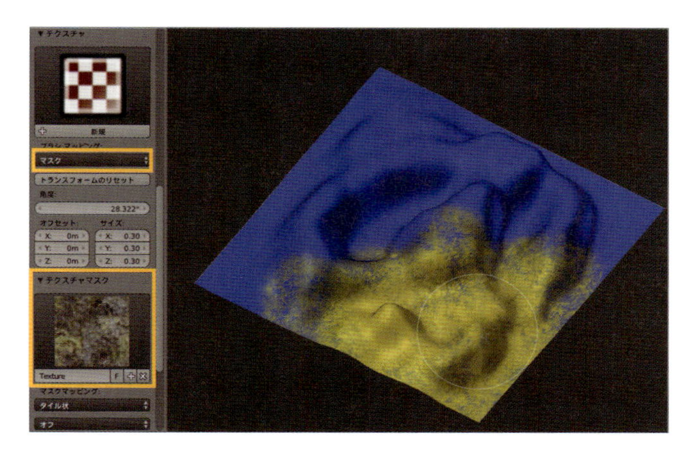

POINT テクスチャマスクの操作方法

Alt キー+[右ドラッグ]	▶ マスク画像の移動
Alt + Shift キー+[右ドラッグ]	▶ マスク画像の拡大縮小。XY軸の固定も可能
Alt + Ctrl キー+[右ドラッグ]	▶ マスク画像の回転

外部

[▼外部]は、現在の画面のスクリーンショットを、使い慣れたペイントソフトに読み込み、レイヤー上に描いたり乗せたりした画像をテクスチャとしてBlenderに返すことができます。

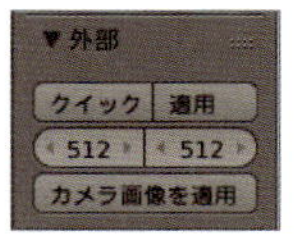

文字ツールやフィルタなど、Blenderのテクスチャペイントには用意されていない機能を使いたいときにも便利です。

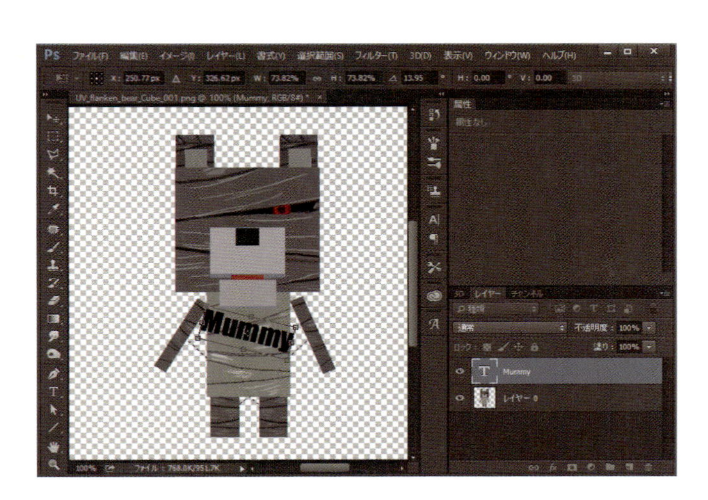

[▼外部]の使い方

STEP 01

この機能を使うには、あらかじめ情報バーから「ユーザー設定」を選択し、[ファイル] タブ❶の [画像エディター:] ❷に、使用するペイントソフトのファイルパスを指定しておく必要があります。レイヤーに対応したペイントソフトを指定しましょう (ここではPhotoshopを使用します)。

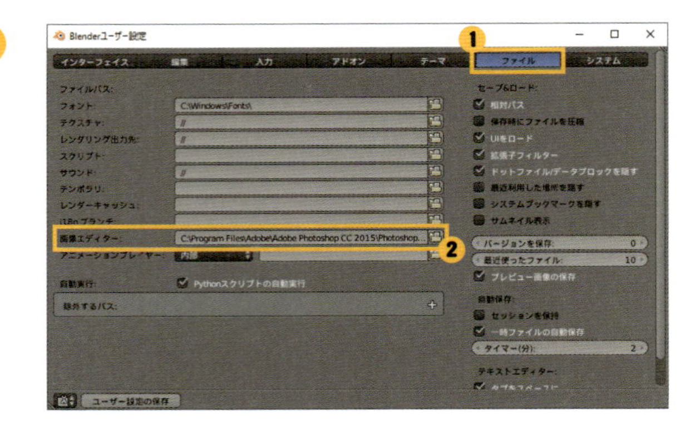

STEP 02

ペイントしたい面を画面に大きく映して、[クイック編集] ボタンをクリックします❶。下の数値は、ペイントソフトに持ち込むときの画像サイズ (単位はピクセル) なので、高解像度で仕上げるときは、もっと大きな値を入れましょう❷。

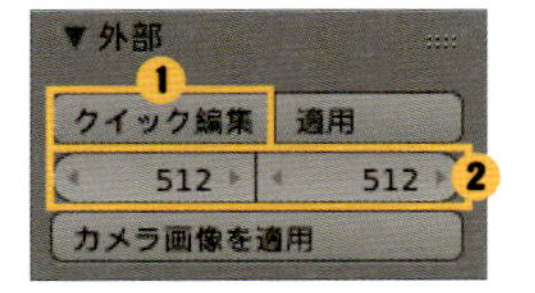

STEP 03

ペイントは新しいレイヤーに描きましょう。描き上がったら、元のBlender画面のレイヤーは削除して保存します。

STEP 04

[クイック編集] ボタン横の [適用] ボタンをクリックすると、テクスチャが反映されます。

ただし、[適用] ボタンをクリックするまでBlenderの3Dビューを回したりしてはいけません。見た目のまま貼る機能なので、位置やアングルが変わると適用できなくなります。

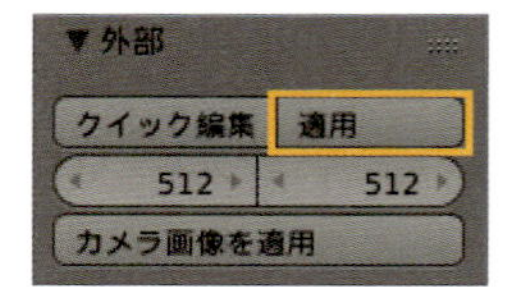

CHAPTER 11

09 テクスチャの描きやすい手動UV展開

「スマートUV投影」を使えば、自動でUV展開してくれました（P.189）。しかし、UVの島がバラバラで、どこがどこだかわからないから、3Dモデルに直接ペイントしないと描けません。

シームを付けたUV展開

じつはUV展開は、もっときれいに、意図通りのUVを作ることだってできます。
ひと手間かかるけど、2つの方法を試してみましょう。

☑ 立方体のUV展開

STEP 01

編集モードで、もしペーパークラフトならここにハサミを入れたらきれいな1枚に展開できる、という辺をすべて選択します（この例では立方体の展開図を組み立てたときに、繋がっていないところ）。この切れ目のことを「シーム」と呼びます。
ツールシェルフの［シェーディング/UV］タブ❶から、［▼UV］-［UVマッピング］-［シームを付ける］ボタンをクリックします❷（または Ctrl + E キーの［辺］からシームを付ける）。

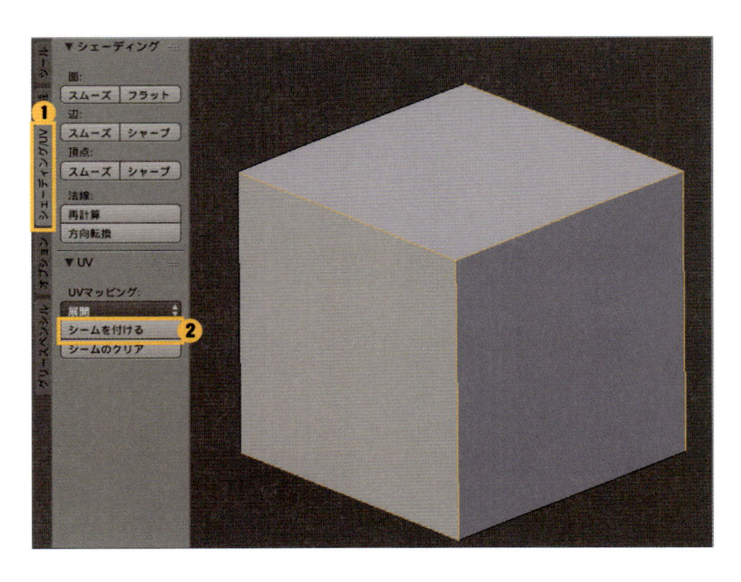

STEP 02

A キーで全選択し、U キーから一番上の「展開」を選択しましょう。

POINT 思った通りの展開図ができたでしょうか？ 何度でもやり直せるので、練習しよう。

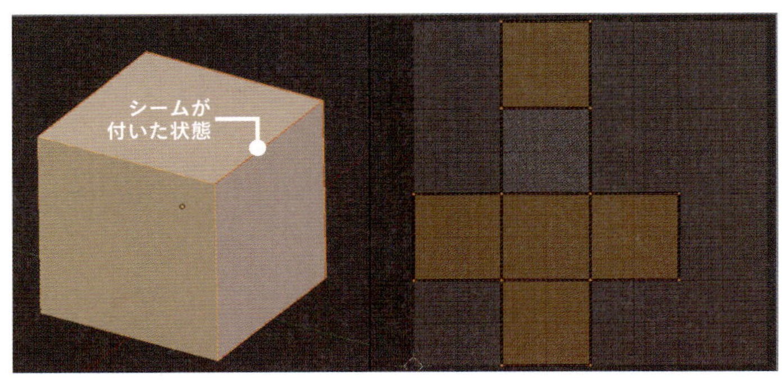

左が編集モード。右がUV/画像エディターの画面

有機的曲面のUV展開

立方体のようにどれもが完璧に展開できる形とは限りません。
そこで有機的な曲面は、できるだけ歪みが少なくするように展開するように注意をはらいます。

STEP 01

図では歪みそうな鼻、口、耳、首と、島に分かれるようにシームを付けました。「UV/画像エディター」でNキーを押し、プロパティシェルフの「ストレッチ」にチェックを入れると、UVの歪みの強さを色で表示できます。

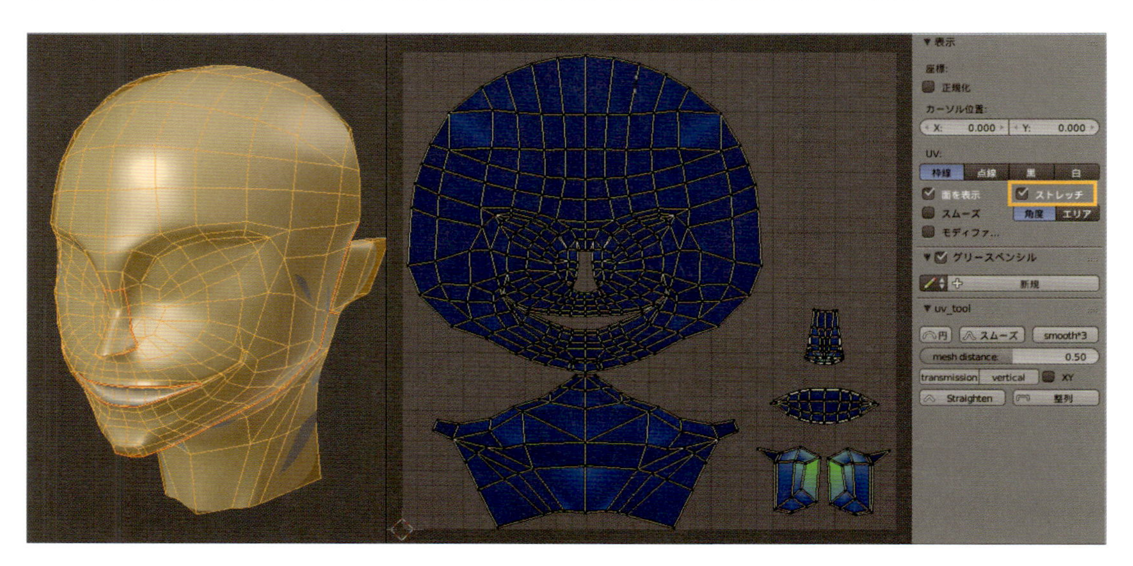

STEP 02

「UV/画像エディター」で、テクスチャに直接ペイントすることができます。ヘッダーの「ビュー」を「ペイント」に切り替えると、背景に読み込まれた画像にペイントする状態になるので、きれいに展開したUVならこちらで描くほうが入り組んだ部分も描きやすくなります。

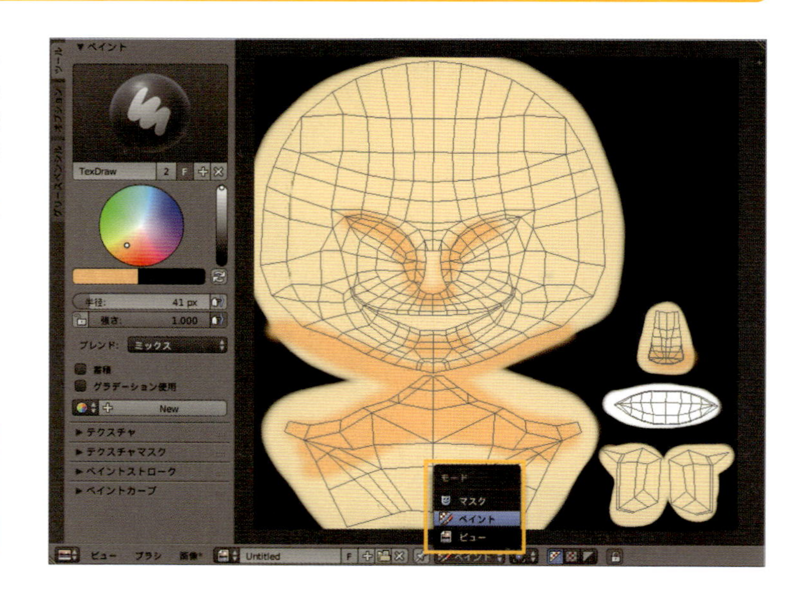

POINT UVのシーム（継ぎ目）は、うまく合わせるのが難しいので、そういった部分にはテクスチャペイント（P.192）を併せて使い、効率的に描き進めるといい。

CHAPTER 11

10 スカルプトモデルのペイント

スカルプトモデリング（P.95）したポリゴン数の多いモデルは、UV展開がとても難しくなります。シームを付けようにも細かすぎて手が付けられず、スマートUV投影にも非常に長い時間がかかり、高性能なパソコンでもしばらく操作ができなくなってしまいます。

スカルプトモデルの彩色

プロの仕事では、スカルプトモデルの上から比較的少ないポリゴンでモデリングし直す「リトポロジー」と呼ばれる作業を行ってからUV展開しますが、趣味で絵を作るだけならCGならではの手間は少ないほうがいいでしょう。もちろん、画像テクスチャを「ボックス」で貼る（P.171）ことはできるけど、それだけではモデルに合わせたディテールが描き込めません。

そこで、スカルプトモデルに便利な２つの彩色方法を紹介します。大きな違いは、UVやテクスチャ画像を使用せずに色を付けるところです。

「頂点ペイント」で色を塗る

オススメのひとつめが、「頂点ペイント」です。ヘッダーからモードを切り替えるだけですぐに使うことができます。

これは、その名の通りポリゴンモデルの頂点ごとに色を付ける機能で、非常に多いポリゴン数を利用してテクスチャ表現を行います。「多重解像度」や「細分割曲面」モディファイアが残っていると、一番少ないポリゴン数の状態でペイントされるので、あらかじめモディファイアを適用しておきます。ポリゴン数が少ないと輪郭が荒れるので、ポリゴン数不足を感じたらPC性能の様子を見ながら、ポリゴンを細分化するといいでしょう。

「マテリアル」ノードで凹凸に応じた色を付ける

オススメのふたつめが、マテリアルノードを使用して色を付ける方法です。

図は一切のペイントを行っておらず、モデルの凹凸に合わせて明るい色、暗い色を設定しています。
色だけでなく、皮膚の感じをテクスチャで足したい場合は、「画像テクスチャ」を「ボックス」で貼ったものと「ミックスRGB」ノードで繋ぐことも可能。もちろん前述したのオススメ頂点ペイントと「ミックスRGB」することもできます。

マテリアルノードの設定

❶ Shift +A キーで［追加］-［入力］から「属性」ノードを追加して［名前：］に「Col」と入力します。

❷ これは頂点色の名前で、 ［データ］タブから［▼頂点色］で確認できます。

❸「属性」の［カラー］出力から［シェーダー（ここではディフューズBSDF）］ノードの［カラー］入力へ繋ぎます。「画像テクスチャ」の代わりに、「属性」ノードを繋ぐイメージです。これで、レンダリング結果に頂点色が反映されるようになりました。

POINT 「Col」は頂点ペイントしたときに自動で付けられる名前で、 ボタンをクリックして頂点色を追加すれば、「ミックスRGB」ノードで組み合わせることもできる。

POINT 図の「シェーダー」は、これまでのように「ディフューズBSDF」と「光沢BSDF」を「フレネル」でミックスしてるだけだから、複雑に考えなくて大丈夫。

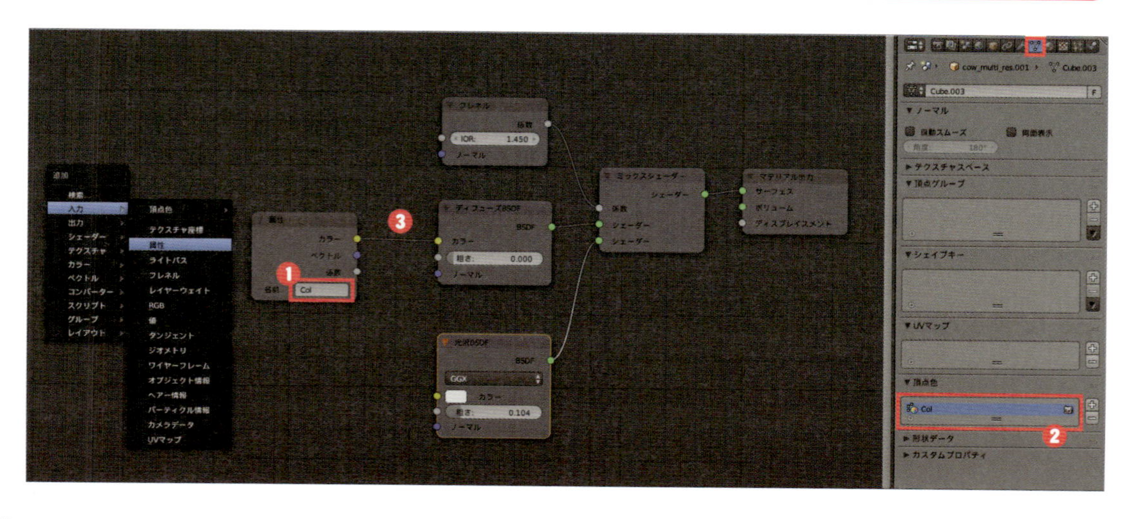

ノードの組み方

❶ 左側から Shift ＋ A キーで [追加] - [入力] - [ジオメトリ] を選択し、ノードを作成します。[凸部分] 出力から [コンバーター] - [カラーランプ] で作成したノードの [係数] 入力へ繋ぎます。
これでモデルの凹凸情報を白から黒へのグラデーションに変換しています。

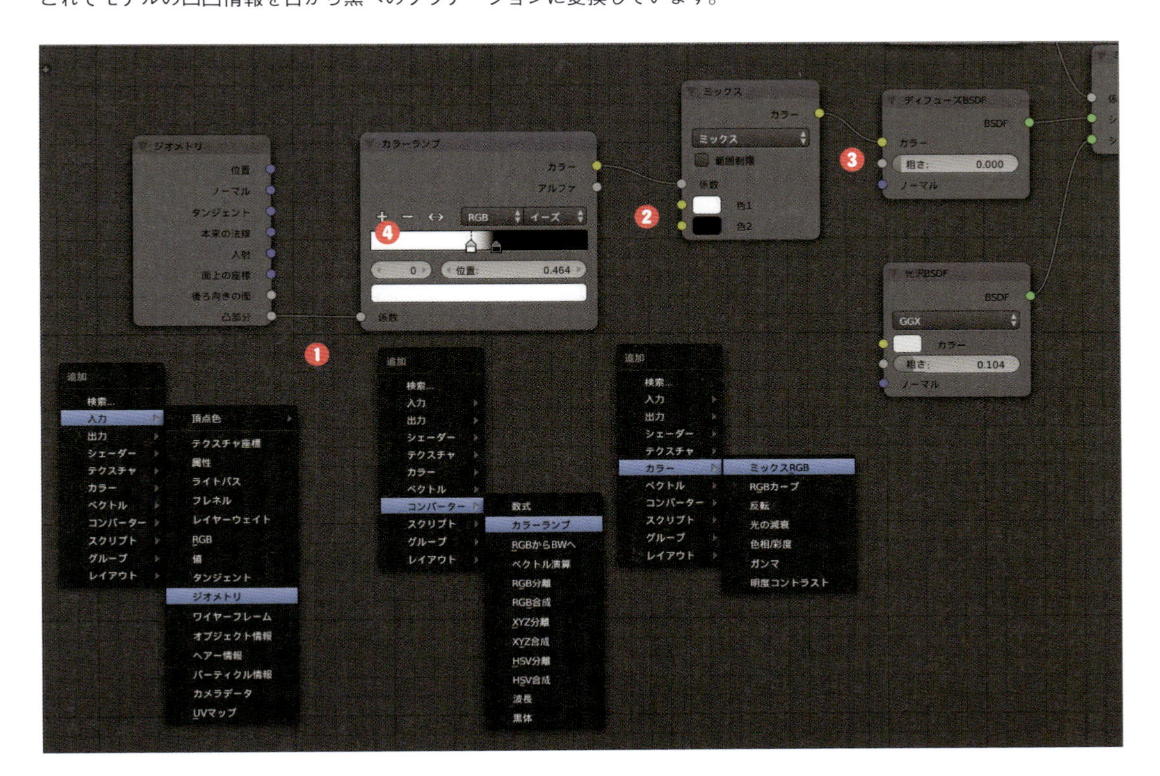

❷ 次に、「カラーランプ」の [カラー] 出力から [カラー] - [ミックスRGB] で作成したノードの [係数] 入力へ繋ぎます。ここでは、「カラーランプ」で変換した白黒部分に、それぞれどんな色を設定するか指定しています。「カラーランプ」に直接色を入れれば不要な部分だけれど、こうしておくことで「ミックスRGB」の [色 1] [色 2] にそれぞれ画像テクスチャを繋ぐという応用が効くようになります。
❸ 最後に、「ミックスRGB」の [カラー] 出力から、「シェーダー（ここではディフューズBSDF）」ノードの [カラー] 入力へ接続すれば完成です。
❹ F12 キー で レンダープレビューしながら、「カラーランプ」を調整しましょう。

POINT 図のように、かなりギュッと狭めないとコントラストが出ないため、ここは実際にレンダリング結果を見ながら調整する。また、「カラーランプ」のリニアを[イーズ] に切り替えることで、コントラストを出やすくしている。

ミックスRGBでの組み合わせ

「頂点ペイント」と「凸部分」を使用したマテリアルを「ミックスRGB」で組み合わせると、図のようになります。
さらに、「画像テクスチャ」を「ボックス」で貼るのもいいでしょう。

ミックスRGBは係数が高いほど色２（あるいは色２につながっているノード）が強くなります。
ブレンドタイプをミックス以外にすると係数「1.0」でも色１色２の要素が生きるので、いろいろ試してみましょう。

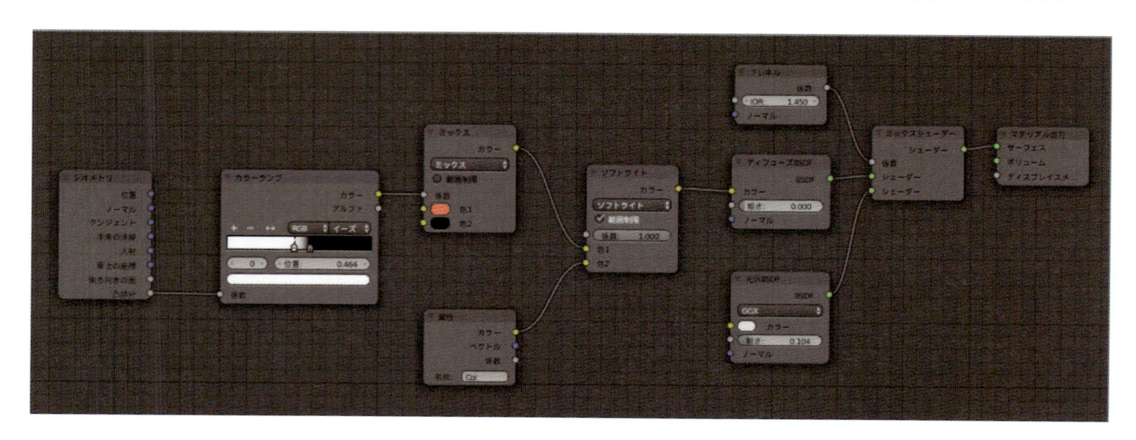

モデルはどちらもまったく同じ、ソファとぬいぐるみ。
片方は布地でやわらかく、片方は金属で固く重たい印象です（ありえないけれど！）。
ここまでに身に付けた「ディフューズ」や「光沢」、「ミックスシェーダー」などのノード設定と、
「テクスチャ」を組み合わせることで、とてもリアルなマテリアルを作ることができます。

本物をよーく観察して、リアルな質感を目指しましょう！

COLUMN

●［マテリアル］タブからテクスチャを設定できる

ノードエディター（下左）で組んだマテリアルは、［マテリアル］タブ（下右）の表示に連動しています。［マテリアル］タブだけで複雑な設定をするのは見づらくておすすめできませんが、「ディフューズBSDF」にテクスチャを貼る程度のシンプルな操作ならこちらから設定したほうがラクチンかもしれません。

「シェーダー」ノードを変更するには［▼サーフェス］-［サーフェス：］から「ディフューズBSDF」ボタンを選択し❶、テクスチャを貼るには［カラー：］右側のボタンをクリックして❷、画像テクスチャを選択しましょう❸。

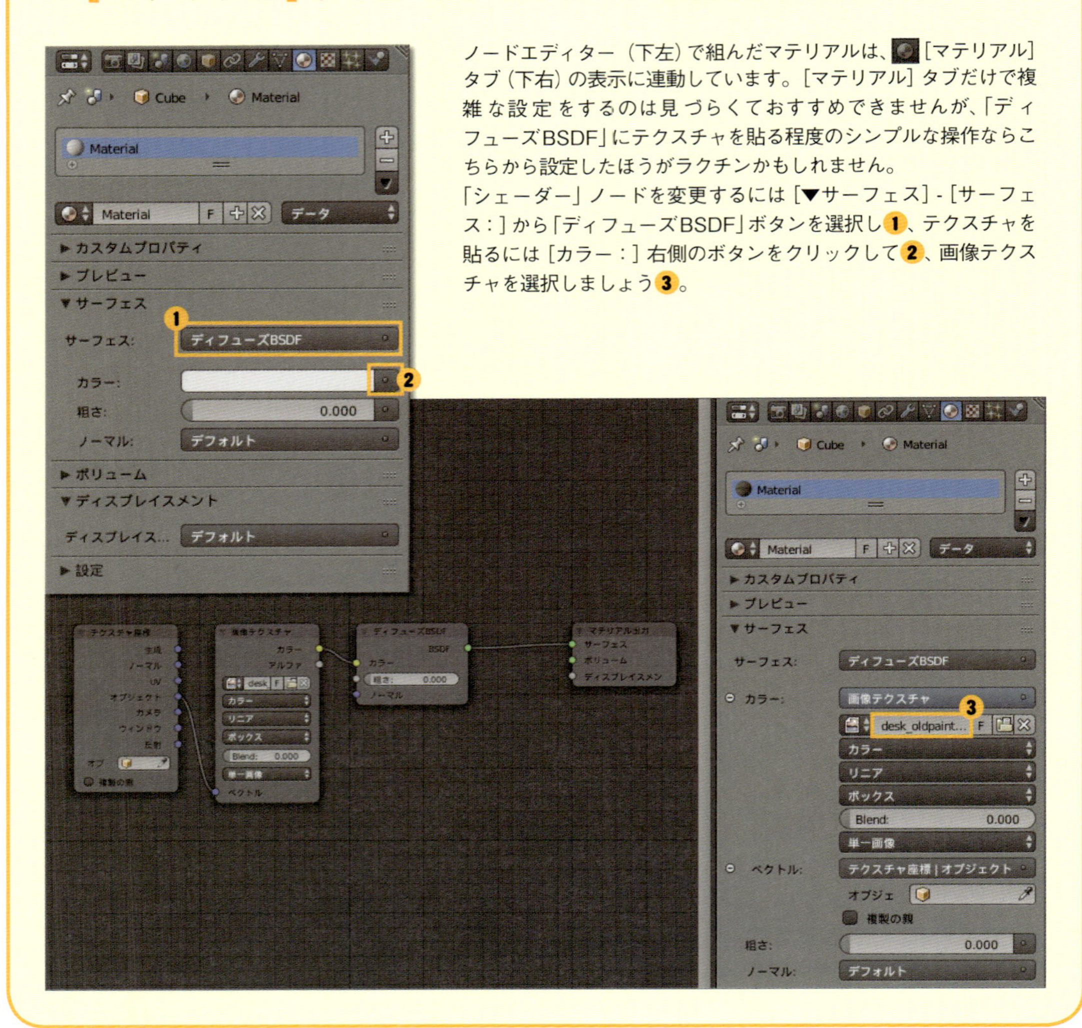

CHAPTER 12

ライティングの工夫

空間を演出しよう

カメラが身近になり、ブログ用や商品撮影、コレクションの撮影など、
プロじゃなくてもきれいに写真を撮りたい人が増えて、
写真の技術書もたくさん出ている。撮影に取り組んでみると、
じつはカメラの性能よりもライティングがとても大切なのだと気付くだろう。
これはCGでもまったく同じなので、ライティングの技術はぜひ身に付けたい。
でも、普段の生活で光を演出する経験はなかなかないため、
初学者には特に疎かにされがち。この機会にライティングにも興味を持って、
絵作りの楽しさを知ってもらえたらうれしい。

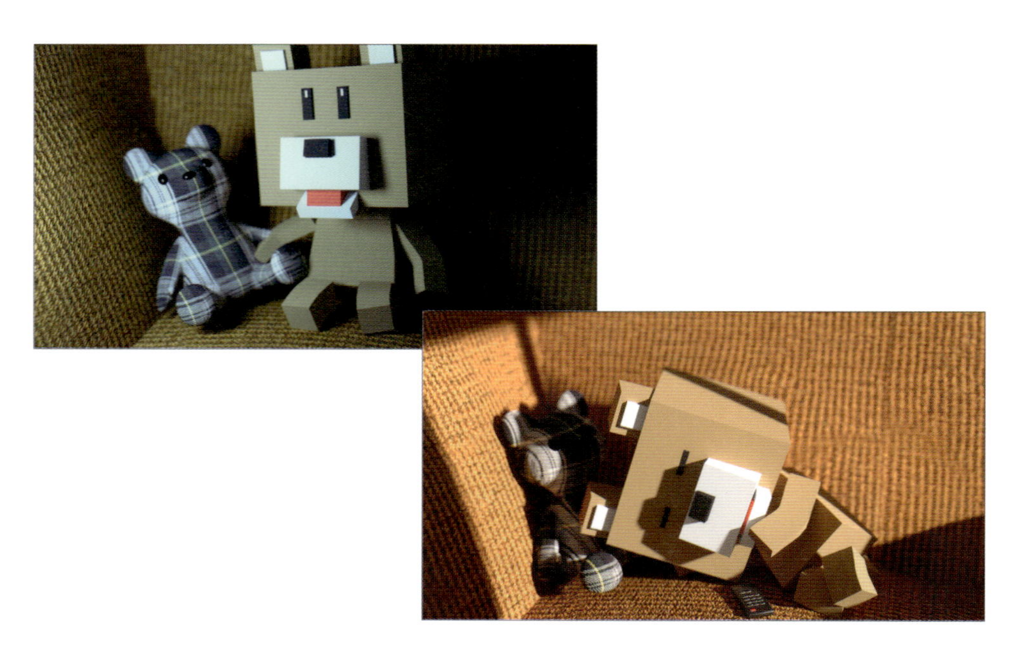

同じモデルを同じアングルで撮影したのに、アイデア次第でまったく異なる印象の絵を作ることができます。もちろんシチュエーションごとにキャラクターのポーズを変えたりもしますが、一番大きな要素はライティングです。
この作例は、夜中にテレビを見ている場面と夜更かしで朝寝坊している場面。
夜の光源はキャラクターの前方にあるテレビで、朝の光源は窓越しに差し込む太陽です。
色や強さや影の濃さ、画面の外を感じさせる演出などを意識してチャレンジしましょう。

CHAPTER 12

01 ライティングで演出する

まずは光源の種類や特徴を見てみましょう。
これらを知ることで、自分で考えてライティングすることができるようになります。

ライティングの基本

光源の種類

上手にライティングを設定するには、まず光源の種類と特徴を知ることが近道。
設置する光源には大きく分けて２種類あります。ひとつは各種「ランプ」、そしてもうひとつは「放射マテリアルを使用したオブジェクト（光源オブジェクト）」です。
「Cyclesレンダー（P.18）」では、太陽光やスポットライトにはランプを使い、その他の光源にはシンプルなオブジェクトを使います。実例とともに順に説明していきます。

空の明るさ

もうひとつ、忘れてはならないのが空の明るさ。あまり意識することがないかもしれないけれど、外を照らす明かりは太陽だけでなく、空全体からの光もあります。
たとえば曇り空の日、太陽は隠れているけど、昼間が暗闇になったりはしませんね？　これが空全体から光が降り注いでいる証拠です。
さらに、光は反射します。昼間の窓明かりだけでも部屋の中が明るくなるのは、床や壁やさまざまなものの表面で光が反射しているおかげです。

まずは、「これらを再現することで自然な絵が作れる」ということを頭に入れておきましょう。

ランプの種類と特徴

光源専用として存在する「ランプ」について見てみましょう。

ランプの設定

❶オブジェクトモードの状態で、Shift+Aキー(またはツールシェルフから［作成］タブの［追加］)から選べる［ランプ］の種類は5種類です※。❷プロパティの［オブジェクトデータ］タブをクリックします。ランプに関連したプロパティが表示されますので、ここでカラーや強さを指定します。「サン」は「10以下」の強さで、その他は「100以上」の大きな強さで設定するとちょうどいいでしょう。サイズの値は大きくすると影がボケて、小さくするほどシャープになります。

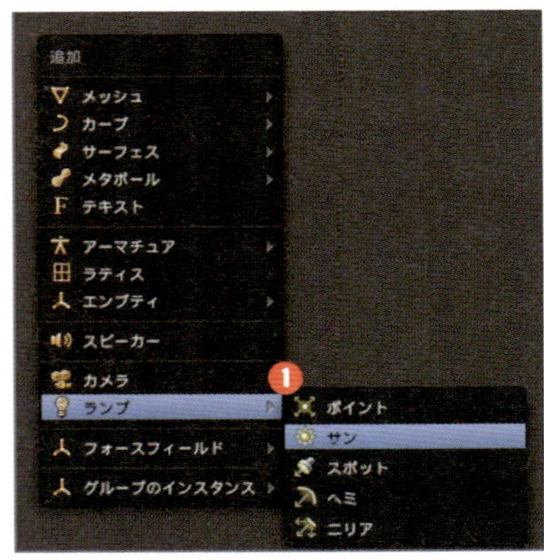

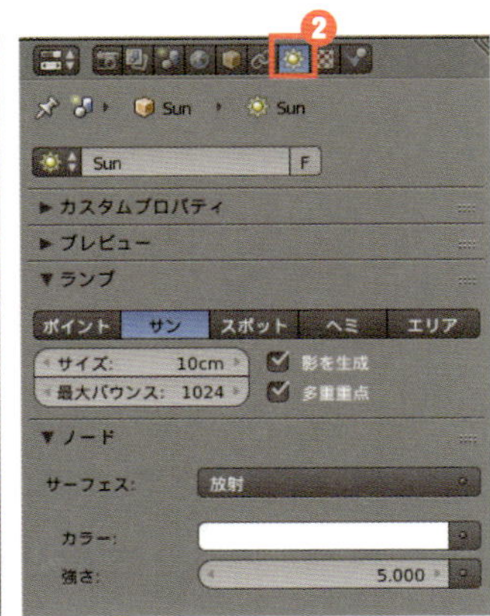

※「ヘミ」はBlender2.77 現在「Cyclesレンダー」に未対応で、サンと同じ扱いとなる。

ランプの位置から全体に広がるように照らす。回転は影響しない

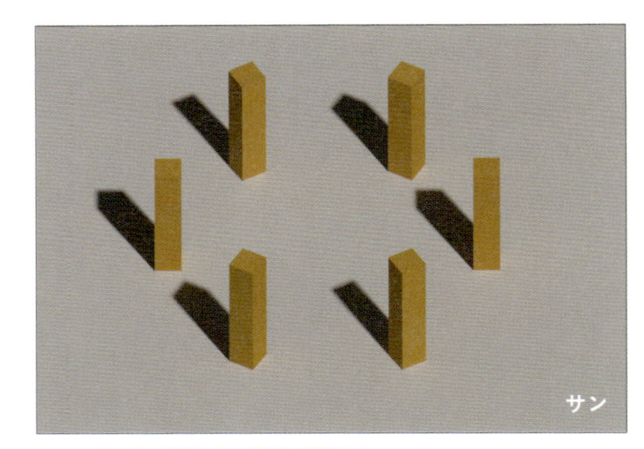

平行に照らす、太陽の光。位置は影響しない

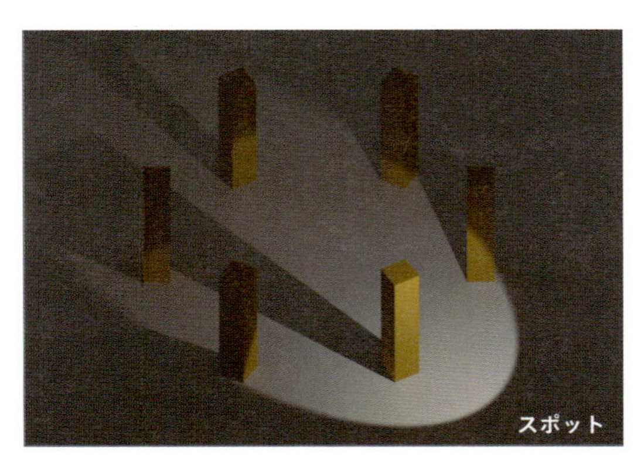

その名の通り、スポットライトのような光。広がりの角度を設定できる

面積を持った光源で、正方形か長方形で大きさを設定できる

オブジェクトを光源に設定する

現実世界の光源には何らかの形や大きさがあります。ドーナツ型の蛍光灯、細長い蛍光灯、半透明のカバー付き、ネオン管、クリスマスツリーの小さな電球、キャンプファイヤーの炎etc……、それを再現するために、「Cycles レンダー」ではオブジェクトを直接光源にすることも可能です。

放射マテリアルの設定

方法はとても簡単で、オブジェクトを選択し、[マテリアル] タブをクリックし❶、[▼サーフェス] - [サーフェス：] - [放射] にします❷。F12 キーのレンダー表示で確認しながら 、放射マテリアルの [強さ：] の数値を適度に調整しましょう❸。
画面に直接写らない光源は、ほとんどの場合、「平面」を使用します。そしてこれをマテリアルに映り込ませることで、質感をより際立たせるのです。

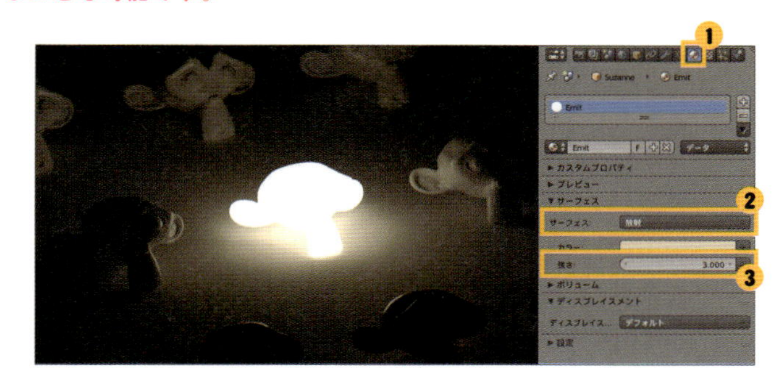

[粗さ] による映り込みの違い

図は、「光沢BSDF」の [粗さ] を変えて、放射オブジェクトの映り込みを比較したものです。映り込みがぼやけることで、それぞれの材質の違いが伝わります。でも、もしここに映り込む光源がなければ、どちらも同じくつや消しの質感に見えてしまいます。せっかくマテリアルを作っても、光源がそれを表現してくれなければ、「らしく」見えません。
「照らす光と、映り込む光」を意識すると、上手に仕上げられるようになるのです。

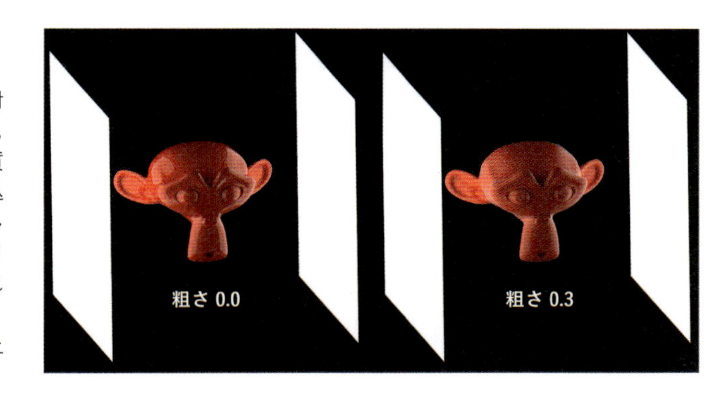

光と影の特徴を観察する

光源の大きさを変えた図の２枚は、どちらの光源も中心の位置や角度は同じに、見た目の明るさは同程度に見えるよう調整しました。起伏のあるオブジェクトに光を当てたときの違いを観察してみましょう。

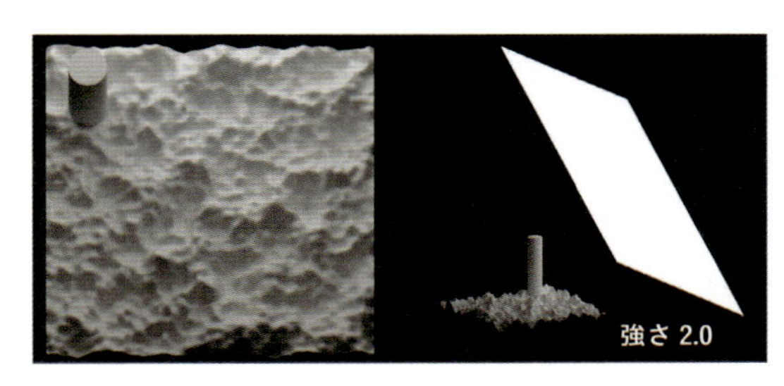

光源の明るさは、オブジェクトが大きいほど強くなり、小さいほど弱くなります。大きい光源オブジェクトでは強さ「2.0」で十分照らしていますが、小さい光源オブジェクトでは強さ「200」まで上げなければ同じ明るさに見えません。
光源オブジェクトの大きさが大きいほど影はボケます。逆に、小さいほどシャープな影になります。大きい光源オブジェクトだとハッキリした影は見られませんが、小さい光源オブジェクトでは柱や凹凸の影が落ちているのがわかるでしょうか。

影をハッキリさせたいとき、影を柔らかくぼかしてしまいたいとき、それぞれどのようにライティングすればいいかわかりましたか？
影がハッキリするほど立体感が出たりディテールが見えますが、印象が強烈になるので、やさしい柔らかいイメージを作るときには影をぼかしたほうがきれいです。
たとえば屋外なら、晴れの日は太陽（強くて小さな光源）の光でシャープな影が落ちますし、曇りの日は空全体（広くて弱い光源）から照らされるので、ハッキリした影は落ちません。逆にしてしまうと、違和感が出るので気を付けましょう。屋外の影のボケ加減は、外を見ればすぐわかるので観察を忘れずに！

オブジェクトの距離と影のボケ

同じ光で照らされていても、影を落とすオブジェクトと、影の落ちる床の距離で、影のボケが変化します。これも実際に起こることなので、テーブルの上に自分の手の影を落として確認してみるといいでしょう。「屋外の太陽光はシャープな影を落とす」と書きましたが、高いビルの影はてっぺんほどボケが強くなり、夕日を浴びた団地ではベランダの影がシャープで、隣の建物の影がボケて落ちていたりします。このように影のボケは、距離も表現することができます。

反射する光

光はオブジェクトに当たると反射して、直接光の当たらないところまで回り込みます。どういうことなのか、図を見比べてみましょう。
図左から白い床だけ消したものが右です。赤い面が真っ暗になり見えなくなっています。つまり、左の赤い面は地面からの反射光で照らされているというわけです。地面や壁を置くだけでもライティングに影響するということを覚えておきましょう。
左の赤い面は床の反射で照らされているのがわかったけれど、よく見ると床の影にも赤みがかっています。このように、何度も反射する光を計算して、美しくリアルなレンダリングがされています。

光源の色と発色

白色光源はすべての色要素が含まれ、物の色をきちんと発色することができる光源です。しかし、光に色を付けることで、発色できない色が出てきます。人間の目は優秀なので、ある程度なら何色なのかを自然に認識しますが、強い色を使うと黒に近くなってしまう組み合わせもあるので気を付けましょう。

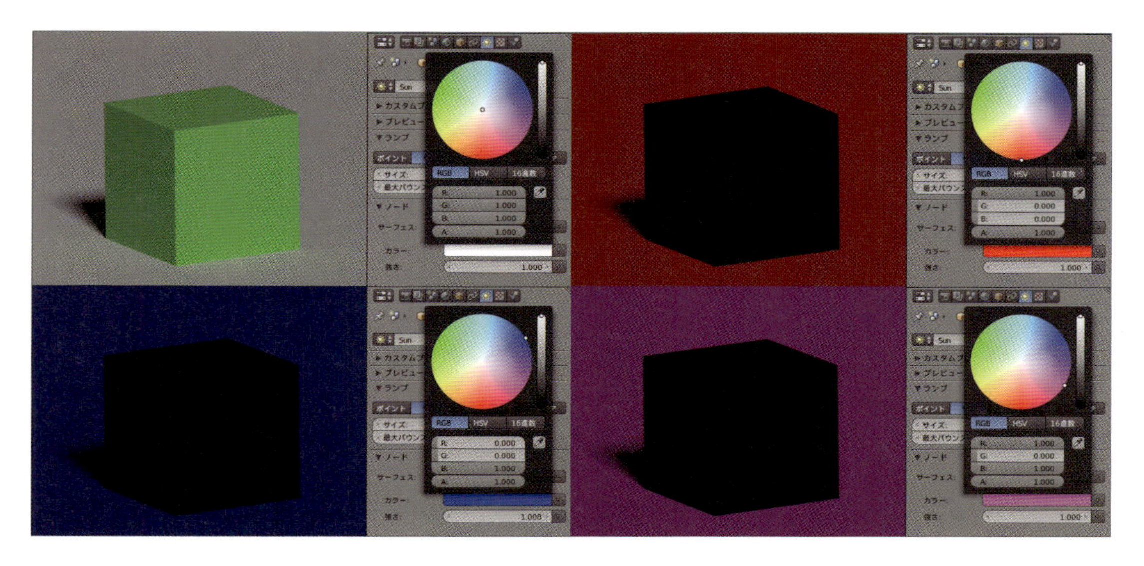

図は極端な例ですが、「R：0.0」「G：1.0」「B：0.0」のマテリアルに、それぞれ「G：0.0」の光を当てています。いずれも反射する色が含まれておらず、真っ黒になっているのがわかります。実際にこんな極端な色を使うことはないので、完全な黒になることはまずありませんが、目立ちにくくなることは十分考えられます。次の例を見てみましょう。

暖色系の光源を設定したときに、青色の発色が悪くなる

赤～黄～緑までは青の要素をほとんど含まないため、図のようなことが起こります。もし、作品を作っているときに発色がうまくいかなかったら、光源の色を白に戻して確認してみるといいでしょう。

下は黄味の強い光源を設定したため、中央の青が黒く沈んでいる

強い光源があるとき、弱い光源は目立たない

図の上下とも、平面には同じ強さの放射マテリアルを設定しています。上は暗い夜、下は昼間の太陽光をイメージしましたが、オレンジ色の放射マテリアルによる明かりがほとんど見えなくなっているのがわかるでしょうか。
同じことを現実でも試してみましょう。昼間の太陽光下で懐中電灯をつけると、どの程度明るさが見えるでしょうか？　日差しの入る部屋で天井のライトをつけたらどうなるでしょうか？　初学者がCGでライティングするときは、ついすべての照明を強く設定してしまいがちです。しかし、それでは各ランプが何の役割かわからなくなってしまい、消しても影響のないランプまで見つかったりします。ひとつひとつ役割と効果の有無を確認しながら配置するのが、失敗も少なくてオススメです。

空の光の設定

最初に紹介した、空からの光を設定してみましょう（P.209）。
これにより、影が黒に沈まないようにしたり、屋外のライティングがよりリアルになったりする効果があります。
初期設定でも暗いグレーで多少の明るさが設定されていますが、ここは自分で設定できるようになったほうがオトクです。

ワールド設定のカラー

[ワールド] タブ1から、左のように「ノードを使用」ボタンが表示されたらクリックしておきましょう2。「Cyclesレンダー」用のセッティングが表示されます3。[▼サーフェス] - [カラー:] から明るい色に設定すると4、光源がなくてもカラーを反映して明るくなります5。

POINT 明るすぎる色にすると影が暗くならないので気を付けよう。

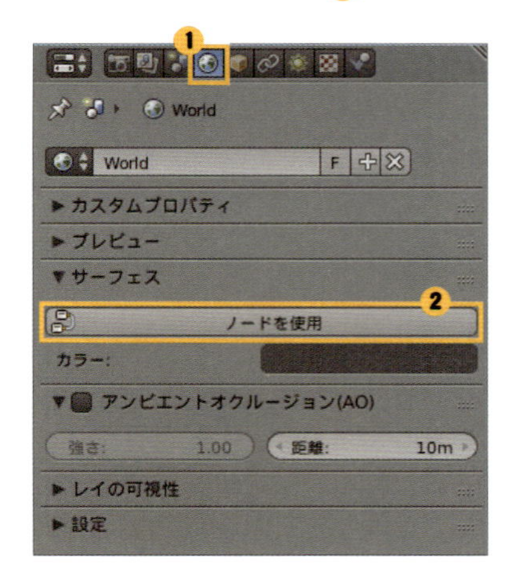

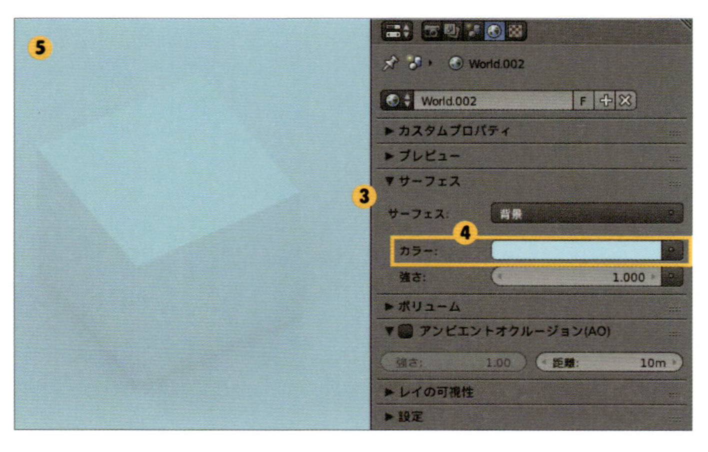

大気テクスチャでグラデーションを表現する

空からの光を設定する以外に、Blenderには、背景用に空色のグラデーションを作ってくれる機能があります。

☑ 大気テクスチャを設定する

STEP 01

[ワールド]タブをクリックし、[▼サーフェス]-[カラー：]右のボタンから[テクスチャ]-[大気テクスチャ]を選択します。

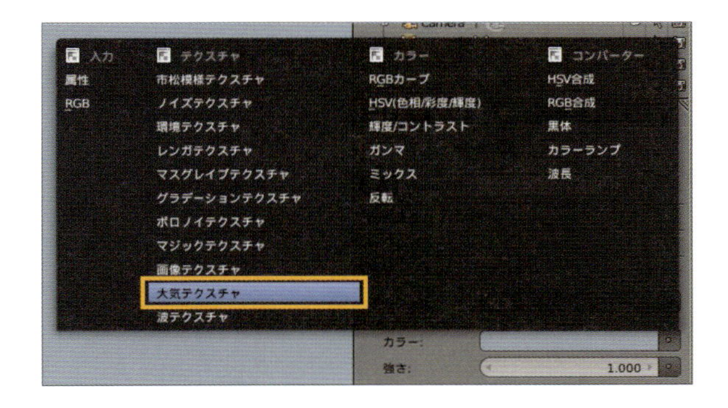

STEP 02

地平線を挟むようにグラデーションが設定されます。
球状の大きなアイコンをドラッグすると、太陽の向きの変更時刻を夕方や夜にすることができます。

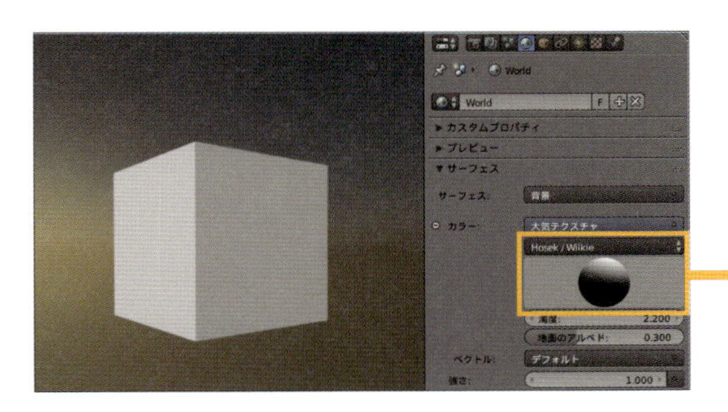

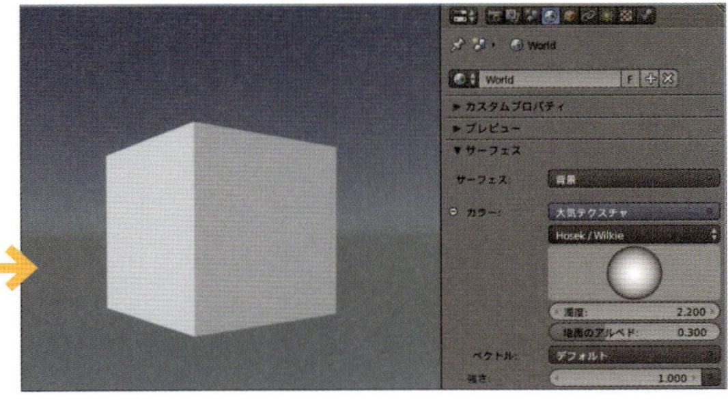

POINT ただし、自分で設置したサンランプの向きや色、強さは変化しないので、空に合わせたライティングを行う必要がある。

STEP 03

「大気タイプ」は2種類から選べるため、好みのほうを選択して使いましょう。
「Preetham」はやや明るすぎる印象だけれど、[強さ：]の値を変えられるので好みに調整します。

CHAPTER 12

02 美しいライティングのテクニック

光源の種類や影、映り込みの特徴を把握したら、次は実際にライティングしながら理解を深めていきます。最初はひとつのアイテムをきれいに見せることから練習を開始しましょう。

ひとつのオブジェクトを美しく見せるライティング

「細分割曲面」を使用して滑らかにしたスザンヌを作例にしています。
「ディフューズBSDF」と「光沢BSDF」を「ミックスシェーダー」に繋いで係数に「フレネル」を入れたよく使うマテリアルです(P.155)。まずは作例のように、形や色質感をハッキリきれいに見せることを目標にしてみます。
とはいえ、何が良くて何が悪いのか、目標がわからないままでは試行錯誤のしようがありません。
新しいことを勉強するときには、うまくいっていない例と比較するのがわかりやすいので、
参照できるように進めていきます。

ここでの目標。ひとつずつ光源の効果を確認しながら進めてゆくので、一緒に練習してみよう。

☑ バックペーパーを配置する

STEP 01

ライティングの前に大切な基本。背景に余計なものが映らないようにするため、「平面」オブジェクトでゆるやかにノの字に持ち上がった床を作ります。

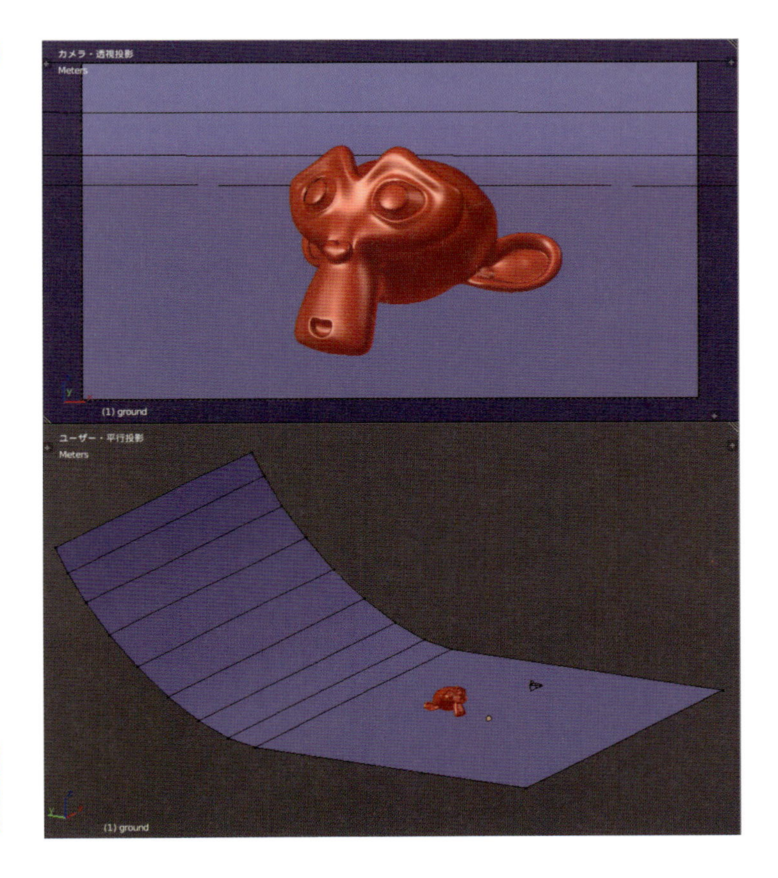

POINT 写真撮影の道具ではバックペーパーや色グラデーションが付いた場合はグラデーションペーパーと呼ばれる。

STEP 02

平らな地面だと、図のように背景が途中で切れて何もない世界が写ってしまうため、カメラから見て十分覆い隠せる大きさにしましょう。

POINT テーブルや壁などちゃんと背景ができているならそれでもOK。でも便利だから覚えて損はないはず。

形や色質感が伝わりにくい例と見比べる

ライティングによって、オブジェクトの形や質感を表現していきますが、
まず上手に表現できていない状態だとどう見えるのか？　という例からいくつか見ていくことにします。

単色塗りつぶし

まず、最も形の判り難い、単色塗りつぶし状態を見てみましょう。シルエットでしか形がわからず、スザンヌのモデルを見たことがない人には、どんな形のものだかサッパリわかりません。形を把握するためには、陰影や映り込みがとても大切だということを再確認できましたか？

ワールド設定だけでライティング

ハッキリした光源を持たず、空からの光（P.214）だけを明るくしてライティングした結果です。多少の陰影が付き、形はわかるようになってきました。
左は最初の作例と同じマテリアル、右は「ディフューズBSDF」のみのマテリアルですが、マットな質感のものは適切なライティングを行わないと、さらに立体が判り難くなります。

サンランプ一灯

左はサンランプを設定し、光源を斜めに、右はカメラとまったく同じ向きにしてレンダリングした例です。光源をひとつ配置すると存在感が出てきます。Cyclesレンダーのレンダリングが優秀なおかげで、とても簡単にリアルな存在感を出すことができます。
しかしこのままでは、何も考えずにシャッターを切った写真のような印象で、魅力的に見せるライティングとはいえません。左は蛍光灯の下で、右はフラッシュを焚いて撮影したように見えます。

オブジェクトを光源にして位置を変える

「平面」オブジェクトに「放射マテリアル(P.211)」を設定してライティングしました。
さまざまな方向から照らしてみたので見比べてみましょう。

正面

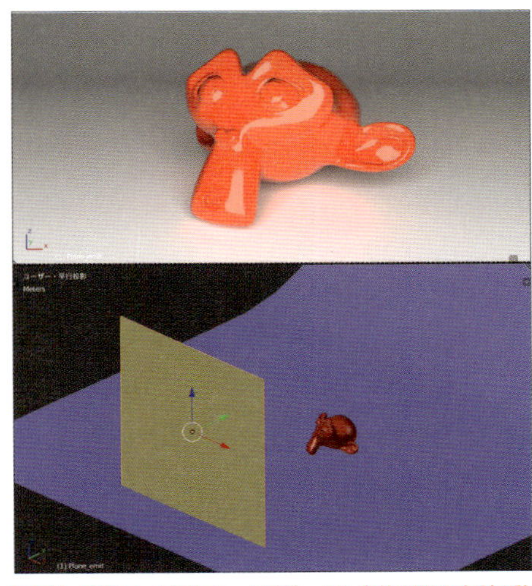

正面から照らした画像は、オブジェクト全体が明るすぎて陰影が生まれず、形が判り難くなった

背面

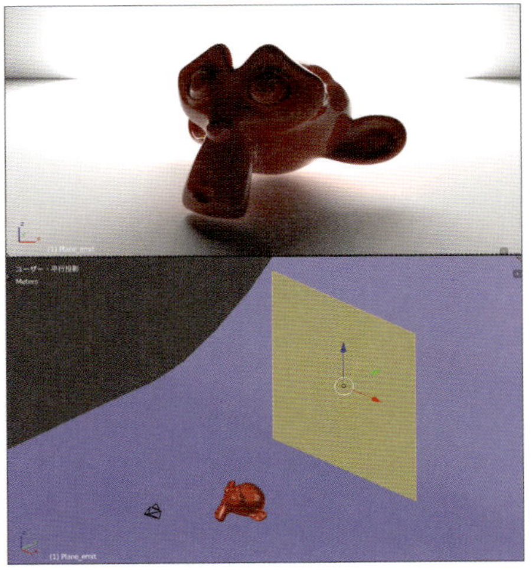

背面から照らした画像は、主役が影になってしまい、造形も色がはっきりわからない

左側面

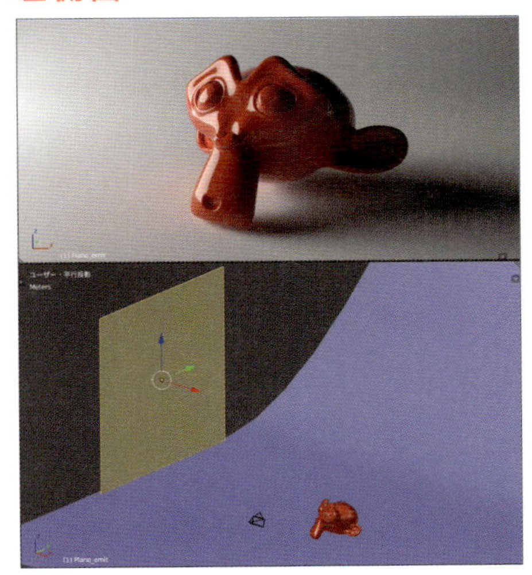

顔の向いている左側面から照らした画像は、映り込みが顔の形をハッキリさせてわかりやすく、光沢感もやや表現されている。しかし反対側が暗くなり、色の印象が重たくなってしまった

上

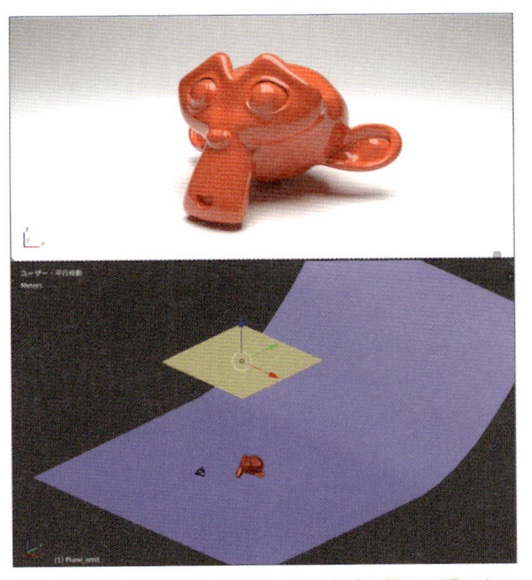

上から照らした画像は、オブジェクト全体を程よい明るさに照らしているけれど、顔の造形がいまいちハッキリしない

ここまでのさまざまな例で、同じオブジェクトでもライティング次第で印象が変わること、その良し悪しを見るポイントが少し見えてきたでしょうか？
作例中、左側面からのライティング、上からのライティングにはそれぞれ良いところがあったので、次はこの2つを組み合わせて弱点を補ってみます。

組み合わせライティング ～良いところを生かし、弱点を補う

通常、ライティング仕上げは複数の光源を使って仕上げますが、最初から無計画にたくさん置いてしまうと、どれが良くて、どれが悪さしているかわからなくなってしまいます。
まずは、ひとつ主役の光源を決めて、足りない部分を補うようにひとつずつ足してゆくとうまくいきます。
ここでは実際に、前ページの左側面からの光源を主役に、上からの光源を補助にしてライティングを仕上げていきます。

☑ 複数の光源を設定する

STEP 01

２つの光源オブジェクトを配置します。左側面と上の２箇所に「平面」の光源オブジェクトを配置した状態です。上は補助光源として、少し縮小して明るさを抑えています。

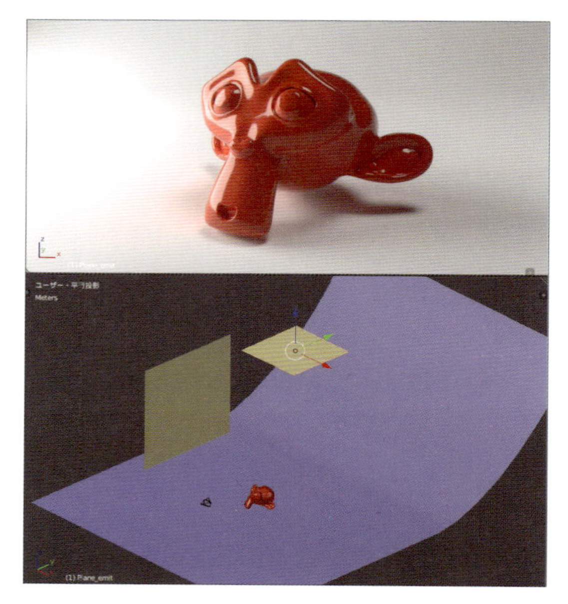

STEP 02

上の光源（平面）オブジェクトを少し手前に移動して、オブジェクト（スザンヌ）のほうを向くように回転させました。影の位置が変わって安定感が出るのと、顔の影部分を正面側から照らすことで、少し明るく、発色が良くなりました。仕上げに近づくほど、繊細な調整になります。

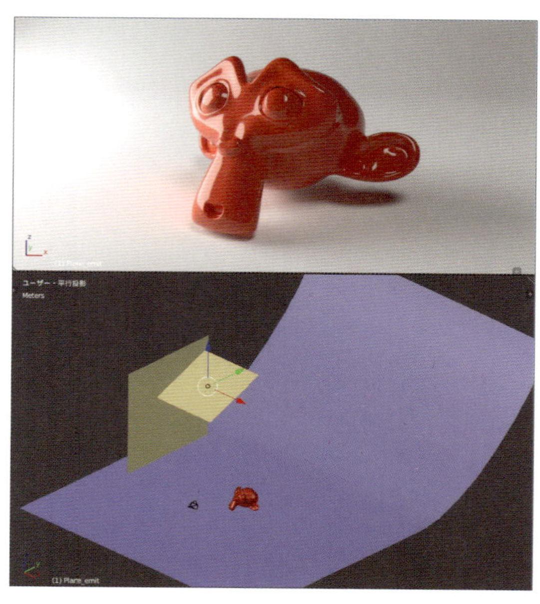

STEP 03

さらに、光を反射させる平面オブジェクトを右側面に配置していきます。ここでは影の色が濃かったので、右側面に床と同じ「ディフューズBSDF」の白い平面を配置して、光源からの光をやわらかく反射させました。

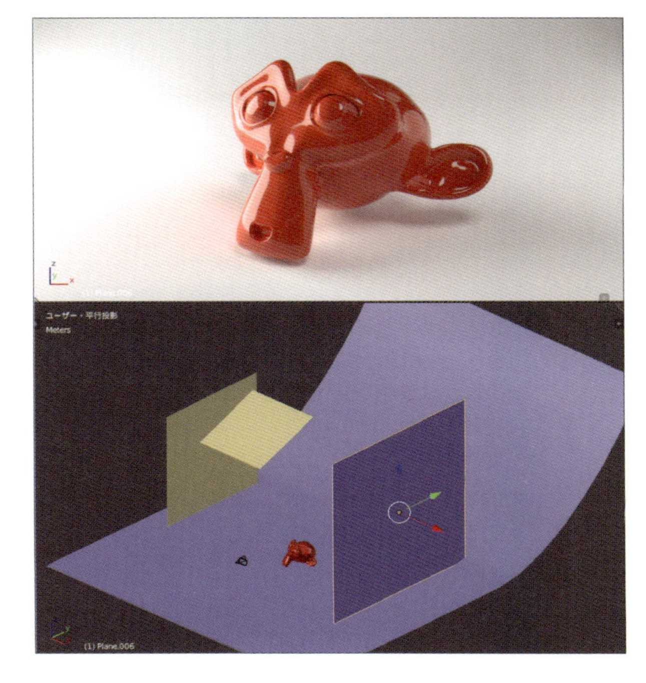

STEP 04

床の白が暗いので、上にも大きな平面オブジェクトを配置して光を反射させました。

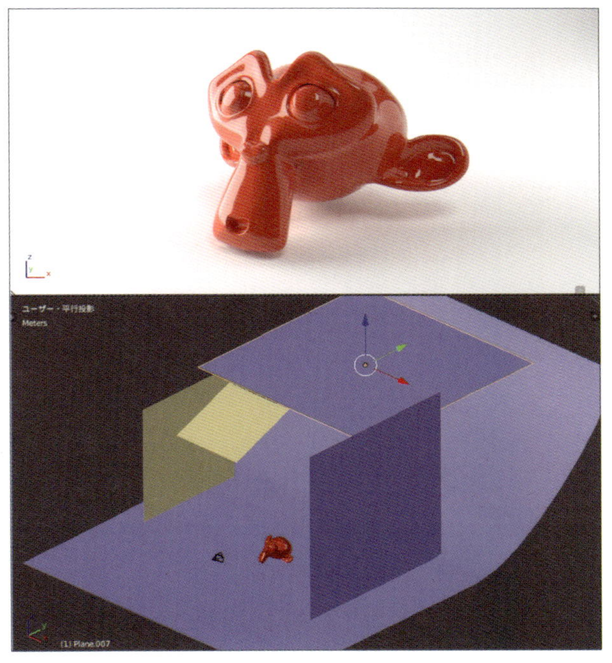

これでできあがりです。
いずれも放射マテリアルの平面を配置しても照らせますが、明るすぎたり、映り込みに強く影響したり、余計な影を出してしまうかもしれません。
主張しない程度の調整には、写真でいうレフ板のような平面を置くのがオススメです。

CHAPTER 12

03 モデルをライティング、レンダリングしてみよう

ここまでくると、作例を見たときに、ひと目でライティング設定がわかってしまうかもしれません。照明の映り込みと影の様子で、ライティング環境がおおまかに想像できるようになったはずです。これはなにもCGに限らず、プロの撮影した写真も同じように参考にできる目を持ったということです。CGや写真を見てきれいだな〜と思ったら、ライティング環境を想像して自分の作品に活かしていきましょう。
これまで紹介したほかにもうひとつ、あえて映り込みのない部分を作ったり、光を反射させず陰影を強調するために、黒い板を置くテクニックも有効です。
写真のライティングについても調べてみると、とても勉強になるはずです。

たとえば、この作例では左右に大きな光源があり、グラスの輪郭をハッキリさせていることが映り込みを観察することでわかる。
透明なものは、映り込みや奥の景色の屈折がないと形が見えなくなってしまう

屋外のライティング

屋外のシーンをライティングしてみましょう。写真なら、外で撮れば外の写真になるけれど、
CGでは屋外に見えるようにライティング設定を組み立てていく必要があります。
作例は公園の木陰にあるベンチで、食器を並べ、ランチを楽しむ準備をしている場面を描いてみました。

構造を見てみよう

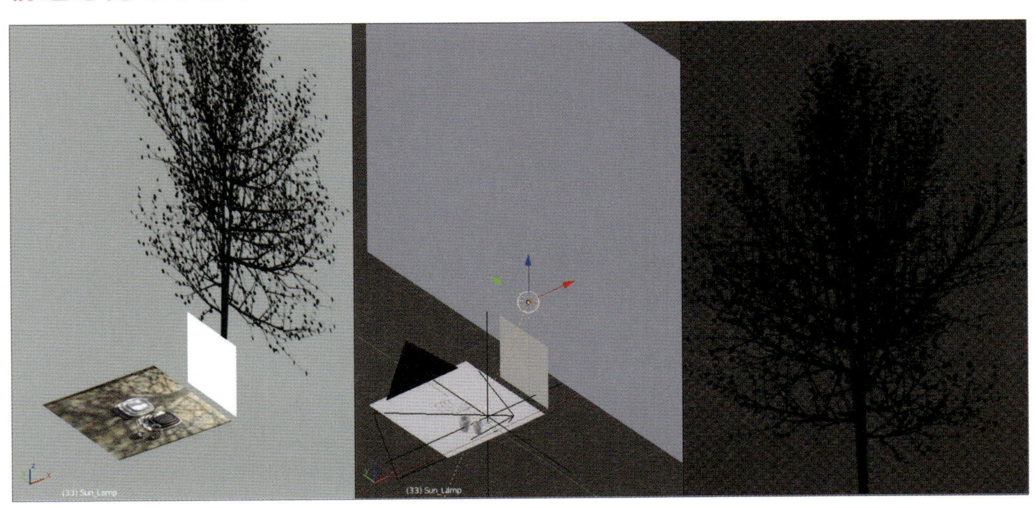

左がテクスチャ表示、右がソリッド表示

●木の影

図を見てわかるとおり、実際に撮影している画面の外に、大きな木の影があります。右のようなテクスチャを平面に貼っただけです。これがサンランプの光を遮って影を落とすことで、画面の外に木がたくさんある場所のようにと想像させることができます。透過するノードの組み方は、後ほど解説します。

● サンランプとワールド設定

屋外のライティングは基本的にシンプル。太陽光と天空光が基本なので、「サンランプ」を一灯置き、[ワールド]タブの[▼サーフェス] - [カラー] - [大気テクスチャ]を使用すればOKです。さらに、現実の写真撮影でも屋外撮影でレフ板を用いたりすることからわかるように、意図的なコントロールを足すことでさらに絵の印象を調整することができます。

● 補助光線

もうひとつが補助光源。放射マテリアルの平面オブジェクトではなく、「ランプ」を設定してもOKです。これは木の影が暗すぎるのを和らげる目的で配置しています。影を和らげようとして「大気テクスチャ」の強さを上げると、全体的に青すぎる印象になってしまいます。

POINT 画面の外を想像させるのは大切なテクニックなので、ぜひ応用して絵作りしよう。

透過するノードの組み方

アルファチャンネル（透過）付きのテクスチャを読み込み、「ミックスシェーダー」に「ディフューズBSDF」❶と「透過BSDF」❷を繋ぎます。この「ミックスシェーダー」-[係数]に、「画像テクスチャ」-[アルファ]を接続します❸。プレビューを確認して、透過が逆転していないかチェックします。逆転しているようなら「ミックスシェーダー」の２つの入力シェーダーの上下接続を入れ替えればOKです。

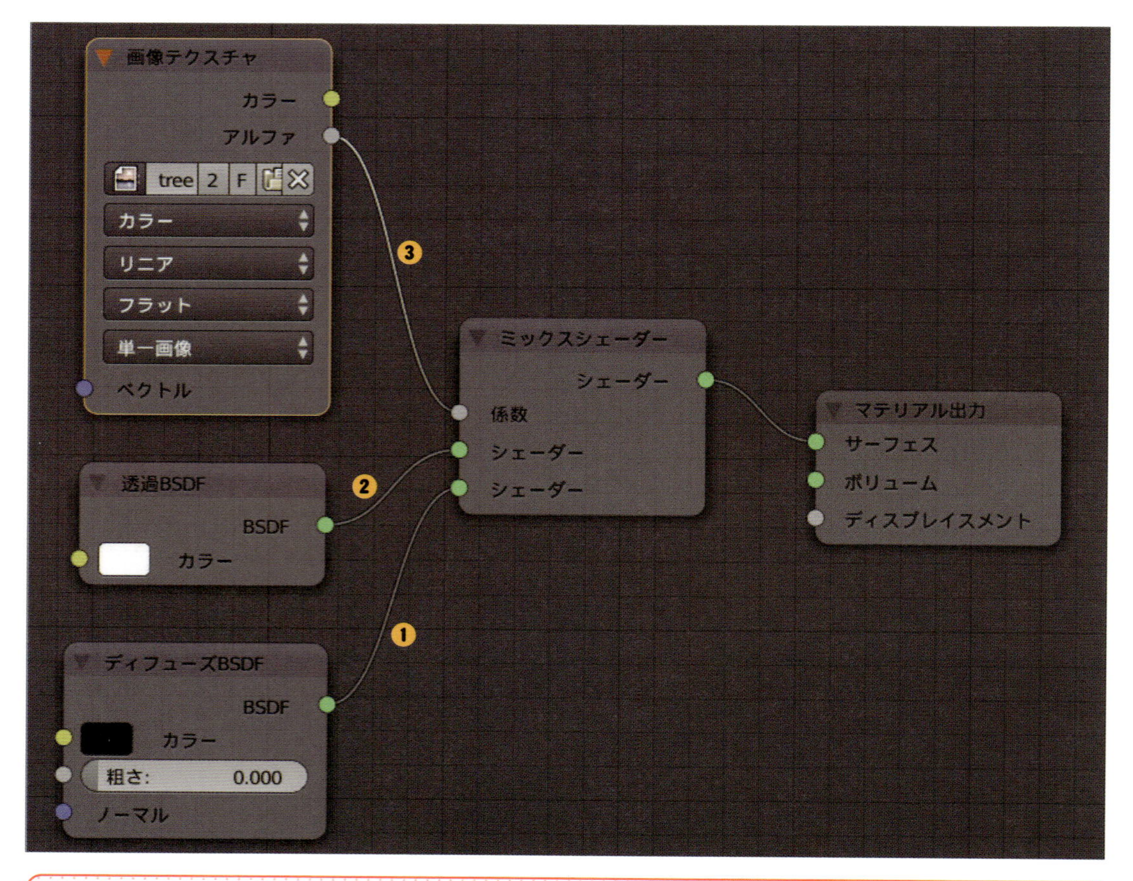

POINT アルファチャンネルがわからない場合は、白黒の画像を用意して、画像テクスチャの[カラー]を[係数]に繋いでも同じことになる。

CHAPTER 12

04 HDRIを使う

通常の画像よりも広い明るさを記録した
「HDRI(ハイダイナミックレンジイメージ)」という画像形式があります。
これは数段階の明るさで撮影した写真を1枚にしたもので、白よりも明るい色、
黒よりも暗い色を持たせることができます。

JPEGとHDRI

図は一般的であるJPEG画像とHDRI画像をPhotoshopの露出量(画像全体の明るさを調整する)を用いて暗くしたときの比較です。
JPEGなど通常の画像形式では白を暗くしてもグレーになるだけですが、HDRIの場合は白かった部分の本来の絵が現れてきます。「ダイナミックレンジ」とは記録できる明るさの範囲のことで、通常の写真よりも広い明るさを1枚の画像に記録できる画像形式です。また、ファイル形式はRadiance形式(.hdr)やOpenEXR(.exr)が主流です。

HDRI画像の何がいいかというと、3DCGの背景にすることで、その広いダイナミックレンジを使用して環境のライティングの再現や、鏡面反射がリアルになる点です。
もちろん、そのまま背景写真としても活用できます。

POINT 自作するには知識と道具と手間が必要だが、フリー素材としてダウンロードできるサイトや、有料素材として販売しているものもあるのでインターネットで検索してみよう。フリーのものはテクスチャーなどと同様配布する人によって使用する条件がさまざまなので、都度翻訳して確認しておこう。

HDRIでの屋外レンダリング

P.223の例を、同じ場面から光源をすべて消して、HDRIだけでライティングしました。柔らかい光と自然な映り込みによる質感が美しくなります。空の色がより複雑になり、そのぶん、絵の色味もリアルになります。

ワールド設定の環境テクスチャ

[ワールド]タブ❶-[▼サーフェス]-[カラー：]-[環境テクスチャ]を選び❷、使用する画像を選択します❸。「環境テクスチャ」には貼り方が2種類あり、横に広がるパノラマ画像の場合は「正距円筒図」、球体のような画像の場合は「ミラーボール」を選びます❹。

図ではノードも表示していますが、これは「環境テクスチャ」の向きを回転させたいときにだけノードを設定しましょう。ノードエディターのヘッダーから[ワールドのシェーダノードを編集（地球アイコン）]をクリックすることで、「ワールド設定」のノード編集ができます❺。

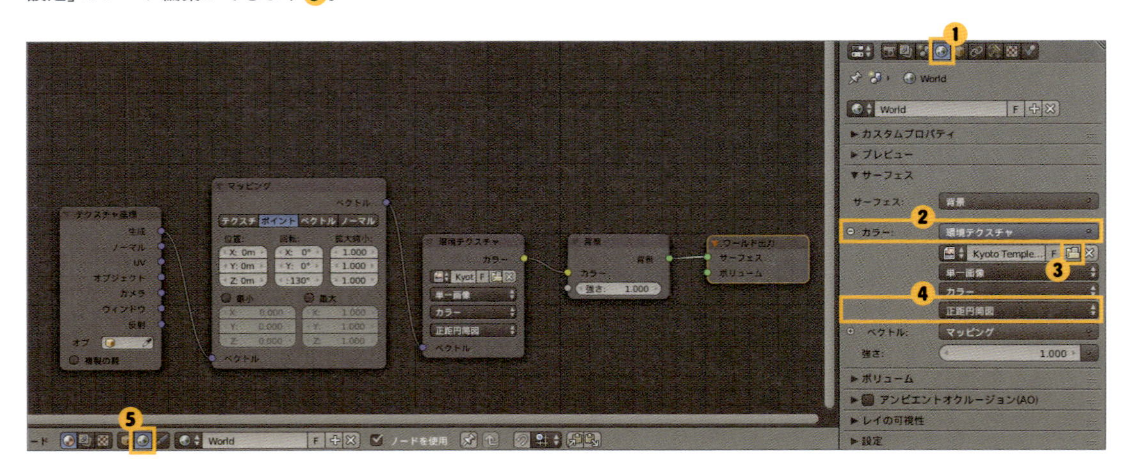

CHAPTER 12

05 室内を上手にライティングする

閉じられた空間のレンダリングは、屋外に比べてノイズが消えるまでに多くの時間がかかる傾向にあります。そこで、できるだけレンダリング時間を節約できるように、いくつかの対策やコツを紹介します。

室内ライティングのテクニック

この作例は、室内のテーブルの上が舞台となっています。
窓明かりで休日の落ち着いた雰囲気を演出してみました。さて、ここは本当に部屋の中でしょうか？

見えないところを作る？作らない？

このシーン、少し離れて見てみると、じつはこんなに中途半端な空間で作られているのです。画面に映る部分を作る、最低限の要素だけを作っているので、解説していきます。

ワールド設定の「大気テクスチャ（P.215）」を外すと、太陽光に照らされているはずなのに、なんとなく夜に照明をつけたような印象になります。図では壁を外した後ろ側からも大気テクスチャの光が入り込んでいるのですが、それほど強い光ではないので、天井で遮光する程度で程よい明るさを得られました。少し乱暴なようだけれども、撮影セットを作っているので、カメラに映る部分さえキチンと見えればOKです。

COLUMN

● なぜ壁を外したのか？

「Cyclesレンダー」のレンダリングはオブジェクトに当たった光が反射して、また別のオブジェクトに反射して……ということを繰り返します。この回数が多いことが、リアルな仕上がりが得られる大事な要素です。しかし、回数が多いぶんだけレンダリングには時間がかかってしまいます。屋外であれば、多くの光は反射してすぐにオブジェクトのない空間へ抜けてゆくので、実際それほど時間は掛かりません。ですが、完全に囲まれた室内では、せいぜい窓くらいしか光の抜け道がなくなってしまうというわけです。そこでカメラに映らない壁は撤去して、できるだけ光の逃げ道を作ってあげるのが、レンダリング時間短縮のポイントです。
では、P.219のほぼ写らない右の壁はなぜ作ったのでしょうか？
このように必要最低限のオブジェクトだけで場面を作り上げるときに大事なポイントとして、「画面の外にも世界が広がっているように思わせる」ことが挙げられます。そう、この壁の役割は、窓明かりと影を作り上げることです。なので、よく見ると窓枠そのものはモデリングしておらず、ただ壁に穴が開いているだけ。壁の厚みも窓ガラスも存在しません。これはとても大切なテクニックなので覚えておきましょう。部屋に似合う窓の形をした穴だけ空けておきます。窓際にさまざまなものを飾っている雰囲気も影で演出できます。

☑ 屋外の様子を描くライティング

STEP 01

窓枠を映り込みに活用します。図ではサンランプを使用した太陽光の代わりに、窓の外に十分な大きさの平面オブジェクトを配置し、「放射マテリアル (P.211)」を設定しました。光源が大きいので、影がハッキリしなくなりましたが、光沢やガラスのマテリアルに窓の存在が映り込みました。この絵のほうが好き、という好みもあるでしょう。

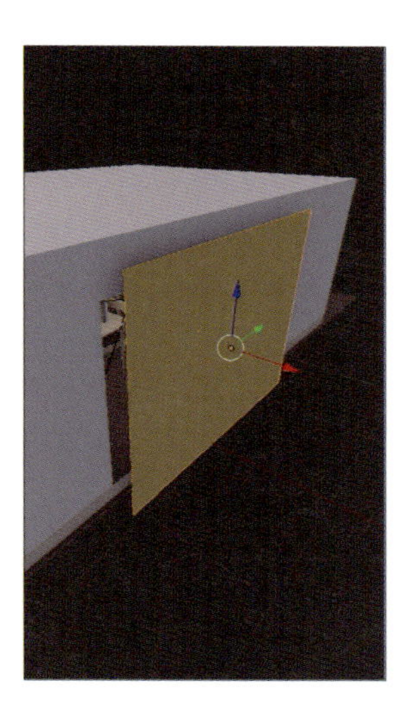

STEP 02

次は窓の外の映り込みとサンランプの両立を考えます。01 で窓の外に置いた大きな光源平面の設定を変更することで、太陽の光を取り込み、影を出しました。
これを実現するには、窓の外に配置した光源平面を選択した状態で、[オブジェクト] タブ❶から [▼レイの可視性] - [ディフューズ] と [影] のチェックを外します❷。[ディフューズ] を外すと、照らすための光が使われなくなります。[影] を外すと、光源平面自体の影が他のオブジェクトに落ちなくなります。

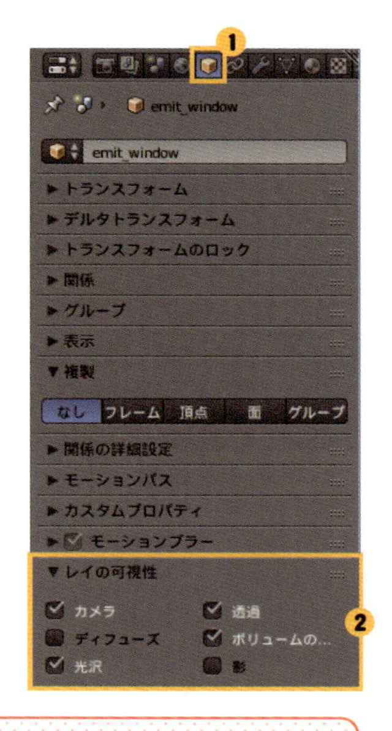

POINT [オブジェクト] タブ内の[▼レイの可視性] 内でよく使うのは以下の 2 つのチェックボックス。[光沢] を外すと、映り込みが行われなくなる。[カメラ] を外すと、オブジェクトをカメラビュー内に配置してもレンダリングに表示されなくなる。

STEP 03

天井に補助光源を配置します。室内の夜のシーンなら主役になるシーリングライト（天井の照明）ですが、昼間の絵を作るためにも室内天井の光源は有効です。実際の太陽光はとても強い光で、窓から太陽光の差す場面で写真を撮影すると、照らされた部分が白飛びするか、陽の当たらない部分がとても暗くなってしまいます。

●天井に補助光源有り

●天井に補助光源無し

POINT 撮影できる明るさの範囲はじつはとても狭い。リアルな写真を再現するならそれもいいが、絵を作っていると考えると、目で見た印象や、自分が心地いいと思う明るさを再現するのもひとつの正解。人の目はとても優秀なので、明るい部分も暗い部分も、白飛び、黒つぶれせず、バランスよく見える。自分の欲しい影の濃さや色に調節するため、補助光源はとても役立つ。

ポータルを使ったレンダリング

HDRIライティング（P.225）と、ポータルを使用したレンダリング時間の短縮について紹介します。
図はどちらもHDRIを使用したライティングで、同じサンプル数までレンダリングした画像ですが、
ノイズの量がまったく異なるのが一目瞭然です。

レンダリング時間の短縮

今回はすべての壁が存在する部屋のレンダリングテクニックを紹介します。前述したとおり、閉じた空間のレンダリングは非常に時間がかかってしまいます。それを解決するための機能が「ポータル」です。

ポータル有り

ポータル無し

「エリアランプ」を窓枠の大きさに合わせて設置して❶［ポータル］のチェックを入れると❷、反射した光を積極的に逃がしてくれるようになります。こうすることでノイズの減りが早くなり、仕上げに必要なサンプル数が少なくて済むようになります。

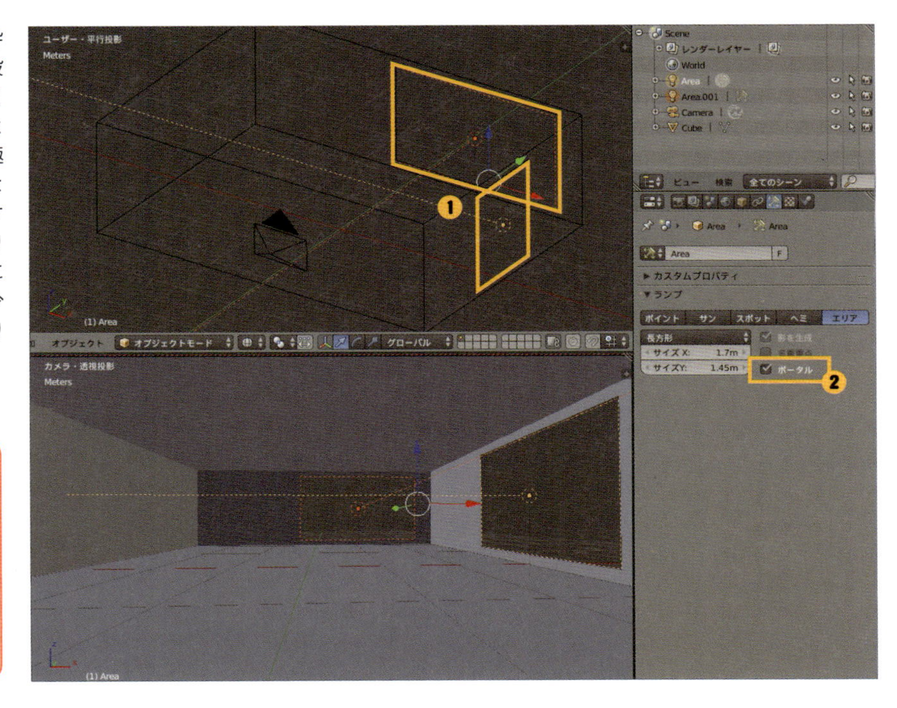

POINT この効果は「ワールド設定」-［環境テクスチャ］でHDRI画像を使用した場合のみ有効。「ランプ」や「放射マテリアル」を使用した際のライティングには影響しないことを覚えておこう。

COLUMN

● 構造を工夫してリアルな照明器具を作る

オブジェクトを光源にするだけでは、オブジェクト全体が平坦に光るため、照明器具そのものが絵に映る場合にはリアルさが足りません。そこで、ランプシェードのマテリアルを、「ディフューズBSDF」と「半透明BSDF」のミックスにして、この中に光源を仕込んでみました。こうすることで、ランプシェードの質感をやわらかい光で表現しつつ、照明として照らす光の範囲を絞ることができました。

天井のシーリングライトにもこのようなカバーの付いたものがありますが、光源すべてを覆ってしまう場合は、影を落とさない設定にしないと周囲を照らすことができません。マテリアルノードでグラスの影を半透明にした作例を思い出してみましょう（P.158）。

表現したい照明器具があったら、現実の構造を再現するように考えるといいでしょう。スポットライトや懐中電灯を作るなら、同じような構造で「ディフューズBSDF」だけを使い、不透明にしましょう。

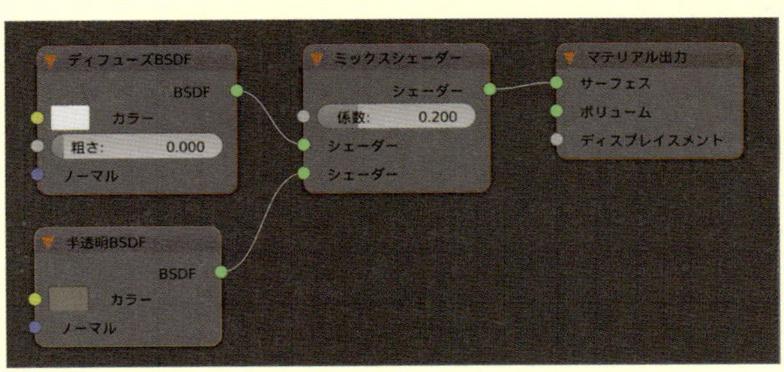

CHAPTER 12

06 場面の印象を変えよう

ポーズをつけたキャラクターを並べて、カメラアングルも決まったとして、ライティングだけでどの程度絵の印象が変わるのか見ていきます。どの程度大切な工程なのかを知ることによって、工夫する楽しみができます。

サンランプのみ

「サンランプ」をひとつ置いただけの絵。とても退屈で、これを完成作品としてしまうには惜しい。

ランプなし、背景カラーを白に

ランプを消して、ワールドの背景カラーを白にしたもの。隅々まで照らされて見やすいが、見た人がどういう場面なのかを想像できる絵にはなっていない。

正面に「放射マテリアル」の平面を配置

距離が離れるにつれて徐々に暗くなるため、奥行き感が表現できる。暗闇の中から怪物たちが次々と出現しそうな気配。

キャラの背後に「放射マテリアル」の平面を配置

背景がキャラクターより明るく輝くことで、恐ろしいモンスターというよりも、文明の進んだ異星人が現れたような印象に。

スポットランプで側面から照らす

光の当たらない部分が暗くなり、コワイ印象を作ってくれている。明暗のコントラストも強いので、遠目にもキャラクターの目立つ絵になった。

正面からスポットランプで照らす

カメラを自分の目と考えて、右手の位置からランプの「スポットランプ」で照らした。
手持ちの懐中電灯で照らした絵となり、自分に向かって迫ってくるような臨場感が出た。遠くの暗さと視界の狭さが恐怖感を強めている。

発光する床で照らす

ステージでパフォーマンスするアイドルグループのよう。

さまざまな色の スポットランプで照らす

各キャラクターを異なる色の「スポットランプ」でそれぞれ照らした。こうすると、彼らはライブハウスに立つバンドメンバーに見えてくる。

CHAPTER 13

カメラの設定

絵の構図を決めよう

3DCGでは、カメラを使って最終的な絵の構図を決める。
カメラの設定は、一眼レフカメラを使い慣れた人にはわかりやすく、
「焦点距離」や「F値」での指定になっているが、
そう聞くと、カメラになじみのない方は難しそうに感じてしまうかもしれない。
じつは私も、一眼レフに興味を持ったのは3DCGがきっかけで、本物のカメラより
先にCGで学びました。「こういう撮り方をしたいときにはこう設定するとよい」
といった感じで、操作しながら覚えていけば大丈夫！

一眼レフカメラを使って写真を撮る魅力は、なんといっても綺麗なボケ。
スマホのカメラではなかなかきれいなボケが作れないので、憧れの対象です。
頑張って一眼デビュー！……と思っても、ボケやすい明るいレンズは高価でなかなか手が出しにくいもの。
そこで、3DCGの出番です。撮影したいものはモデリングして、
こんなレンズで撮りたいな～という理想を、実際のレンズと同じように設定することで撮影できます。
CGの撮影で工夫することを覚えると、写真を撮るときにも役に立つので、
いろんな撮影の仕方を試してみましょう。

CHAPTER 13

01 カメラの基本を知ろう

カメラの設定によって、どんな違いが出るのかを知らなければ楽しくありません。まず最初に「見る目」を身に付けて、それから設定や操作を覚えていきましょう。

撮り方のポイント

たとえカメラに疎くても、コンパクトデジカメやスマホのカメラで、ズーム機能は使ったことがあるのではないでしょうか。

焦点距離による絵の違い

ズームするときに広く写るほうが「広角」で、遠くが写るほうを「望遠」と呼びます。一眼レフカメラでは画角ごとにレンズを交換するため、どの程度の範囲が写るレンズなのかを表す単位として焦点距離を用います。広く写る広角レンズは焦点距離の値が小さく、遠くが写る望遠レンズは焦点距離の値が大きくなります。

●焦点距離28mm（広角）　広い範囲が写る

●焦点距離300mm（望遠）　遠くが写る

被写界深度とレンズの明るさの関係

「被写界深度」というのは写真のボケの話で、ボケない範囲の広さを、"浅い""深い"と表します。
ボケは絵の中で見せたい主役をハッキリさせる役割や物のスケール感の表現、ボケそのものが美しいなど、写真の魅力的な要素です。
明るいレンズほどボケやすく、絞りで光の量を減らすとボケにくくなります。このレンズの明るさをF値で表し、数値が少ないほど明るく、大きいほど暗くなります。実際のカメラでは、写真の明るさにも影響するのでシャッター速度と合わせて設定しますが、Blenderでは被写界深度のボケ加減の調整にのみ使用します。非現実的なボケ設定も可能ですが、見る人が違和感をもってしまうので、現実的な明るさのレンズ設定を把握しておきましょう。焦点距離や被写体の大きさによってもボケやすい撮り方があります。

●F1.4（ボケやすい）

●F16（ボケにくい）

POINT モデリングしたオブジェクトの大きさが現実的ではない場合、思いどおりにボケないので気をつけよう。

シャッター速度とモーションブラーの関係

カメラでは、レンズの明るさとシャッター速度で写真の明るさをコントロールします。
このとき、レンズが暗くてシャッター速度が遅くなれば、それだけ被写体の動きがブレて写ります。しかし、先述のとおり、BlenderではF値やシャッター速度の設定が絵の明るさに影響しないため、動くものにモーションブラー（P.245／手ブレや被写体ブレを加える）を付ける専用の設定となっています。
また、本書ではアニメーションを扱わないため、簡単な紹介に留めます。

●シャッター 0.5フレーム

●シャッター 0.05フレーム

CHAPTER 13

02 カメラを設定しよう

ここまでで紹介した撮り方のポイントを、実際に操作しながら確認していきます。一度経験しておけば、カメラは楽しいコダワリになるはず。

カメラ操作の基本

まず、カメラを自在に操作して、思い通りのカメラアングルに設定できるよう、操作に慣れるところからスタートします。カメラは最初からシーンにひとつ置かれているけど、消してしまったり、複数のカメラを配置したいときにはツールシェルフの[作成]タブからカメラをクリックして追加しましょう。

カメラを操作する

STEP 01

「カメラ」を設定し、選択して、[オブジェクトデータ]タブ1をクリックします。カメラは図のような形状で表示され2、どちらが上方向なのか、焦点距離はどのくらいなのかがひと目でわかるデザインになっています。カメラを選択しているときにだけ表示となり、これから行う設定のほとんどがここに集まっています。

POINT カメラオブジェクトを選択すると、プロパティの[オブジェクトデータ]タブが[カメラ]アイコンに変化する。

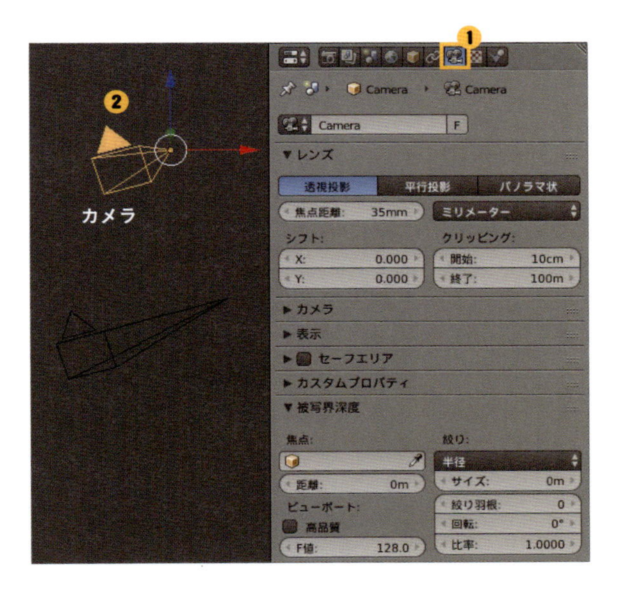

STEP 02

以下を２点を覚えて操作しましょう。

- テンキー0で「3Dビュー」の視点を「カメラビュー」に変更できる
  Nキーで表示されるプロパティシェルフで「カメラをビューにロック」にチェックを入れると1、ユーザービューと同様の中ボタン操作でカメラビューの操作が可能に。カメラビューの縁が、赤い点線になるのが目印です2。
  [オブジェクトデータ]タブを開きたいときには、カメラビューの縁の点線を右クリックしてカメラを選択することもできます。
- 複数カメラがあるときは、使いたいカメラを選択した状態でCtrlキー+0で使用するカメラを変更できる
  ユーザービューでいいアングルを見つけたなら、Ctrl+Altキー+0でカメラの位置をユーザービューに合わせることができます。ただし、画角は自分で設定しなければならないため、焦点距離を調節しましょう。

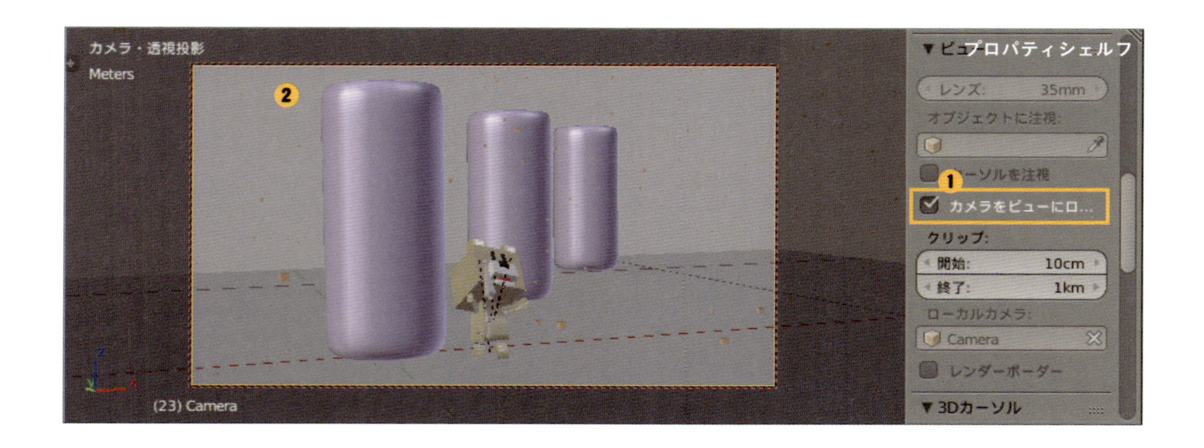

焦点距離の設定

画角を変更して、広角や望遠の絵作りをするための設定です。ミリメーター単位のほか、視野角での指定もできます。広角では近付き、望遠なら離れた位置から撮影するのが基本。以下の図で確認しましょう（作例では35mmフルサイズでの焦点距離を使用しているけれど、APS-Cなどの設定にも変更できます）。

広角

「カメラ」を選択し、[オブジェクトデータ] タブ❶から[▼レンズ] - [焦点距離:] の値を小さな数値にします❷。

POINT 準広角、超広角など分類されますが、「～35mm」くらいを広角レンズと考えるとよい。一眼レフのレンズを調べて、実際に存在するレンズの焦点距離を入力するのがおすすめ。

広角レンズでは、室内や景色を広く写すことができます。手前が大きく、離れると小さく写るので、主役を大きく写しつつ、背景でどんな環境にいるのか伝えましょう。巨大な物のスケール感を描いたり、大量のオブジェクトを描いたり、広さを活かした絵作りが楽しめます。

POINT 広角で近付きすぎると、被写体の形が歪んで見えて、実際のオブジェクトと印象が変わってしまうことがあるので、キャラクターの顔を写すときには特に注意しよう。

望遠

「カメラ」を選択し、[オブジェクトデータ] タブ❶から[▼レンズ] - [焦点距離:] の値を大きな数値にします❷。

POINT 中望遠、望遠、超望遠など分類されますが、「85mm〜」を望遠レンズと考えるとよい。一眼レフのレンズを調べて、実際に存在するレンズの焦点距離を入力するのがおすすめ。

望遠レンズを使うと、狭い範囲だけで絵作りすることができます。たくさんの数をモデリングしなくていいのでとてもラク！　ボケをうまく使って、一番見せたい主役を目立たせましょう。遠くの被写体が大きく写せるだけでなく、近くの被写体との大きさの差が少なくなるのもポイントです。

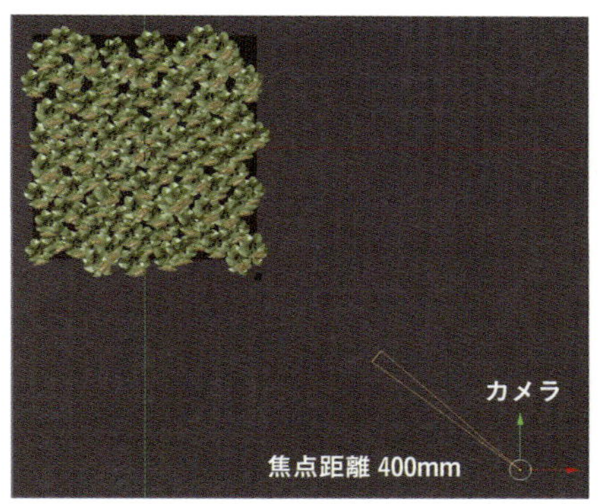

POINT パースで形を歪ませたくないものの撮影にも便利。

特殊な例として、「平行投影」と「パノラマ状（魚眼）」も紹介します。

平行投影

「カメラ」を選択し、[オブジェクトデータ] タブ❶から [▼レンズ] - [平行投影] を選択します❷。カメラの位置を前進させても被写体に近付くことはできなくなるので、[平行投影のスケール:] で画面に収まる範囲を設定します❸。

ユーザービューの平行投影と同じにレンダリングしたいときは、カメラも「平行投影」に設定してレンダリングします。地図や、形状を説明する図のような、パースのかかっていない絵を作りたいときに使います。

パノラマ状（魚眼）

「カメラ」を選択し、[オブジェクトデータ]タブ❶から[▼レンズ]-[パノラマ状]を選択します❷。さらに[タイプ:]から[魚眼（等距離射影）]を選択します❸。[レンズ:]で指定するものは正円に、[視野角:]のみで指定するものはレンダリングの縦横比に合わせて楕円になります❹。

パノラマは、カメラ視点の3Dビューのシェーディングを、レンダー（Shift+Zキー）に切り替えることで実際の写りを確認できます。

POINT 魚眼レンズは独特の世界を描くので、たまに使うと面白い。レンズの調整ができるので、ここまでキツい魚眼に限らず楽しめる。

被写界深度のコントロール

「被写界深度」をコントロールするには、焦点と絞りを操作します。

焦点

「焦点」は、ピントやフォーカスと呼ばれる、ハッキリ見せたい被写体までの距離の設定です。

距離を数値で設定するほかにも、指定したオブジェクトにピントを合わせる機能が付いています。より正確に設定するため、焦点の位置を指定する専用のエンプティを作るのがオススメです（P.106参照）。

カメラを選択し、[オブジェクトデータ]タブ❶から[▼被写界深度]の[焦点：]に、[Empty]を選択すると❷、選択したエンプティの位置に焦点が合うようになります❸（図参照）。

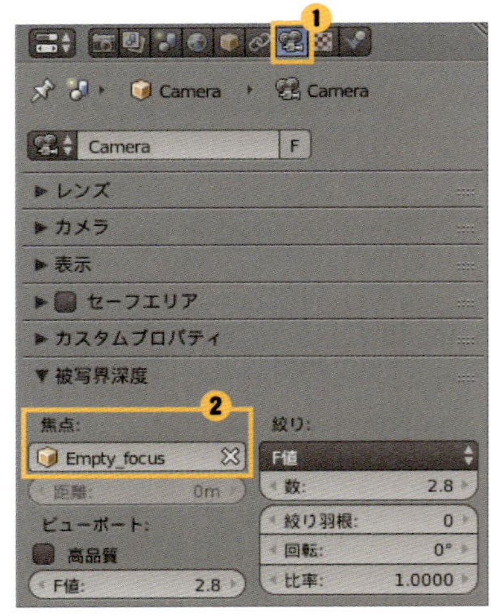

絞り

「絞り」は、「被写界深度」のボケ加減を調整するための設定で、カメラを選択し、[オブジェクトデータ] タブ①から [被写界深度] の「絞りタイプ」を [半径:] か「F値:] のどちらかで指定することができます②(エンプティを設定)。
「半径」は、カメラに馴染みのない初心者でも見た目で設定しやすいようになっていますが、意図せず嘘の絵が作られる可能性が高いためオススメしません。ただし、「被写界深度」を使わず、画面全体に完璧に焦点を合わせたい場合は、初期設定のまま [半径] の [距離:] を「0m」に設定しましょう。

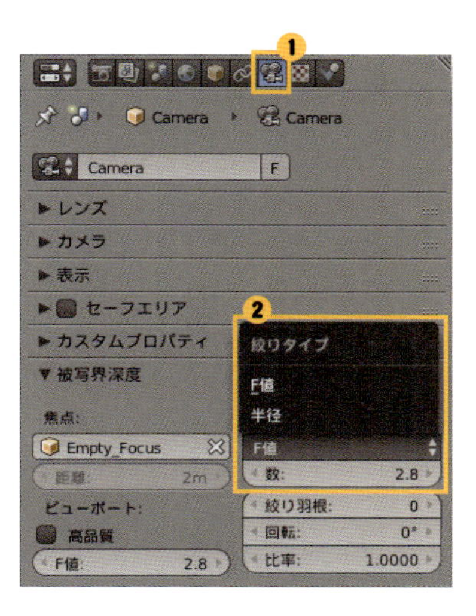

POINT 「F値」は難しそうに見えるかもしれないが、一般的なレンズの明るさを知ってしまえば簡単に現実的なボケを再現できるので、とても便利。ぜひこちらを使おう。

ボケやすい、オススメの方法

一眼レフに馴染みがない人が覚えておきたいことは次の2点です。

- **数値が少ないほどボケやすく、数値が大きいほどボケにくい**
- **一般的に「F2.8」が一番少ない値で、特別明るいレンズでも「F1.4」、逆に大きな数値は「F16」程度。**

つまり、「F2.8 ～ 16」の間で好みのボケ加減を見つければヘンテコな設定は避けられるということです。

接写

小さな被写体にグッと近付いて撮影すると、とても強くボケた撮影ができます。花に近寄って撮影したような、あるいはオモチャを撮影したようなイメージです。一時期流行ったミニチュア風写真も、本来ボケるはずのないスケールなので、ミニチュアに見えてしまうという仕組み。写真では逆に、模型を本物らしく見せるため、ボケないように撮影するというテクニックもあります。

カメラ設定は焦点「50mm」F値「F5.0」

望遠

少し離れて望遠レンズで撮影すると、遠くの景色と、被写体よりずっと近い部分が強くボケます。作例の背景に配置した木は50m以上遠ざけています。ボケてほしい背景は十分に距離を遠ざけるのがポイントです。

カメラ設定は焦点「135mm」F値「F2.0」

COLUMN

●「絞り羽根の枚数」で、ボケにひと味加える

強い反射がチラチラしている場所や、点光源（ただしBlenderのポイントランプはカメラに写らないので、小さいオブジェクトを強く発光させる）などが被写界深度で強くボケることで、玉ボケと呼ばれる、印象的で美しいボケ表現を描くことができます。Blenderでは、カメラの絞り羽根の枚数によって、このボケの形状が多角形になるのを再現することも可能です。

絞りの設定

カメラを選択し、[オブジェクトデータ] タブ - [▼被写界深度] - [絞り羽根:] [回転:] [比率:] から行います。

- [絞り羽根] は、ボケの形状を何角形に描くかを設定する
- [回転] は、絞り羽根によってできる多角形のボケの角度を回転させる
- [比率] は、アナモルフィック・レンズというワイド撮影用の特殊なレンズを使用したときに、ボケが縦長になる現象を再現する

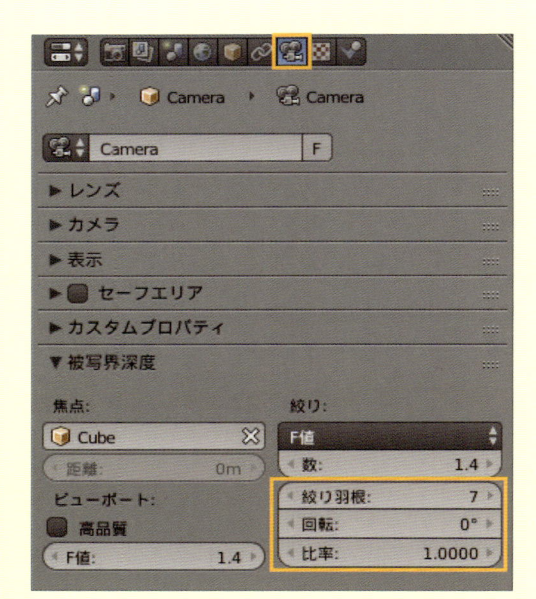

●ボケが円形（絞り羽根：「0」）

●ボケが7角形（絞り羽根：「7」）

●比率「1.8」

モーションブラー

写真でいうところの被写体ブレ、手ブレのこと。
CGは動かさなければ動かないため、基本的にブレることはありません。しかし、動きを表現する手法として使いたいときは、これを表現するための「モーションブラー」という設定を使用します。

アニメーションができていれば、設定は簡単。[レンダー] タブ❶の [▼モーションブラー] にチェックを入れるだけです❷。[シャッター：] の数値は何フレーム分の動きがブレに影響するのかを指定します(シャッターの開閉時間)。
※本書はアニメーション制作の詳細は省略します。

手ブレ

カメラをわざと動かすことで、実際の撮影ではよく起こる手ブレを再現することができます。実際の写真では避けたい失敗を、ひと手間かけて再現するのがCGのヘンテコなところ。

被写体ブレ

早く動くものがブレて写った状態。動きの方向や速さが伝わりやすくなります。

流し撮り

早く動く被写体をカメラで追いかけると、背景が流れるようにブレて写ります。スピード感があって、被写体もハッキリ見えます。

カラーマネージメント

「カラーマネージメント」では、露出（撮影時の明るさ）の調整や、カーブによる色補正、ルックの変更（写真フィルムの色再現）を行うことができます。写真加工アプリのように気軽にムードを作れるので、使ってみると楽しい機能です。
この機能は［オブジェクトデータ］タブではなく、［シーン］タブで設定します。

カラーマネージメントを設定する

［シーン］タブ❶から［▼カラーマネージメント］を見てみましょう❷。
ここで主に使うのは、
［露出：］［ガンマ：］［ルック：］［カーブを使用］の4つです。

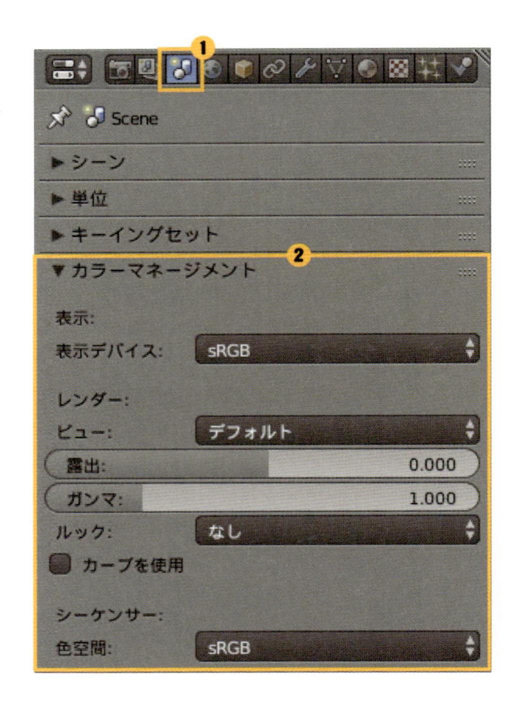

［露出］

［露出：］は、写真の撮影時にどのくらいの明るさで撮影するかを模した設定です。
図は露出を左から「－2.0」「0.0」「＋2.0」に設定したもの。

●露出 −2.0　●露出 0.0　●露出 +2.0

[ガンマ]

[ガンマ：] は本来、操作しなくてよい値です。ですが、好みの絵に調整するのに使用するといいでしょう。図はガンマを左から「0.5」「1.0」「1.5」に設定したもの。**02**の露出との違いがわかるでしょうか。

●ガンマ0.5　●ガンマ1.0　●ガンマ1.5

[ルック]

[ルック:] はカメラフィルムのシミュレーションを行います。携帯の写真アプリでもさまざまな色味の変更ができるものがありますが、そんなイメージで好みのものを選べばOKです。

[カーブを使用]

「カーブを使用」では色のコントロールを行います。「カーブを使用」にチェックを入れ、表示されるカーブ上でドラッグしてカーブを曲げてみましょう。左側が暗い部分、右側が明るい部分を意味していて、高い位置になるほど明るく、低い位置になるほど暗くなります。最初の直線が元の状態です。

POINT 図のようなカーブに設定すると、明るいところをより明るく、暗いところをより暗くする設定となり、コントラストが強くなる。[C] [R] [G] [B] の各ボタンはどの色に対してカーブを使うかの切り替え。[C] はすべての色、[R] は赤要素にだけ、[G] は緑要素にだけ、[B] は青要素にだけ、それぞれカーブを使用することができるので、「少し赤みを強めたい」などという使い方が可能。元に戻したいときはリセットのボタンをクリック。

POINT カラーマネージメントの設定は、レンダリング中に変更することもできる。Shift + Z キーでレンダー表示にした状態で、カラーマネージメントの[ルック:] を選ぶなどして完成イメージを確認する。

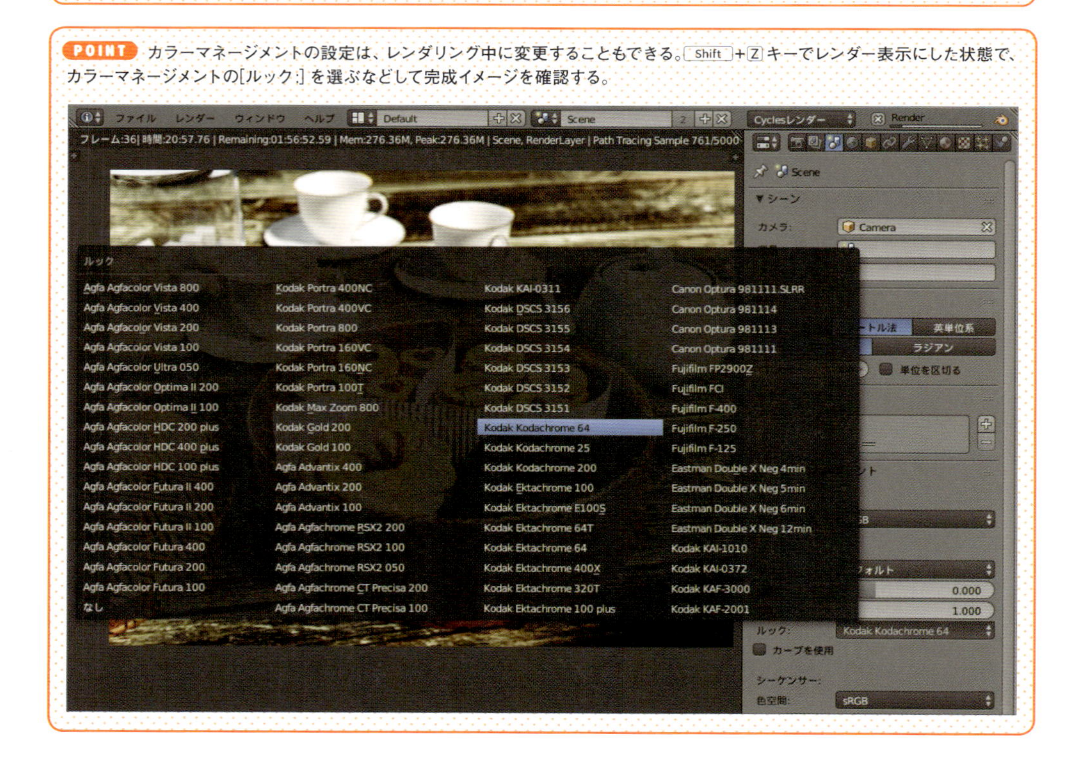

カメラのプリセット

デジタルカメラでは、撮像素子（イメージセンサー）の大きさが35mmフルサイズであったり、APS-Cであったりさまざま。ここが変化すると、レンズの焦点距離が同じでも、映る範囲が異なります。Blenderでは、自分の使い慣れたカメラに合わせてプリセットを選ぶことができます。

プリセットを選ぶ

カメラを選択した状態で、［オブジェクトデータ］タブ❶-［▼カメラ］-「カメラのプリセット」をクリックし❷、自分の使いたい撮像素子の大きさを選択します。

実写とCGを合成するときには特に大切になってくるため、Nexus5やGalaxy s4、iPhone5などの設定まで用意されています（図には収まらないけれど、スクロールすることで多くの種類が表示される）。

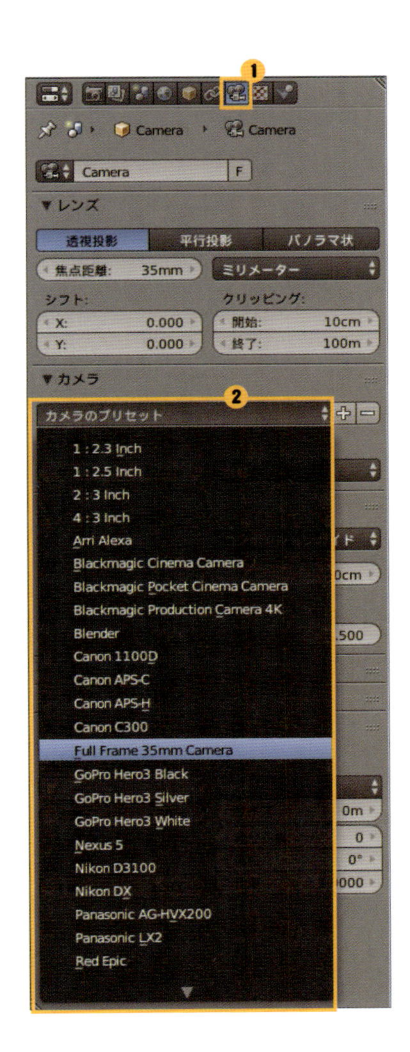

●Full Frame 35mm Camera での焦点距離50mm

●Canon APS-C での焦点距離50mm

CHAPTER 13

03 カメラ設定のコツ

機能はわかっても、どうしたら見栄えする絵が撮れるのかがすぐにはわかりにくいはずです。大切なのはテクニックよりも絵の意図を伝えることですが、比較画像を用いてちょっとだけコツを紹介します。

見落としがちなポイント

初心者がうっかりしてしまいがちな点を参考の下図から見ていくと、以下のようなところに気が付きます。

- 地面の端が写ったり、地平線より下がうまく隠しきれていない
- モデルが少ないにもかかわらず、背景が単色、大気テクスチャを使用して退屈
- 作ったモデルの全体像を見せたいがために、被写体が小さく、その他の空間が広く写ってしまう
- CGのカメラが自由すぎるため、どこから撮影したのかわからないカメラアングルになってしまう

下図は、モデルもレンズ焦点距離も最初の図とまったく同じです。カメラアングルを変更し、背景に環境テクスチャを使用した絵です。

こちらは草原に寝転んで撮影している想定でカメラアングルを決定しています。
被写体に近付いたため、風車がより大きく写り、見上げることでスケール感も出ました。
手前の草がボケることで、ほどよく距離感も出ているのがわかるでしょうか。
風車の背景は、本来は広々とした空間が理想です。しかし、あえて木々に囲まれることで、実際には使われていない、近所の公園にある身近な存在にしました。自転車でふらっと立ち寄れそうな、人の居ない自分だけの静かな場所です。

ちょっとしたポイントに注意するだけで、同じモデルでも絵の仕上がりが変わってきます。

CHAPTER 14

作品を作る流れ

ポストカードを作ろう

モデリングからはじまり、レンダリングするまでの工程を紹介してきた。
しかし、技術面からCGを勉強しはじめると、ひとつのオブジェクトを作り、
それをなんとなくレンダリングして満足してしまう人も多い。
もちろんそれも楽しみ方のひとつ。だけど、誰かに見てもらうことを意識して作り、
それを楽しんでもらえると、嬉しくなって、作るのがもっともっと楽しくなる。
ここで総まとめとして、１枚のポストカードを作り上げる流れを紹介しよう。

01 アイデアを形にしよう

案外悩んでしまうのが「どんな絵を作ればいいんだろう？」というアイデア発想の部分だと思います。目的、用途の無い自由な絵というのは案外思い浮かばないものです。
そこで今回は「誰かに届ける絵を作る」ことを目的に、ポストカード用の絵を考えてみます。

ポストカードに大切なこと

ポストカードを送るのはどんなときでしょう？　年賀状、クリスマスカード、暑中見舞い、お祝い状など、それぞれに「楽しい時間を過ごしてくださいね」「お元気にしていますか？　また一緒にご飯でも食べたいですね」といった伝えたいメッセージがありますよね。それが絵の目的になります。

気持ちを伝える

顔を合わせた会話に比べ、文字だけで気持ちを伝えるのは難しいため、メールやSNSでは絵文字やスタンプなどを活用して、そこを補おうとします。日常のコミュニケーションにはこれで十分かもしれませんが、特別なときには手間ひまかけて気持ちを伝えられるのが絵のよいところではないでしょうか。自分が子供の頃の絵を両親がいつまでも保存していたりしますよね。旅行のお土産に買ってきた絵手紙と、本人が相手を思い浮かべながら作った絵とは、受け取った側の嬉しさがそれくらい違います。もちろん買ってきた絵手紙のほうが技術的には優れているでしょうが、気持ちのこもった手作りにはやはり敵いません。

相手を思い浮かべる

アイデア発想のコツとして、不特定多数に向けて考えるよりも、家族や友達に向けて考えたほうが、その人を知っているぶんだけアイデアが浮かびやすいという点があります。たとえば、あの人は猫が大好きで、飼い猫のこんな仕草をよく話していたっけ……なんてことをイメージできると、その場面や光で表現する時間や温かさ、絵で伝える気分やムードなどが次々とイメージできて、喜んでもらえそうな絵が思い浮かんでくるはずです。作品作りは、大切な人への贈りものを選ぶようなものだと思います。時間をかけてじっくりと考えましょう。

今回は、『北国に住む青年が「年末には実家へ帰るよ」という絵手紙を家族や友達に送る。』という想定で考えてみます。私自身が北海道住まいで、景色や服装など参考にしやすいため、舞台は北国の小さな駅にしました。

CHAPTER 14

02 イメージスケッチ アイデアを絵に描いてみよう

上手な絵でなくても大丈夫ですから、まずはアイデアを紙に描いてみましょう。

アイデアを描く

私はイメージを作る際に雰囲気も考えたいのでここでは色を塗りましたが、線画だけでも十分です。頭の中にあるアイデアを紙の上に描き出すことで、作るアイテムは何が必要か、伝えるために足りないものはないか、不要なものはないか、これで意図が伝わりそうか、と考えます。頭の中にあるアイデアというのは、伝えたい気持ち同様、そのままでは相手に伝わりませんので、一度描き出して客観的に見てみるのがコツです。また、作る都合で考えると、広い範囲の写る絵はそれだけモデリングするアイテムも増えてきます。そこで、カメラに写る範囲を狭くして「これでも伝わるかな？」と考えてみるのです。

絵の背景が伝える情報は何か？　場所や時間、季節であるなら、それがキチンと伝わる必要最低限を見極めることで、制作期間を短縮できる

キャラクターデザインで考えること

絵の主役にキャラクターを使いたくなることがあります。しかし、リアルになるほど技術的に難しく、制作期間も長くなります。そこで、本書で紹介したプリミティブのクマや、細分割曲面のぬいぐるみのように、作りやすい単純なデザインを検討してみましょう。

頭身のある人物がどうしても必要な場合には、顔のモデリングを簡略化して鼻と耳だけ出っ張らせ、目や口をモデリングせずテクスチャに描く、またはレンダリング後に手描きすることで作りやすくなる。もちろん、モデリング済みのキャラクターを使う場合や、キャラクターのモデリングが得意な方であれば問題ありません

資料を集める

インターネット検索を利用して、資料画像をたくさん保存します。知識が役に立ちそうな場合はページをお気に入り（ブックマーク）に追加しておきましょう。図書館や書店、現物を見られる場所に足を運ぶことも大切です。検索で多くの情報を得るには、より良い検索キーワードを見つけること、同じものでも英語で検索してみることが大切です。専門書なら詳しい情報がまとまっていますが、インターネットでは散らばった情報を自分で集める努力をしなければ十分な資料は集まりません。

調べるのは、さまざまな方向から見た写真や図面、大きさの数値、何に用いるものなのか、
なぜその形なのかといった情報です（同じものでも暖かい地方、寒い地方で差があるものなどがあります）。
たとえば今回、駅プラットホームの屋根について調べているときに、「ホーム上屋」という名称を知ってから
検索精度が上がりました。作る対象について詳しくなれるので楽しいですよ。

CHAPTER 14

03 ラフモデル

全体を仮組みし、仮ライティングしてみよう

スケッチができたら、必要になりそうなオブジェクトを決定し、Blender上でサイズを意識しながら単純なモデルで配置していきます。

仮組みで必要な作業と情報が明確になる

この時点で仮でもいいのでカメラアングルも決めておきます。作らなければならないもの、作らなくても良い部分がはっきりして、作業量や詳細が必要な資料も明確になります。背景のぼかし加減を先に決めることで、詳細に作り込まなくても良い部分を決めることもできるのです。

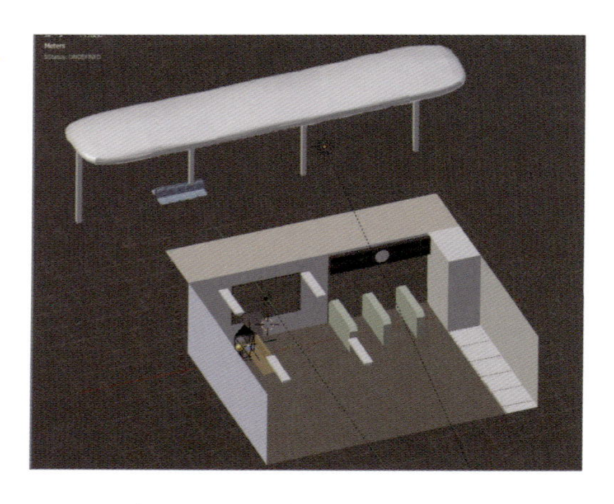

作例では、駅であることを伝えるために改札やホームの椅子が必要かもしれないと仮モデルを作りましたが、窓の外の景色や旅行パンフレットのスタンドを配置することで表現できると判断して、作り込むのはやめました。

実在する商品を作る場合は、大きさ、形は正しい寸法で、そうでなくても、たとえば窓の高さや椅子の座面の高さなど、おおよその一般的な大きさを知らなければ違和感のある絵になってしまいます。ラフモデルの段階では、全体の大きさを合わせたプリミティブや、簡単なモデリングのみにとどめています。また、今回のように実際の広さを測るのが難しい駅なども、インターネットでマップを調べれば、おおよその広さがわかります。
実際のスケールだと、アイデアスケッチと同じ構図が作れないという問題も起こります。アイデアを優先して3Dで少し嘘をつく（大きさや位置を変更する）場合もありますし、カメラの位置や画角で考え直す場合もあります。

ライティングで雰囲気を掴む

ライティングすることで、空気感を掴めるのが3DCGの強みのひとつです。手描きで季節や天気、場のムードを描くのは相当な技術経験が必要ですが、3DCGは光の計算を行ってくれます。室内であれば、照明の位置や色を決め、太陽の向きと窓の位置で場面の雰囲気を作ることができます。今回は窓から差し込む太陽光が主役のクマを照らすように角度を調整しました。明るい暗い、のコントラストをつけるとシルエットで存在がはっきりします。

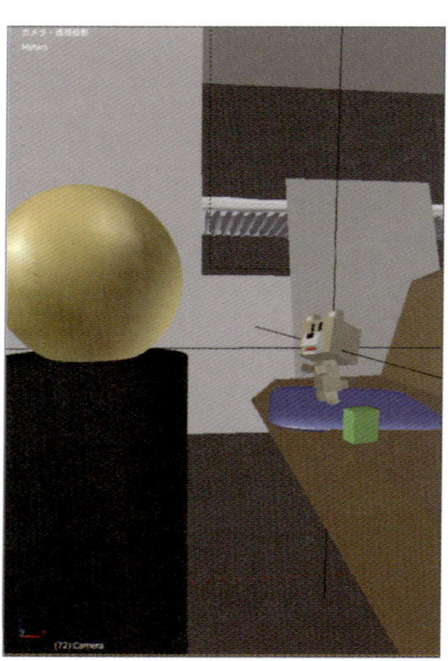

04 必要なアイテムをモデリングする

**全体の仮組みが終わったら、今度はモデリングにはいります。
ここではわかりやすくするため、マテリアル済みのものを紹介します。**

中心になるオブジェクトからはじめる

まず、絵の中心になるものをひとつモデリングしてみます。こうすることで、ラフモデルで感じる「本当に完成できるだろうか……」という不安が解消し、「良い絵になりそうだ！」に変わってきます。完成品質の目安にもなり、ひとつ丁寧に作れば自然と他のアイテムも同じくらいの品質まで作り込めるでしょう。最初に何から手を付けると気分が盛り上がるかは人それぞれですが、キャラクターだけ完成してしまうと、満足度が高くて舞台に手を出しにくくなる人が多いので、先に舞台の中心的なアイテムをひとつ作っていくのがおすすめです。

今回の例では、ストーブがキャラクターの次に目立つ主役なので、ここから作りました。
また、無理に自分で作らず、無料で使用できるモデルを探したり、3Dモデルの販売サイトで買う、といった手段もあります。大切なのは「絵を作る」ことですから、すべて自分の手でモデリングしなくては、と気負う必要はありません。

その他のオブジェクトのモデリング

続けて、他のオブジェクトもモデリングしていきます。
それぞれ簡単に紹介しましょう。

ベンチ

ベンチの脚は1本しか写らないことがわかっていたので、他の脚はこの絵のためにミラーしました。見えないところにこだわると、光の反射が複雑になり、レンダリング時間が延びてしまいます。

座布団

冬のベンチはとても冷たいので、待合室の小さな駅では座布団が敷いてあります。たくさんの人が座ってペッタンコになった座布団のシワを、スカルプトモードでモデリングしました。クマの歩いた足跡も意識しています。

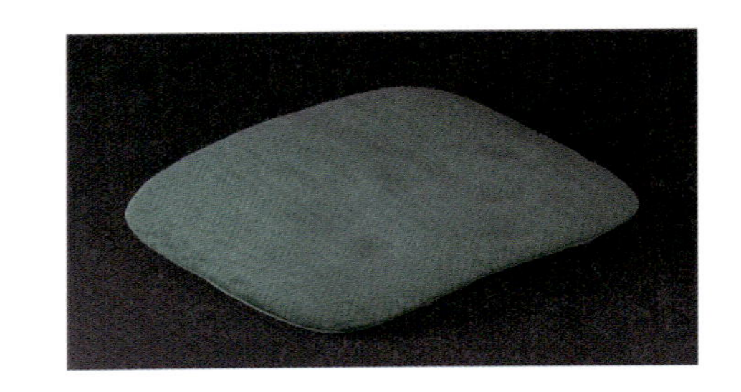

スーツケース

旅行カバンをスーツケースにしたのは、飛行機に乗ることを連想させるためです。若者らしく元気な色にしました。

パンフレットスタンドとチラシ

パンフレットスタンドはすべてカーブで作っています。スタンドの銀色のマテリアルは2種類用意し、太い部分は粗さ強め、細い部分は粗さを「0」に近づけて鏡面の質感になっています。
チラシはひとつずつ微妙に垂れたり曲がったりしています。テクスチャごと曲げるため、平面で作成している段階でUVを作っておき、複製してから曲げます。

クマ

主役のクマは、これまで作例で登場したプリミティブの状態から少しグレードアップして、ほぼすべてのパーツにベベルモディファイアを使用した面取りを行いました。少し印象が柔らかくなり、カドに陰やハイライトが生まれるので、造形がよりわかりやすくなります。手袋は細分割曲面で、マフラーはカーブにベベルオブジェクト（断面形状を指定するカーブ）を設定してモデリングしています。じつは編み目のテクスチャも入れたのですが、完成画像では目立ちませんでしたね。

雪

外に降る雪も作りました（右図）。

平面オブジェクトをUV展開してから、Shift+Dキーで複製、回転と拡大縮小を行うという手順を何度か繰り返して、数枚の平面が散らばった状態を作ります❶。次にそれらを全選択して複製、回転❷。それをまた全選択して……と繰り返すことで❸、あっという間に大量の雪ができます。3Dなので奥行きも意識して複製するのがコツです。
雪や雨、桜吹雪などの表現にはパーティクルを使用するのが一般的ですが、本書で扱わないアニメーションの要素が絡むため、今回はこの手法で作成しました。何かの機能を使わなければ表現できないということはありませんので、工夫してさまざまな表現に挑んでください。

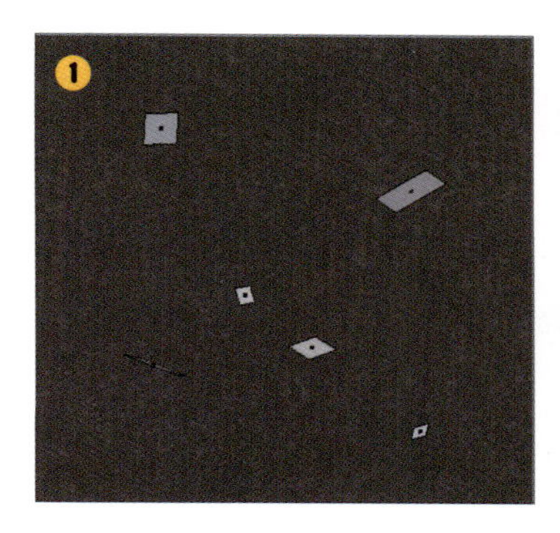

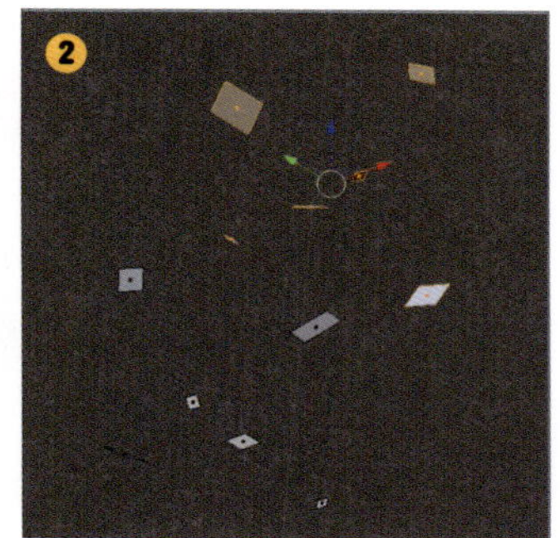

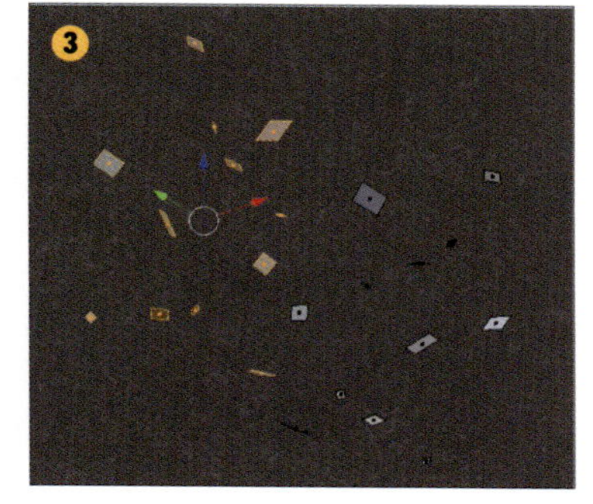

カメラの調整

各オブジェクトのモデリングが完成し、それに合わせてカメラの位置も調整しました。

主役のクマが目立たなかったので、P.257から少し拡大しています。さあ、残るは質感とライティングです。絵の完成度を左右するので、時間をかけて丁寧に仕上げますよ。

CHAPTER 14

05 テクスチャから完成まで

模様や使用感を表現するため、テクスチャを貼ります。
このタイミングは、ひとつモデリングが完成するごとにでもいいですし、
モデリングがすべて完成してからでもOKです。3DCGで絵を作るのは時間のかかる作業なので、
「モデリングならモデリングに集中していたい」「モデリングしたらテクスチャで気分転換したい」など、
自分の気分が盛り上がるように進めていきましょう。
テクスチャから完成の工程まで見ていきます。

テクスチャを貼る

図はテクスチャ使用前と使用後の比較です。壁、床、ベンチなどそれぞれの質感を表現するようにしたので、
古い小さな駅という印象をはっきりさせることができました。

●テクスチャ使用前

●テクスチャ使用後

ライティングの仕上げと色調整

モデルがそろったら、ライティングをもう一度見直して絵を仕上げます。たとえ建物や屋外の光源配置として正しかったとしても、主役が目立たないなら、光を反射させるレフ板（平面）を置いたり、光源を追加したりして、十分に照らしましょう。

カラーマネージメントを使用して、ルックを選択したり、露出やカーブを使用して、やりすぎない程度に色や明るさの調整を行います。
シーンの中では、キャラクターの陰を少し明るくするため、手前に白い平面を配置して光を反射させました。また、キャラクターとストーブ、ヤカンを目立たせるため、やや後方にポイントランプを配置して輪郭を強調しました。

●ライティングの仕上げ

●カラーマネージメント後

カラーマネージメントで調整

床色の反射で全体的に赤みを帯びていたため、カラーマネージメントを使用します。[シーン]タブの[ルック:]から[カーブを使用]にチェックを入れ、カーブのB（青）チャンネルを持ち上げて寒色の印象に調整（上図右）。室内が暗すぎたので、露出を上げてやや明るくしました。自宅にプリンタがあれば、印刷してチェックすることをオススメします。印刷時に潰れてしまう色がないか確認することと、画面で見るより落ち着いて判断できるという利点があります。

印刷用にレンダリング

紙のサイズに合わせた縦横比、解像度を考えてレンダリングする必要があります。「用紙サイズ ピクセル」などインターネットで検索すれば、用紙サイズのわかるページがいくつも見つかりますので、これを参考にします。

サイズの設定

今回ははがきサイズ300dpiで、「1181×1748」ピクセルとしました。[レンダー]タブから[▼寸法]-[解像度]に、「X:1181px Y:1748px」と入力します。初期設定では、テストレンダリング用に「50%」となっているため、「100%」に直すのを忘れないようにしましょう。

●解像度300dpiとした場合のピクセル値

用紙サイズ	ピクセル値（単位：px）
はがき	1181 × 1748
B5	2150 × 3035
A5	1748 × 2480
A4	2480 × 3508

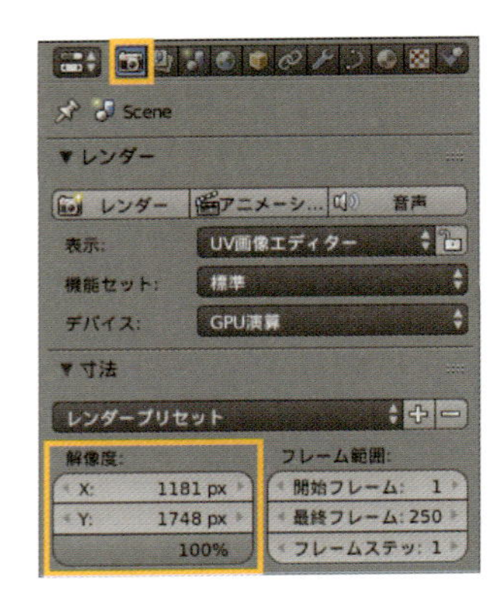

画像編集ソフトで加工

Blender上で仕上げるのが難しい部分は、Photoshopなどの画像編集ソフトで描き足します。湯気や白い息、もしモデルやテクスチャに顔を入れていなければここで表情を描き、仕上げにメッセージを書き込んで完成です。テキストツールを使うと、市販のポストカードのような仕上がりになってしまうので、今回はペンタブレットで文字を手書きしました。紙にペンで書いたものをスキャンして（または写真に撮って）合成するのも温かみがあってオススメです。

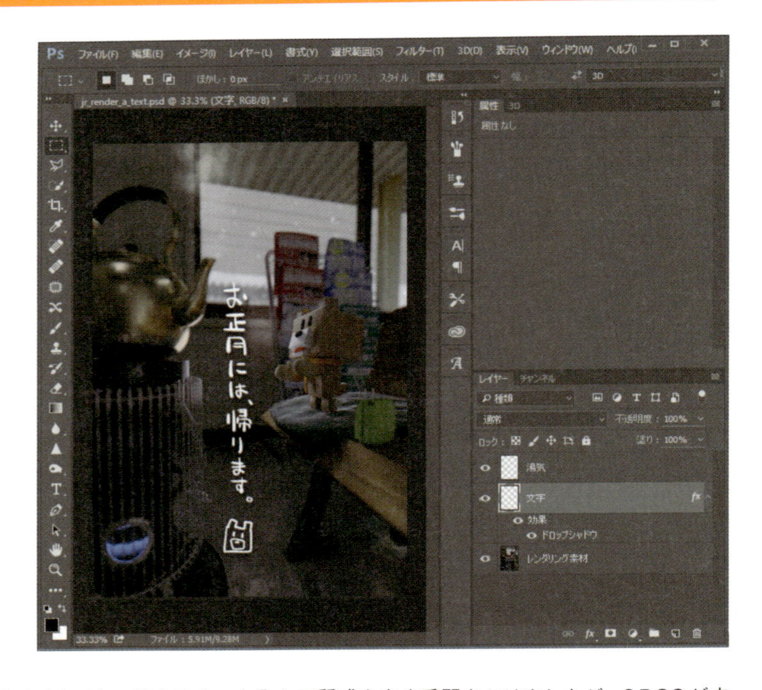

今回は、私好みのややリアルな絵作りをするために、テクスチャも入れて質感を出す手間をかけましたが、3DCGがすべて写真のようなフォトリアルを目指す必要はありません。カクカクしたポリゴンに単色塗りでいかにもCGな印象を生かすもよし、画用紙のテクスチャを貼ってペーパークラフトのような質感を出すもよし、すべてスカルプトして粘土のような質感を出すもよし、画材で描いた手描きのテクスチャでアートするもよし。
3DCGはとても自由で幅広い表現が可能です。

CHAPTER 14

06 作成したポストカードの紹介

ポストカードといえば、まっさきに思い浮かぶのが年賀状やクリスマスカードですね。私の最初のBlender作品も年賀状でしたので、ここでいくつか紹介したいと思います。皆さんも季節の挨拶状、ぜひチャレンジしてみてください！

私がはじめてBlenderで完成させた作品です。漠然と勉強しても身に付かないので、「Blenderで年賀状を作る！」と決めて頑張りました。右クリック選択にもまだ慣れない初心者だったので、時間をかけて丁寧に、さまざまな機能を試しながら作った思い出深い作品です。

昔のアーケードゲームを意識して、カクカクのポリゴンで作ったクリスマスカード。一度やってみたかった表現でした。地面に落ちた影もポリゴンで作っています（笑）。

クリスマスのポストカード展用に作った連作の中から1枚。リンゴに乗って浮かべるほどに、とっても小さなサンタクロースです。このクリスマスツリーは、Blender Guruの「How to Make a Christmas Tree」というチュートリアルビデオを見ながら作りました。インターネットで検索すると、さまざまなテクニックが紹介されているのもBlenderの良いところですね。

私は珈琲が大好きなので、かわいいコーヒーカップとサンタさんで絵を作ってみました。小さなサンタさんも、ミニチュアサイズのコーヒーカップで深煎り珈琲を楽しみます。

珈琲といえば、Blenderを使いはじめて半年くらいの頃に作った、本書の作例にも登場するコーヒーミルとカプチーノカップです。プリミティブモデリングとカーブの使い方の説明に最適な形なのです。当時、この電動ミルを使っていましたが、その後もうちょっとお高いのに買い換えました。毎日珈琲がウマい！

Blender歴２年目の年賀状です。水の動きを表現できる、流体シミュレーション機能を練習するため、「赤ワインが干支のヘビになって飛び出した！」というような絵を作りました。紅白でめでたいのですが、赤ワインのつまみにお餅……おいしいのかな？

[APPENDIX]

おすすめのアドオン

さまざまな機能を追加できるアドオン。
ここでは、Blenderに最初から搭載されているものの中から、いくつかオススメを紹介します。

アドオンとは？

Blenderには、通常使用するのに十分な機能が搭載されていますが、使う人によっては便利になる「かゆいところに手が届く」追加機能がいくつも用意されています。使用しない機能まですべて有効にしてしまうと、ツールが多すぎてややこしくなってしまうため、自分にとって便利になるものだけを有効にして使用します。
本書では、Blenderに標準搭載されているアドオンの中からおすすめを紹介しますが、他にもインターネット上には便利なアドオンが、無償または有償で配布されていますので、操作に慣れてきて、「もっと便利な機能はないかな？」と思ったら検索してみるといいでしょう。

アドオンの追加方法

❶情報バーから[ファイル]-[ユーザー設定]をクリックします(P.17)。「Blenderユーザー設定」画面上部のボタン群から「アドオン」を選択します。
❷左上に検索ボックス(虫眼鏡のアイコン)があるので、ここに目的のアドオン名を入力します。右側のアドオンリストが絞られるので、チェックボックスをクリックして有効化しましょう。1文字入力するごとにリストが絞られ、目的のものが見つかれば最後まで入力する必要はありません。
❸左下の「ユーザー設定の保存」ボタンをクリックすると、次回のBlender起動時にも有効化されたままになります。不要になったときには、アドオンのチェックボックスをクリックして無効化します。
❹インターネットで入手したアドオンを使用したいときには、画面下部「ファイルからインストール」ボタンをクリックして、ダウンロードしたファイルを選択します。「.py」ファイルを読み込む場合と「.zip」ファイルを読み込む場合がありますので、配布元のインストール方法の説明に従ってください。

POINT アドオンは日本語に翻訳されていないものがほとんど。詳しい使用方法はホームページや動画チュートリアルなどで紹介されているので、同じように操作して学習しよう。

オブジェクトを追加するアドオン

オブジェクトモードで使用することで、新たなオブジェクトを追加するアドオンを紹介します。

Image as Planes

「Image as Planes」は、読み込んだ画像に合わせて、縦横比ピッタリの平面を作成し、
マテリアルを作ってくれるアドオンです。
モデリングせずに画像を配置したいとき、資料画像を配置しておきたいときなど、
自分でサイズ変更する手間を省いてくれます。

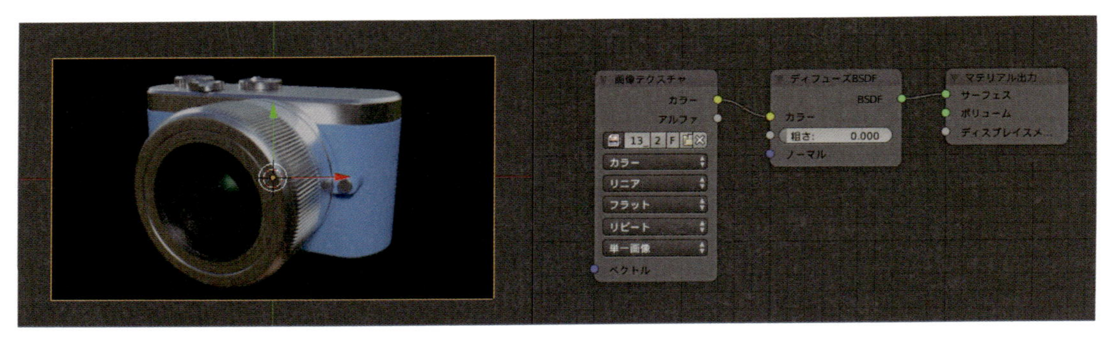

図はカメラの画像を読み込んで
平面が作成された状態

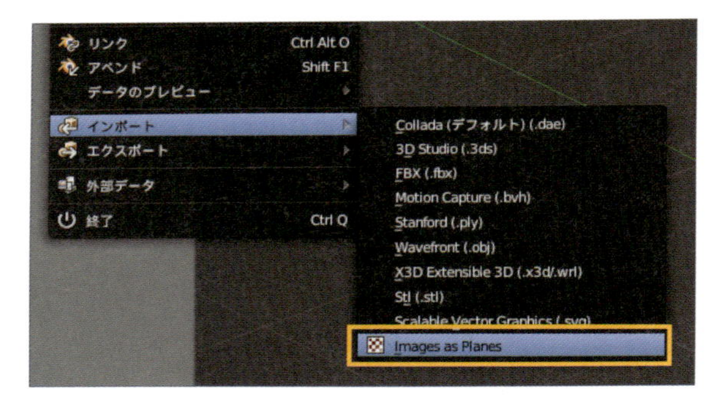

[使用方法]

情報バーから［ファイル］-［インポート］-［Image as Planes］を選択します。画像ファイルを指定すると、シーンに画像を貼った平面が追加されます。

Extra Objects

「Extra Objects」は、[追加]のメニューに、多くの形状を追加します。

[使用方法]

ツールシェルフの[作成]タブには表示されないので、ショートカットキー Shift + A (追加)でメッシュを追加します。

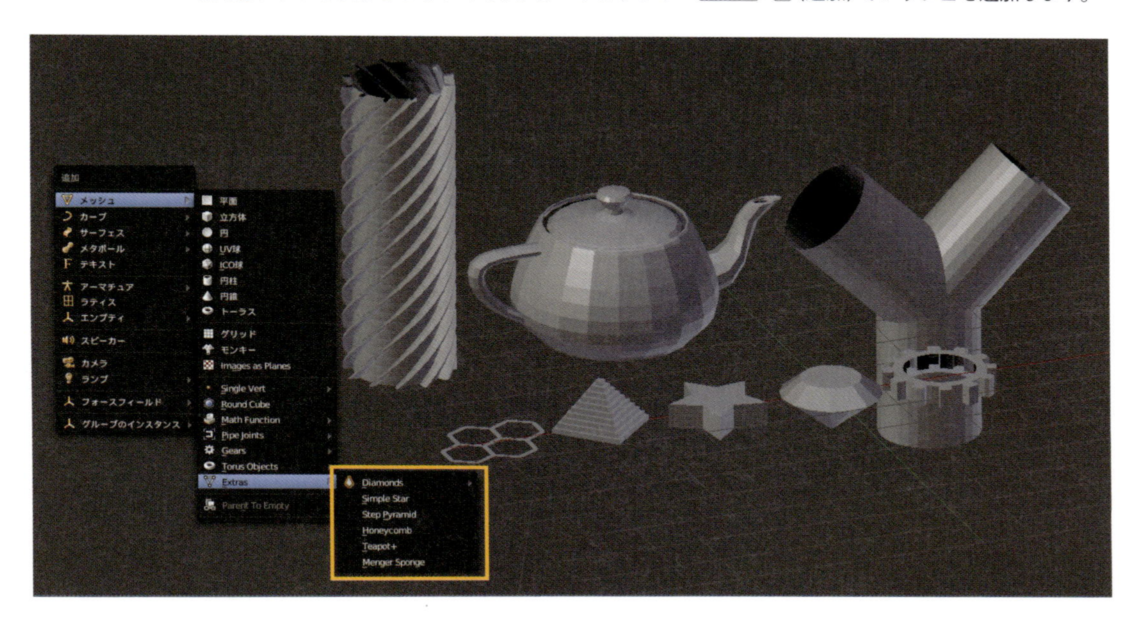

作成時にツールシェルフのオペレーターで数値を変更できるので、自分の作りたいものに適した形状があれば作業が楽になります。

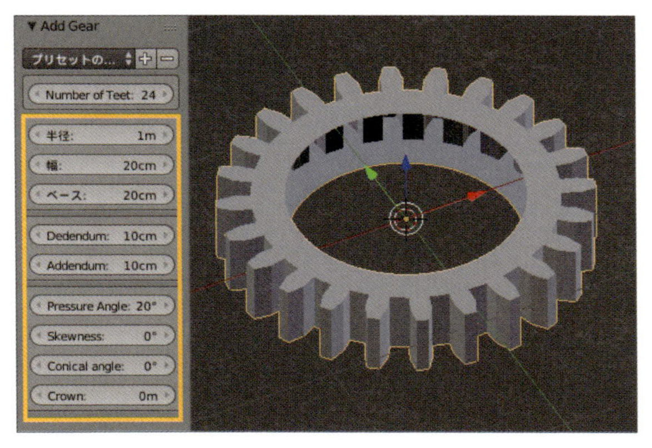

POINT 「Extra Objects」にはカーブ用とメッシュ用があります。今回はメッシュ用を紹介しましたが、カーブ用が役に立つ方もいるでしょう。

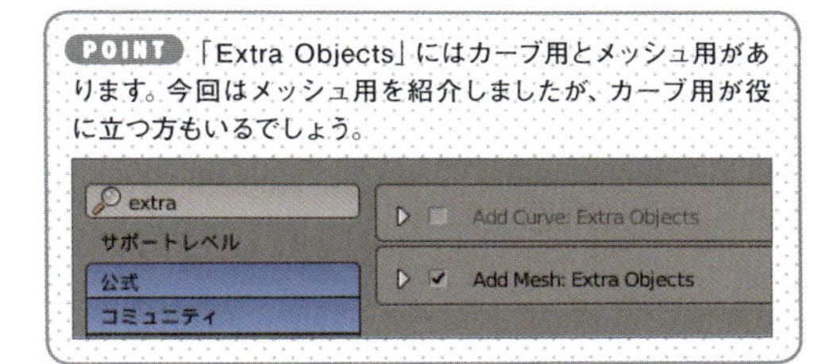

Sapling

「Sapling」は、樹木を作成してくれるアドオンです。
自分でモデリングすると非常に手間のかかる作業になるため、
樹木の種類にこだわらない場合には重宝します。

［使用方法］
ショートカットキー Shift + A（追加）から［カーブ］-［Add Tree］で追加します❶。
ツールシェルフのオペレーターで、作成される木の設定を行います❷。
設定項目が多いので、ツールシェルフの幅とオペレーターの高さを広げて、見やすくするといいでしょう。
設定❸は、「ジオメトリ」「Branch Splitting」「Branch Growth」「Pruning」「Leaves」「アーマチュア」の6項目を切り替えて行います。「アーマチュア」は木の揺れるアニメーションを作成するための項目なので、それ以外の5項目を簡単に紹介しましょう。

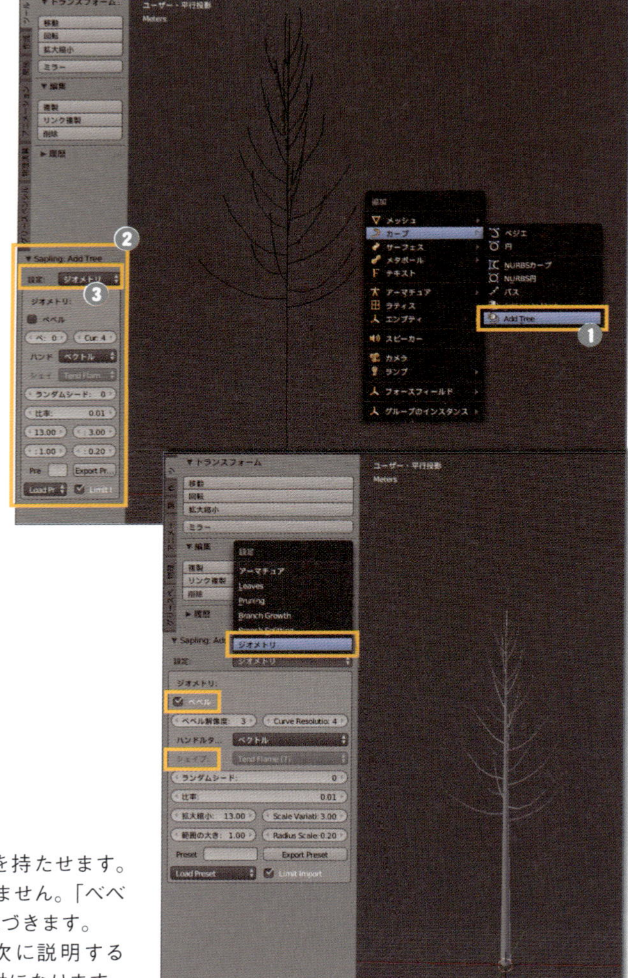

●ジオメトリ

「ベベル」のチェックを入れることで、幹に厚みを持たせます。チェックを入れなければレンダリングに表示されません。「ベベル解像度」の数値を上げるほど、幹の断面が円に近づきます。
「シェイプ:」は、枝の形のベースが選べます。次に説明するBranch Splittingの「レベル」が3以上のときに有効になります。

●Branch Splitting

主に枝分かれについての設定を行います。
「レベル」で、枝分かれの回数を指定します。
図は左から 1、2、3、4 です。カメラがよほど寄るのでなければ、3 で十分でしょう。
「Base Splits:」は、幹の枝分かれを行います。
「Base Size:」は、枝の生える高さを上下します。

●Branch Growth

主に、枝ぶりの調整を行います。
「Vertical Attraction:」を強くすると、枝の先端が上方向に引っ張られます。
「長さ:」では、幹、枝(各レベル)の長さを調節します。
「Curvature:」は、各レベルの枝が上下方向へしなるようにカーブします。
「Back Curvature:」は、各レベルの枝の先端部分だけを上下にカーブさせます。

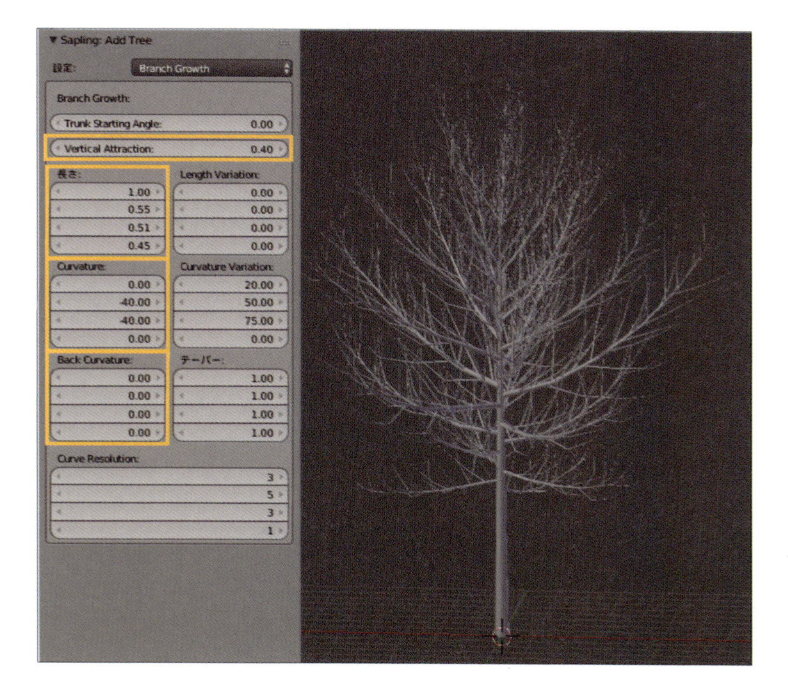

●Pruning

枝の輪郭を整える、剪定をします。
「Prune」にチェックを入れることで有効になります。
「Prune Ratio:」は、影響力です。
「Prune Width:」は、横幅を指定します。
「Prune Width Peak:」は、最も広い幅となる部分の高さを指定します。
「Prune Power:」は2つあり、それぞれPrune Width Peakより上下のカーブの形を指定します。

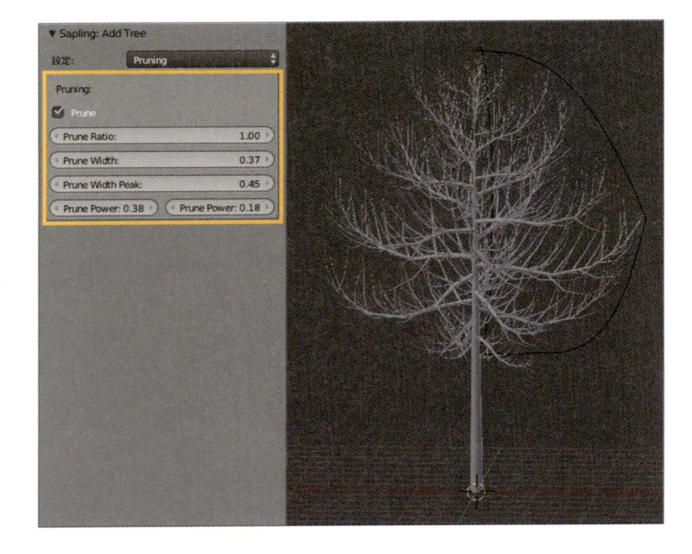

●Leaves

葉を追加する項目です。
「Show Leaves」にチェックを入れると、葉が描画されます。
「Leaf Shape:」は、葉の形が六角形かRectangular(長方形)かを選択します。テクスチャを貼る場合はRectangularがいいでしょう。
「Leaves:」は、葉の密度を増減します。
「Leaf Scale:」は、葉の大きさを調節します。

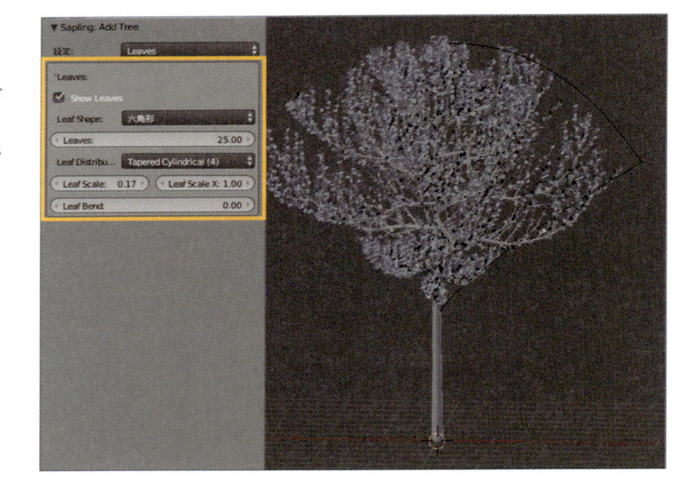

このアドオン「Sapling」で作成された葉にはUVが設定されているので、マテリアルにテクスチャを指定すれば、よりリアルな仕上がりになります。

Ivy Gen

「Ivy Gen」は、オブジェクトの表面に張り付いたツタを生成するアドオンです。

[使用方法]

ショートカットキー Shift +A（追加）から［カーブ］-［Add Ivy to Mesh］で、3Dカーソルの位置から、現在選択しているオブジェクトに張り付くようにツタが生成されます。

「Update Ivy」は、数値の変更を反映させるボタンです。何か設定変更したらクリックして結果を確認します。
「Add New Ivy」は、3Dカーソルの位置から新たなツタを生やします。
［ランダムシード：］は、ツタの形のパターンを変更します。変更しても、数値を戻せば同じ形に戻ります。
［Max Ivy Length：］は、ツタの長さを設定します。オブジェクトの大きさに合わせて調整しましょう。

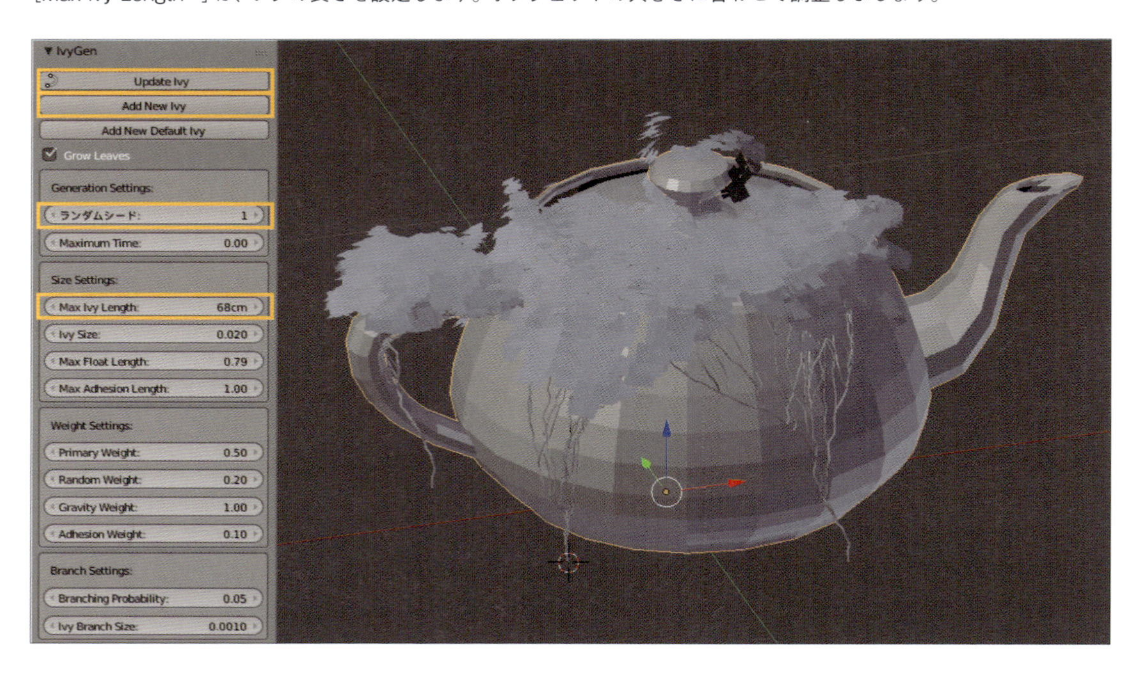

「Sapling（P.268）」同様、葉にはUVが作られているので、テクスチャを貼ることでリアルな仕上がりになります。

オブジェクトを編集するアドオン

編集モードで使用することで、モデリング機能を追加するアドオンを紹介します。

F2

「F2」は、面を貼るショートカットキー[F]を、より便利にするアドオンです。

［使用方法］
図のように、3点しかないところに四角形を作るためには、本来、新しい点を追加して4点選択して[F]キー、
または辺を押し出してから頂点を結合する、などひと手間必要なのですが、
1点選択して[F]キーを押すだけで四角形を作成してくれます。

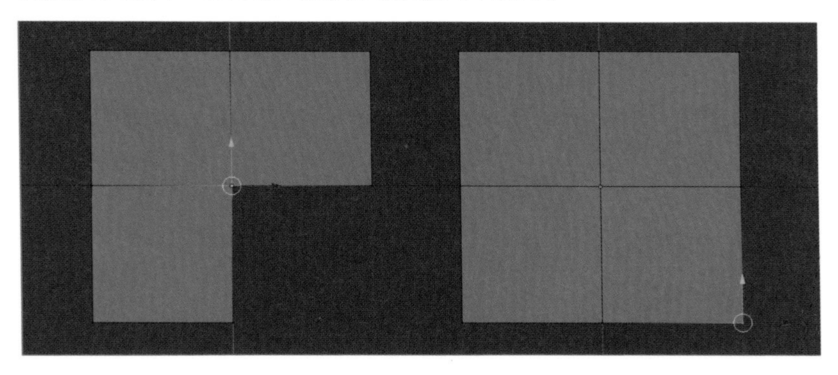

辺が含まれる場合には、右に作るか左に作るかを、マウスカーソルの位置で判断します。

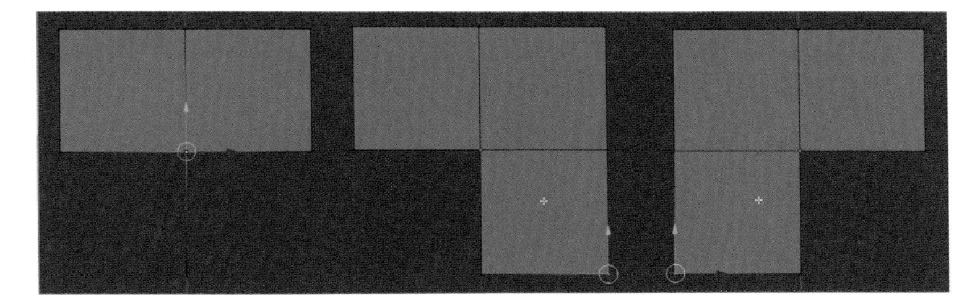

4点目の位置は、周囲の形に合わせて作られるため、平らじゃなくても次々と面を貼ることができます。

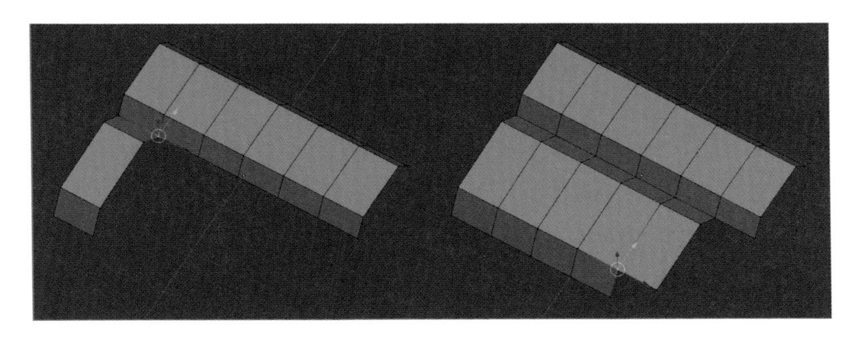

LoopTools

ショートカットキー[W]（スペシャル）に［LoopTools］が追加され、ここから、「Bridge」「円」「Curve」「Flatten」「Gstretch」「Loft」「リラックス」「Space」の各機能を使用できます。この中で、特におすすめなのが「円」と「Space」です。

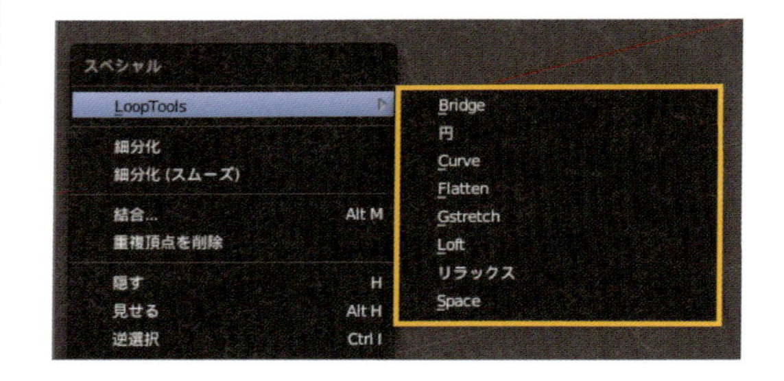

●円

頂点を円形に並べる機能です。
1頂点だけ選択して「円」を行うと、周囲のポイントが移動して円形になります。
面を選択して「円」を行うと、選択したポリゴン全体でなめらかな円形になります。

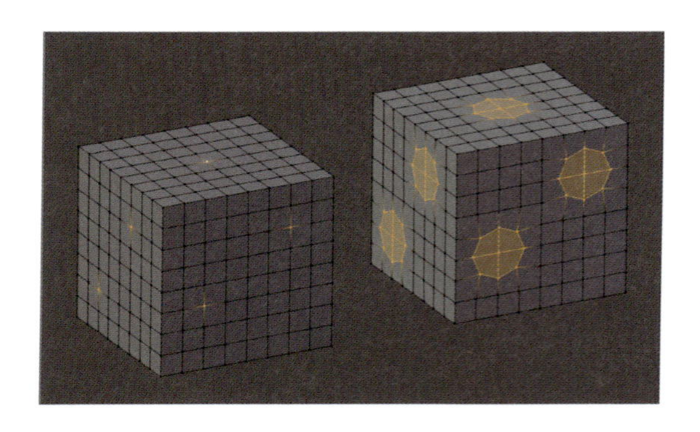

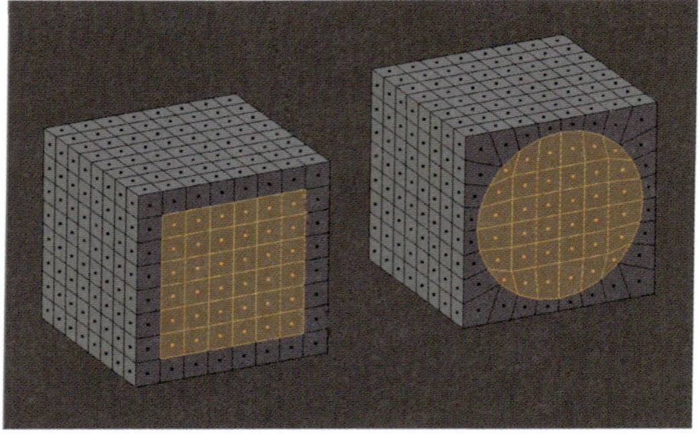

「円」を使うと、さまざまな形状にきれいな穴をあけたり、凹凸を作ることができます。

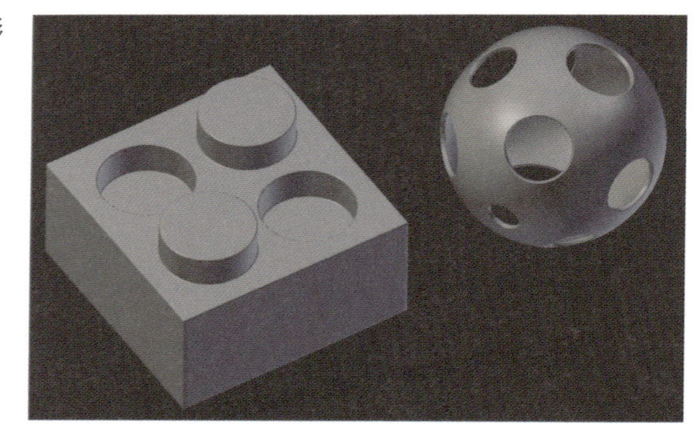

●Space

ポリゴンの間隔を揃えてくれる機能です。
揃えたい辺を選択して使用することで、できるだけ形状を維持しつつ、ほぼ均等間隔に揃えます。
特別な意図がない限り、ポリゴンの大きさはほぼ同じように作るときれいに仕上がりますが、部分的に密度が上がりすぎたり、下がりすぎたりしたとき、修復するのに便利です。

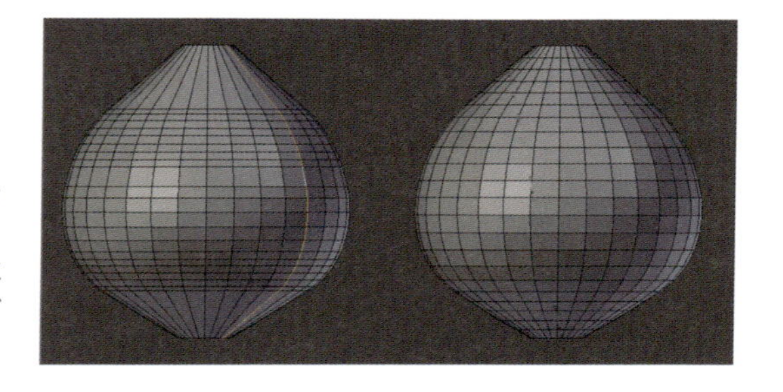

マテリアルを設定するアドオン

マテリアル設定に役立つアドオンを紹介します。

Material Utils

「Material Utils」は、複数のオブジェクトにまとめてマテリアルを設定するアドオンです。

[使用方法]

ショートカットキー Shift + Q で、[Assign Material] からマテリアルを選択します（ここではgreenを選択）。新しいマテリアルを作るときは [Add New] を選びましょう。

[Select by Material] を使うと、選択したマテリアルを使用しているオブジェクトすべてを選択することができます。

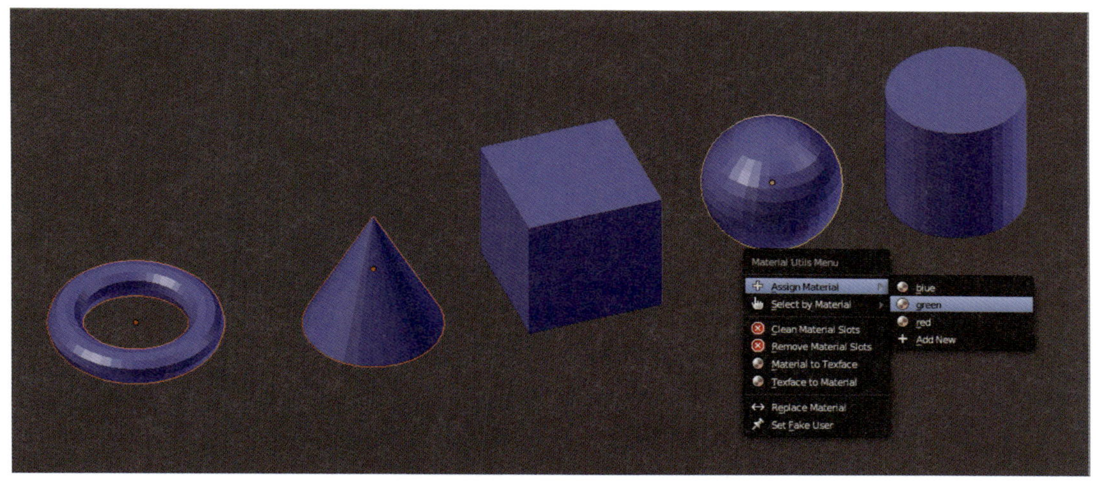

Node Wrangler

「Node Wrangler」は、Cyclesレンダー用のマテリアル作成を便利にするアドオンです。
私が最も使うのは、ショートカットキー Ctrl + T で、テクスチャを貼るためのノード3つを追加してくれる機能です。

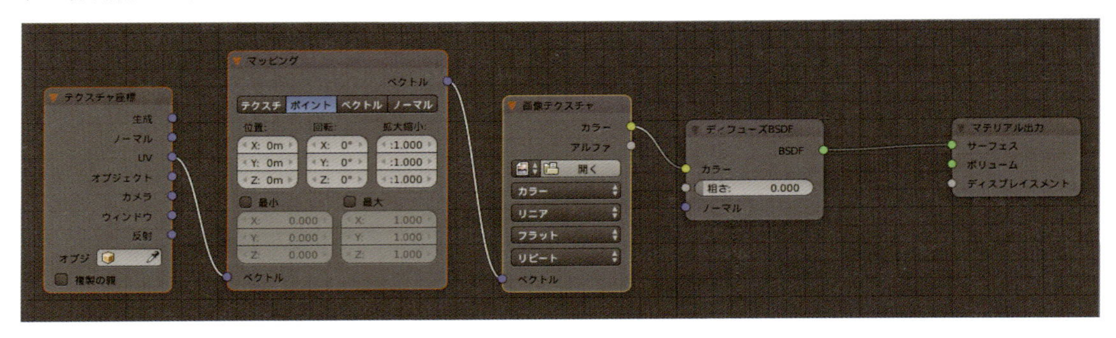

2つのシェーダーノードを Alt キー+右ドラッグでつなぐと、ミックスシェーダーで接続してくれる機能も便利です。

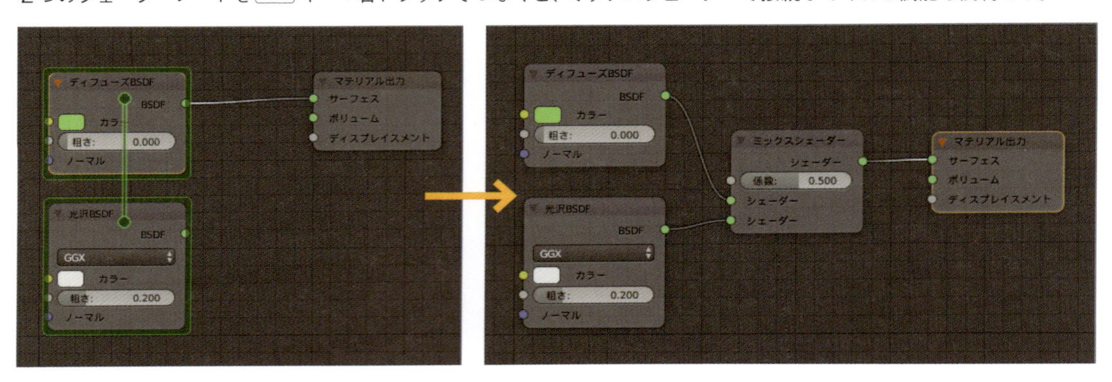

ノードエディター上でショートカットキー Ctrl + Space を押すと、機能の一覧が現れます。
ほとんどの機能の横にショートカットキーが書かれているので、
自分が使う機能はショートカットキーを覚えておくと便利です。

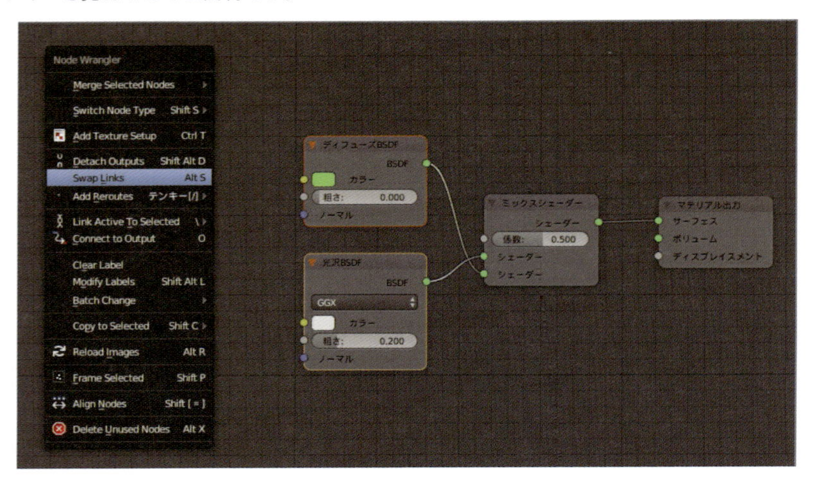

[INDEX]

著者略歴

大澤 龍一（おおさわ りゅういち）

CGデザイナー／専門学校非常勤講師。ゲームモデルやCG映像の制作など請けながら、個人制作も愉しむ。公募では、2003年のクリスマスデジタルアートグランプリ、2015年の北海道デジタルアニメコンテスト・キタアニ、それぞれグランプリを受賞。

- カバーデザイン　近藤礼彦（スタジオギブ）
- 本文デザイン　近藤礼彦（スタジオギブ）
- 本文DTP　酒徳葉子（技術評論社）
- 編集　秋山絵美（技術評論社）
- 編集補助　長谷川享（技術評論社）

無料（むりょう）ではじめる
Blender（ブレンダー）
CG（シージー）イラストテクニック
～3DCG（スリーディーシージー）の考（かんが）え方（かた）としくみが
しっかりわかる

2016年 8月25日 初版 第1刷発行
2021年 11月10日 初版 第5刷発行

著　者	大澤 龍一（おおさわ りゅういち）
発行者	片岡 巌
発行所	株式会社技術評論社 東京都新宿区市谷左内町 21-13
電　話	03-3513-6150（販売促進部） 03-3513-6166（書籍編集部）
印刷／製本	株式会社加藤文明社

定価はカバーに表示してあります。

ISBN978-4-7741-8278-0　C3055
Printed in Japan

- お問い合わせについて

本書に関するご質問は、FAXか書面でお願いいたします。電話での直接のお問い合わせにはお答えできませんので、あらかじめご了承ください。また、下記のWebサイトでも質問用フォームを用意しておりますので、ご利用ください。

ご質問の際には、書籍名と質問される該当ページ、返信先を明記してください。e-mailをお使いになられる方は、メールアドレスの併記をお願いいたします。ご質問の際に記載いただいた個人情報は質問の返答以外の目的には使用いたしません。

お送りいただいたご質問には、できる限り迅速にお答えするよう努力しておりますが、場合によってはお時間をいただくこともございます。なお、ご質問は、本書に記載されている内容に関するもののみとさせていただきます。

- 問い合わせ先

〒162-0846
東京都新宿区市谷左内町 21-13
株式会社技術評論社 書籍編集部
『無料ではじめる Blender CGイラストテクニック』係
FAX：03-3513-6183
Web：https://gihyo.jp/book/2016/978-4-7741-8278-0